KB196282

2025-2026
NEW EDITION

팔로우 타이베이

팔로우 타이베이

1판 1쇄 인쇄 2024년 11월 11일
1판 1쇄 발행 2024년 11월 22일

지은이 | 장은정
발행인 | 홍영태
발행처 | 트래블라이크
등 록 | 제2020-000176호(2020년 6월 24일)
주 소 | 03991 서울시 마포구 월드컵북로6길 3 이노베이스빌딩 7층
전 화 | (02)338-9449
팩 스 | (02)338-6543
대표메일 | bb@businessbooks.co.kr
홈페이지 | http://www.businessbooks.co.kr
블로그 | http://blog.naver.com/travelike1
ISBN 979-11-987272-5-1   14980
      979-11-982694-0-9   14980(세트)

비즈니스북스는 독자 여러분의 소중한 아이디어와 원고 투고를 기다리고 있습니다.
원고가 있으신 분은 ms3@businessbooks.co.kr로 간단한 개요와 취지, 연락처 등을 보내 주세요.

팔로우
타이베이

장은정 지음

Travelike

글·사진
장은정 Chang Eunjung

한곳을 천천히, 깊이 둘러보는 것을 좋아하는 14년 차 여행 작가. 직장인 시절,
큰맘 먹고 떠난 세계 여행 중 내가 좋아하는 곳을 더 많은 사람들에게 친절하게
소개하고 싶다는 마음 하나로 여행 작가가 되었다. 일상에 찌들어 힘들 때마다
여행으로 위로받고 여행으로 치유하며 오랫동안 여행하고 싶다.
《하루쯤 나 혼자 어디라도 가야겠다》,《제주 여행 참견》,《여행자의 밤》,
《두근두근 타이완》,《나 홀로 제주》,《언젠가는 터키》 등을 썼다.
이메일 sageisland@naver.com **인스타그램** @sage_eunjung

타이베이는 짧은 비행시간, 빠르고 편리한 대중교통 시스템, 상냥하고 친절한 현지인, 깨끗하고
안전한 거리 등 여행하기 참 좋은 도시다.《팔로우 타이베이》도 독자들에게 친절하고 다정한 길잡이가
되고자 하는 마음으로 최선을 다해 만들었다. 누군가의 여행에 동행하며 좀 더 편안하고 풍성한 여행을
만들어줄 수 있다면 더 바랄 것이 없겠다.

《팔로우 타이베이》가 무사히 세상에 나올 수 있도록 긴 시간 동안 이끌어주고 격려해주신 손모아 편집장님,
구석구석 꼼꼼하게 살펴봐주신 정경미 편집자님, 몇 차례에 걸친 수정 작업에 고생하신 디자이너님과
교정자님 등 출판사 관계자분들께 진심으로 감사드린다.

고백하자면, 타이베이라는 도시는 저에게 그다지 매력적인 여행지는
아니었습니다. 홍콩처럼 화려하지도 않고, 중국처럼 다채롭지도 않으며,
일본처럼 친근하지도 않으리라 생각했기 때문이죠. 돌이켜 생각해보니
어찌나 무지한 편견이었는지 새삼 부끄러워집니다.

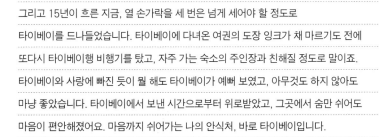

처음 타이베이를 만난 것은 2009년 여름, 다니던 회사에서 출장으로
타이베이를 찾았을 때입니다. 타이베이는 저의 편견과는 완전히
다른 모습이었죠. 깨끗하고 세련된 거리, 친절한 사람들, 맛있고 저렴한 음식,
다양한 문화가 섞인 다채로운 문화 등 타이베이의 매력은 한두 가지가 아니었습니다.
첫 만남에 타이베이에 반하고, 곧바로 두 번째 타이베이를 상상하게 될 정도로
타이베이의 매력에 빠져버렸어요.

그리고 15년이 흐른 지금, 열 손가락을 세 번은 넘게 세어야 할 정도로
타이베이를 드나들었습니다. 타이베이에 다녀온 여권의 도장 잉크가 채 마르기도 전에
또다시 타이베이행 비행기를 탔고, 자주 가는 숙소의 주인장과 친해질 정도로 말이죠.
타이베이와 사랑에 빠진 듯이 뭘 해도 타이베이가 예뻐 보였고, 아무것도 하지 않아도
마냥 좋았습니다. 타이베이에서 보낸 시간으로부터 위로받았고, 그곳에서 숨만 쉬어도
마음이 편안해졌어요. 마음까지 쉬어가는 나의 안식처, 바로 타이베이입니다.

타이베이 사람들은 자신의 나라에 찾아준 이방인에게 마음에서 우러나오는 깊은 친절을
베풉니다. 타이베이를 떠올릴 때마다 마음이 따뜻해지는 것은 그들에게 느꼈던 온정이
마음속에 남아 있기 때문 같아요.

《팔로우 타이베이》와 함께 여러분도 평안을 간직하는 여행이 되길 바라봅니다.

저자 드림

최강의 플랜북

2권으로 분권한 목차를 모두 정리했습니다. 찾고 싶은 여행지와 정보를 권별로 간편하게 찾아보세요.

FAQ

알아두면 쓸모 있는 타이베이 여행 팁

타이베이 실전 가이드북

타이베이시 TAIPEI CITY

타이베이 근교 TAIPEI SUBURB

《팔로우 타이베이》사용법

HOW TO FOLLOW TAIPEI

(01) 일러두기

- 이 책에 실린 정보는 2024년 10월까지 수집한 자료를 바탕으로 하며 이후 변동될 가능성이 있습니다. 현지교통편과 관광 명소, 상업 시설의 운영 시간과 비용 등은 현지 사정에 따라 수시로 바뀔 수 있으니 여행을 떠나기 전 다시 한번 확인하기 바랍니다.

- 타이완의 화폐 단위는 뉴 타이완 달러New Taiwan dollar(NT\$, TWD)이며, 책에서는 모든 요금을 NT\$로 표기했습니다. 기본 단위는 원元이며, 위안yuan이라고 읽습니다. 지폐는 NT\$100, 200, 500, 1000, 2000, 동전은 NT\$1, 5, 10, 20, 50이 쓰입니다.

- 본문에 사용한 지명과 관광 명소, 음식명 등은 국립국어원의 외래어표기법을 최대한 따르고 현지 발음을 함께 병기했습니다. 단, 현지 발음과 현저한 차이가 있거나 우리에게 잘 알려진 일부 명칭은 통상적으로 사용하는 명칭으로 표기해 독자의 이해와 인터넷 검색이 편리하도록 도왔습니다.

| 한글 표기 ······ | ⑪ · **2.28 평화기념공원** ⌖ 얼얼빠 허핑지니엔꽁위엔 ······ 현지 발음 |
| 한자 표기 ······ | · 臺北二二八和平紀念公園 *228 Memorial Park* · ······ 영문 표기 |

- 추천 일정의 차량 및 도보 이동 시간, 예상 경비는 현지 사정과 개인의 여행 스타일에 따라 크게 달라질 수 있다는 점을 고려하여 일정을 계획하기 바랍니다.

- 관광 명소의 요금은 대개 일반 성인 요금을 기준으로 했으며, 일부 명소는 학생 및 어린이 요금도 함께 표기했습니다. 운영 시간은 여행 시즌에 따라 변동되므로 방문 전 홈페이지를 참고하기 바랍니다.

(02) 책의 구성

- **이 책은 크게 두 파트로 나누어 분권했습니다.**

  1권 타이베이 여행을 준비하는 데 필요한 기본 정보와 알아두면 좋은 팁 정보를 세세하게 살피고, 꼭 경험해봐야 할 테마 여행법을 제안합니다.

  2권 타이베이 시내와 북부, 남부, 근교로 나누어 각 지역을 알차게 즐길 수 있도록 관광, 맛집, 쇼핑 등 최신 정보를 소개했습니다.

⟨03⟩ 본문 보는 법

- **관광 명소의 효율적인 동선**
  핵심 관광 명소와 연계한 주변 명소를 여행자의 동선에 가까운
  순서대로 안내했습니다. 핵심 볼거리는 '매력적인 테마 여행법'으로
  세분화하고 풍부한 읽을 거리, 사진, 지도 등과 함께 소개해 알찬
  여행이 가능하도록 했습니다.

- **일자별 · 테마별로 완벽한 추천 코스**
  추천 코스는 지역 특성에 맞게 일자별, 테마별로 다양하게
  안내합니다. 평균 소요 시간은 물론, 아침부터 저녁까지의
  동선과 추천 식당 및 카페, 꼭 기억해야 할 여행 팁을 꼼꼼하게
  기록했습니다. 어떻게 여행해야 할지 고민하는 초보 여행자를 위한
  맞춤 일정으로 참고하기 좋으며 효율적인 여행이 가능하도록
  도와줍니다.

- **실패 없는 현지 맛집 정보**
  현지인의 단골 맛집부터 한국인의 입맛에 맞춘 대표 맛집, 인기
  카페 정보와 이용법, 대표 메뉴, 장단점 등을 한눈에 알아보기 쉽게
  정리했습니다. 타이완의 식문화를 다채롭게 파악할 수 있는
  지역별 특색 요리와 미식 정보도 다양하게 실었습니다.
  위치 해당 장소와 가까운 명소 또는 랜드마크
  유형 대표 맛집, 로컬 맛집, 신규 맛집 등으로 분류
  주메뉴 대표 메뉴나 인기 메뉴
  ☺☹ 좋은 점과 아쉬운 점에 대한 작가의 견해

- **한눈에 파악하는 상세 지도**
  관광 명소와 맛집, 상점, 쇼핑 정보의 위치를 한눈에 파악할 수 있는
  지역별 지도를 제공합니다. 효율적인 나만의 동선을 짤 수 있도록
  각 지역의 MRT 역과 주변 스폿 위치를 바로 알기 쉽게 표기했습니다.

지도에 사용한 기호						
📍	✕	☕	🛍	🏨	🐾	♨
관광 명소	맛집	카페	쇼핑	호텔	동물원	온천
✈	🚆	🚌	🚠	🚂	⛴	③
공항	기차역	버스 터미널	케이블카	우라이 관광열차	페리 선착장	고속도로 번호

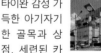

타이베이 여행 미리 보기

Taipei Preview

융캉제 永康街 ▶ 2권 P.096

딘타이펑, 융캉우육면, 스무시 하우스를 비롯해 누가 크래커 인기 숍까지 한국인이 즐겨 찾는 유명 음식점과 기념품점이 모여 있다. 장제스 초대 총통을 기념하는 국립중정기념당도 둘러보자.

베스트 명소 융캉제, 국립중정기념당, 다안삼림공원, 스다 야시장

> 타이베이 메인 스테이션에서 MRT 12분

중산 中山 ▶ 2권 P.018

타이완 감성 가득한 아기자기한 골목과 상점, 세련된 카페 등이 모여 있다. 5성급 호텔과 명품 숍, 백화점이 밀집해 있어 고급스러우면서도 깔끔한 분위기가 느껴지는 지역이다.

베스트 명소 중산 거리, 타이베이당대예술관, 문방 챕터, 닝샤 야시장, 타이베이아이

> 타이베이 메인 스테이션에서 도보 10분

타이베이 메인 스테이션 台北車站 주변 ▶ 2권 P.018

타이베이를 대표하는 핵심 상권으로 시내 및 시외 교통편과 숙박, 백화점, 쇼핑몰, 식당, 카페 등이 밀집해 있다. 타이베이 메인 스테이션은 출구만 46개에 달하는 거대하고 복잡한 곳이므로 목적지의 출구 번호를 기억해둘 것.

베스트 명소 타이베이 메인 스테이션, 국립타이완박물관, 화산 1914 문화창의원구, 2.28 평화기념공원

디화제 迪化街 ▶ 2권 P.076

100년 이상의 역사를 간직한 거리로 전체가 커다란 문화재이자 박물관이다. 오래된 건물 사이사이에서 시간 여행을 떠나온 듯 색다른 풍경을 즐길 수 있다. 해 질 무렵 다다오청 부두에서는 아름다운 노을을 감상할 수 있다.

베스트 명소 디화제, 다다오청 부두

> 타이베이 메인 스테이션에서 MRT 10분/도보 20분

> 타이베이 메인 스테이션에서 MRT 6분/도보 15분

시먼 西門 ▶ 2권 P.076

타이베이 젊은이들이 사랑하는 동네로 늘 활기차고 시끌벅적하다. 타이완에서 가장 오래된 사원인 룽산쓰와 청나라 시대의 모습을 간직한 보피랴오 역사 거리가 근처에 있다.

베스트 명소 시먼딩, 무지개 횡단보도, 룽산쓰, 보피랴오 역사 거리

타이베이 북부 台北 北部

▶▶ 2권 P.116

처음 타이베이를 방문한
다면 반드시 들러야 할
국립고궁박물원, 타이베
이시립미술관, 스린 야
시장 등 굵직한 명소들이 모여 있다. 서로 멀
리 떨어져 있기 때문에 동선을 잘 짜야 한다.

베스트 명소 국립고궁박물원, 스린 야시장,
임안태 고적, 푸진제, 단수이, 베이터우

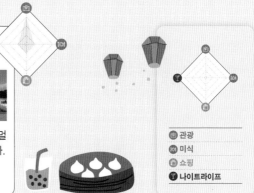

관광
미식
쇼핑
♥ 나이트라이프

타이베이 메인 스테이션에서 MRT 10분

동취 東區 ▶▶ 2권 P.042

대로변에는 글로벌 브랜드 매장이 입점
한 쇼핑몰과 백화점, 미슐랭 식당 등이 있
고, 큰길 안쪽에는 예쁜 상점과 카페가 있
어 골목 탐험의 재미를 느낄 수 있다. 오
래된 담배 공장을 리모델링한 송산문창원구는 놓치지 말 것.

베스트 명소 동취 거리, 송산문창원구, 국립국부기념관

신이 지구 信義區 ▶▶ 2권 P.062

타이베이를 상징하는 타이베이 101을 비롯해 상업, 무역 등과
관련한 굵직한 기업과 고급 아파트, 호텔 등이 들어서 있는 번화한
동네다. 샹산 전망대에 오르면 타이베이 시내가 한눈에 보인다.

베스트 명소 타이베이 101, 쓰쓰난춘, 샹산, 라오허제 야시장

타이베이 메인 스테이션에서 MRT 20분

타이베이 남부 台北 南部 ▶▶ 2권 P.138

타이베이를 여러 번 방문했거나 도심의 복잡함에서
벗어나 느긋한 여행을 하고 싶다면 이 지역을 추천
한다. 타이베이 시내와 떨어져 있어 이동 시간이 많
이 걸리므로 여유 있게 일정을 짜는 것이 좋다.

베스트 명소 임가화원, 타이베이시립동물원, 마오콩, 은하동

ATTRACTION

EXPERIENCE

EAT & DRINK

SHOPPING

Bucket List

타이베이 여행 버킷 리스트

ATTRACTION

☑ BUCKET LIST 01

핵심만 꼽았다!

타이베이
대표 명소

처음 타이베이에 간다면 꼭 들러야
할 곳은 어디일까? 타이베이
랜드마크인 타이베이 101부터
낮보다 밤이 아름다운 스린
야시장까지, 각종 매체와 SNS에서
보았던 타이베이의 대표적
명소들을 찾아 타이베이 도장
깨기에 도전해보자.

BEST 01 ▷

타이베이 101
台北101

➡ 2권 P.064

대나무와 연꽃잎을 모티프로 한 고층 빌딩으로 타이
완에서 가장 높은 건물이다. 지하부터 최고층까지의
높이는 508m. 2004년 완공 당시부터 2010년까지
세계에서 가장 높은 건물로 명성이 높았으나, 현재는
세계에서 아홉 번째로 높은 건물이다. 지하 1층부터
지상 5층까지는 쇼핑몰과 식당가이며 89층, 91층,
101층에 전망대가 있다. 5층부터 89층까지 운행하
는 엘리베이터는 37초 만에 84개 층을 주파해 〈기네
스북〉에 등재되기도 했다.

국립고궁박물원
國立故宮博物院
➡ 2권 P.118

1965년에 개관해 매년 600만 명 이상이 방문하는 대규모 박물관
이다. 세계 5대 박물관 중 하나로 꼽힐 정도로 보유하고 있는 유물
의 가치가 뛰어나다. 소장 유물 수는 약 70만 점. 한번에 모든 소장
품을 전시할 수 없어 수시로 순환 전시한다. 유물 일부는 타이중의
국립고궁박물원 남부 분원과 나누어 전시한다.

국립중정기념당
國立中正紀念堂 ➡ 2권 P.100

타이완 초대 총통 장제스를 기리기 위해 그를 존경하는 국민과 화
교들이 힘을 모아 지은 곳이다. 장제스 동상이 있는 2층 홀에서
는 오전 9시부터 오후 5시까지 매시 정각에 근위병 교대식이 열린
다. 건물 앞 광장과 뒤편의 작은 공원까지 놓치지 말고 둘러볼 것.

BEST 04

디화제

迪化街 ➤ 2권 P.082

100년 이상 된 건축물과 상점이 모여 있어 '지붕 없는 박물관'이라는 수식어가 자연스러운 거리. 고풍스러운 건물 안쪽에 숨은 찻집과 잡화점을 탐방하는 재미도 쏠쏠하다. 디화제 옆 다다오청 부두의 로맨틱한 저녁노을도 놓치지 말 것.

BEST 05

화산 1914 문화창의원구

華山 1914 文化創意園區 ➤ 2권 P.024

1914년에 지은 양조장을 리모델링한 복합 문화 공원이다. 전시장과 공연장, 잡화점, 문구점, 서점, 식당, 카페, 펍 등 다양한 공간이 한자리에 모여 있어 시간을 알차게 보낼 수 있다. 주말에는 플리마켓이나 야외 공연이 열려 재미를 더한다.

BEST 06

송산문창원구
松山文創園區 ▶ 2권 P.044

60여 년 동안 담배를 만들다가 방치된 공장이 타이베이 시 정부의 추진으로 리모델링을 거쳐 복합 문화 공원으로 재탄생했다. 공연, 전시, 쇼핑, 식사, 산책 등 모든 게 가능한 곳으로 화산 1914 문화창의 원구와 더불어 타이베이를 대표하는 문화 공원으로 꼽힌다.

BEST 07

스린 야시장
士林夜市
▶ 2권 P.122

115년 역사를 가진 야시장으로 타이베이에서 가장 규모가 크다. 지상과 지하의 상점 개수를 모두 합치면 약 320개나 된다. 수많은 먹거리를 비롯해 기념품, 캐릭터 상품, 잡화, 의류, 장난감, 게임 등 다양한 상점이 모여 있다. 주말과 명절에는 어마어마한 인파가 몰려 제대로 구경조차 하기 힘드니 이때는 피하는 것이 좋다. 타이베이를 대표하는 관광지라 다른 야시장에 비해 가격은 조금 비싼 편이다.

ATTRACTION

여행이 더욱 황홀해지는

뷰포인트 &
인증샷 명소

여행자는 전망 좋은 곳에서 도시
풍경을 감상하고, 그 도시의 매력이
가득한 곳에서 사진을 남겨 여행을
기억하고 싶어 한다. 아름다운
타이베이 풍경을 바라보며 낭만에
젖거나, 영원한 추억으로 남을 인생
사진을 찍을 수 있는 사진 명소를
찾아가보자. 낭만과 추억이 더해져
여행이 한 뼘 더 풍성해질 것이다.

VIEWPOINT

타이베이 유일의 마천루
타이베이 101
台北101
➡ 2권 P.064

타이베이 101의 89층에는 실내 전망대와 카페, 기념품점이 자리하고 91층에는 날씨가 좋을 때만 개방하는 실외 전망대가 있다. 시야가 맑은 날은 멀리 지롱강까지 한눈에 보일 정도로 전망이 좋다. 타이베이 유일의 초고층 빌딩이기에 시야를 가로막는 장애물이 없이 탁 트여 있다. 최근 공개한 101층 전망대는 아시아에서 가장 높은 전망대로, 홈페이지를 통해 예약해야 입장할 수 있다.

촬영TIP

실내에서 야경 사진을 찍을 때 유리창에 카메라 렌즈를 바짝 붙이고 찍어보세요. 렌즈와 유리창 사이 공간이 좁을수록 비침 현상이 줄어듭니다.

VIEWPOINT

가장 아름다운 일몰
단수이 淡水 ➡ 2권 P.154

타이베이 북부 단수이는 타이베이에서 가장 아름다운 일몰을 볼 수 있는 곳이다. 단수이강 너머로 노랗고 붉게 물들어가는 노을을 바라보며 로맨틱한 시간을 보낼 수 있다. 구름 한 점 없이 맑은 날, 해 질 녘이면 온 세상이 주황빛으로 물드는 황홀한 풍경이 펼쳐진다.

촬영TIP

단수이강 변을 따라 산책로와 자전거 도로가 잘 정비되어 있어 유바이크를 빌리면 더욱 효율적인 여행을 즐길 수 있어요.

타이베이의 시그너처 야경
샹산 象山
➡ 2권 P.067

타이베이의 랜드마크인 타이베이 101과 함께 타이베이 시내를 조망할 수 있는 최고의 뷰포인트다. 돌계단으로 이루어진 트레킹 코스를 약 20분 동안 오르면 타이베이 풍경을 한눈에 내려다볼 수 있다. 특히 아름답게 반짝이는 야경이 일품이다. 편한 운동화 착용과 물은 필수이며, 날이 흐리거나 비가 오는 날이라면 다음을 기약하는 것이 좋다.

📷 **촬영TIP**

10분 정도 계단을 오르면 첫 번째 전망대가 보이는데, 여기서 10분 정도 더 올라가면 시야가 훨씬 넓고 탁 트인 전망대가 나옵니다.

📷 **VIEWPOINT**

힐링과 전망을 동시에
마오콩 貓空
➡ 2권 P.142

타이베이 외곽 고지대에 자리한 차밭으로, 초록빛으로 가득한 싱그러운 자연과 타이베이 전경이 한눈에 들어오는 곳이다. 마오콩에 가려면 MRT 둥우위안역에서 곤돌라를 타고 산을 가로질러 올라간다. 곤돌라 안에서 바라보는 풍경도 매우 훌륭하다.

📷 **촬영TIP**

곤돌라를 타고 마오콩까지 약 30분 걸려요. 노을을 보려면 해가 지는 시간을 고려해 이동 계획을 세우세요.

📷 PHOTOGENIC

은하수가 내리는 숨은 스폿

은하동 銀河洞 ➤ 2권 P.150

비가 오면 신비로운 분위기의 동굴 옆 폭포수가 은하수처럼 떨어지는 장소로 SNS를 타고 입소문이 퍼져 유명해진 포토 스폿이다. 절벽 위로 튀어나온 발코니에 서서 초록이 가득한 숲과 폭포를 배경으로 사진을 찍는다. 비가 많이 내린 직후라면 더욱 몽환적인 분위기의 인생 사진을 남길 수 있다.

📷 **촬영TIP**

혼자서는 사진을 찍기 어려우니 다른 사람과 동행하는 것이 좋아요.

📷 PHOTOGENIC

타이베이 101 야경 뷰포인트

타케무라 이자카야 골목
竹村居酒屋

이자카야 등불이 켜진 좁은 골목에 타이베이 101이 선명하게 보이는 포토 스폿이 있다. 현지인들도 줄을 서서 사진을 찍을 만큼 이색적인 분위기를 담을 수 있는 곳이다. 차량이 지나다니는 골목이니 안전에 유의해서 촬영하자. 골목에 자리한 같은 이름의 다케무라 이자카야도 덩달아 명소가 되었다.

📷 **촬영TIP**

이곳은 반드시 해가 진 후에 가세요. 이자카야 등불과 타이베이 101의 외부 조명이 켜지면 훨씬 더 근사한 사진을 남길 수 있어요.

타이베이의 부라노섬
정빈항구 正濱漁港
➡ 2권 P.182

타이베이에서 기차로 약 1시간 거리에 있는 지롱에는 항구를 끼고 알록달록한 색의 건물들이 늘어선 작은 동네가 있다. 햇빛이 쨍한 낮에 사진이 매우 잘 나오는 곳으로, 해가 지기 전에 가는 게 좋다.

📷 **촬영TIP**
건물들이 다양한 색상으로 채색되어 있기 때문에 하얀색 옷을 입고 찍으면 사진이 더 예쁘게 나와요.

📷 **PHOTOGENIC**

인스타 감성의 예쁜 도로
무지개 횡단보도
➡ 2권 P.079

횡단보도를 무지개색으로 채색해 타이베이의 대표적인 포토 스폿이 되었다. 하늘이 파랗고 맑은 날에는 더욱 생동감 넘치는 사진을 남길 수 있다. MRT 시먼역 6번 출구 앞과 타이베이 시청 앞에 무지개 횡단보도가 있다. 그중 여행자들에게 더 많이 알려진 곳은 시먼역 앞 횡단보도. 여유롭게 사진을 남기고 싶다면 타이베이 시청 앞으로 가보자. 알록달록한 무지개 횡단보도와 타이베이 101을 한 프레임에 담아 사진을 남길 수 있다.

📷 **촬영TIP**
일행이 여러 명이라면 각각 다른 색상 위에 일렬로 서서 포즈를 취해보세요.

📷 PHOTOGENIC

우뚝 솟은 타이베이 101의 자태

국립국부기념관 國立國父紀念館

➡ 2권 P.048

쑨원을 기리는 공간으로, 매년 12월 31일 타이베이 101에서 열리는 불꽃 축제를 감상할 수 있는 명당으로 꼽힐 만큼 타이베이 101이 선명하게 보이는 곳이다.

> 📷 **촬영 TIP**
> 국립국부기념관을 정면으로 바라보고 왼쪽 길로 조금만 들어가면, 국립국부기념관의 우아한 지붕과 타이베이 101을 장애물 없이 함께 프레임에 담을 수 있어요.

📷 PHOTOGENIC

18세기 청나라로 시간 여행

보피랴오 역사 거리

剝皮寮歷史街區 ➡ 2권 P.084

청나라 시대의 모습을 그대로 복원한 거리로 수많은 영화, 드라마 등의 배경이 된 곳이다. 오래된 붉은 벽돌 건물과 아치형 회랑, 빨간색 등불 등 레트로한 분위기를 배경으로 사진을 남기기 좋다.

> 📷 **촬영 TIP**
> 세로로 찍어야 사진이 더 예쁘게 담깁니다. 오전 시간에는 비교적 방문객이 적은 편이라 더 여유 있게 사진을 찍을 수 있어요.

📷 PHOTOGENIC

소소하지만 확실한 감성 사진

커피 덤보 *Coffee Dumb* ➡ 2권 P.037

중산 카페 거리에 자리한 아담한 카페지만, 빈티지한 매력의 외관 앞에서 감성 사진을 찍는 포토 스폿으로 유명하다. 예스러운 벽면과 녹슨 벽 장식, 노란색 의자가 멋진 조화를 이룬다.

> 📷 **촬영 TIP**
> 노란색 의자와 대비되는 색상의 의상이나 우산 등의 소품을 활용하면 더 예쁜 사진을 남길 수 있어요.

ATTRACTION

☑ BUCKET LIST 03

취향 따라 골라 떠나는
타이베이 근교 여행

타이베이 근교에는 도심과는 다른 매력을 지닌 소도시가 많다.
타이베이로 처음 여행을 떠나는 사람들에게 필수 코스라 불리는
'예스진지(예류, 스펀, 진과스, 지우펀)'를 비롯해 아름다운 일몰
성지 단수이, 아이를 동반한 가족여행자를 위한 타오위안, 한적한
도자기 마을 잉거 등 취향에 맞는 곳을 골라 여행하는 재미가 있다.

·SPOT· 01

멋진 노을 만나러 가는 길
단수이 淡水
▶ 2권 P.154

타이베이 북서부, 강과 바다가 만나는 지점에 자리한 곳이
다. 이곳에서 시작되는 단수이강이 타이베이 시내로 흘러
간다. 해 질 무렵이면 황홀한 노을을 만날 수 있고 진리대학
교, 홍마오청, 소백궁 등 이국적 건축물이 모여 있어 반나절
정도 구경하기 좋다.

 MUST DO! 위런마터우에서 아름다운 노을과 낭만 만끽하기

SPOT 02

홍등 따라 미식 로드
지우펀 九份
▶ 2권 P.192

한때 아시아 최고의 금광촌으로 명성을 날리며
타이완 전체에서 손꼽히는 부자 마을이었던 곳이다.
금광 산업이 쇠락하고 금이 고갈되며 마을도 쇠퇴했지만 1989
년 영화 〈비정성시〉의 배경으로 등장하면서 관광지로 주목받
기 시작했다. 예스러운 건물과 빨간 등불 등 고풍스럽고 화려한
풍경이 매력적인 곳으로 주말이나 명절에는 엄청난 인파가 몰
리는 타이완 최고의 인기 관광지다.

 MUST DO! 하룻밤 머물며 고즈넉한 수치루의 밤 풍경 즐기기

SPOT 03

고급진 동네 걷기 코스
타오위안 桃園
▶ 2권 P.200

타오위안 하면 으레 타오위안국제공항을
떠올리며 잠시 스쳐 가는 도시로 생각하지만 타오위안
은 볼거리와 즐길 거리가 꽤 많은 곳이다. 특히 최근 들어
아쿠아리움인 엑스 파크와 미술관, 도서관, 공원 등 새로
운 시설이 많이 생겨나 타이베이 시민들도 일부러 찾아간
다. 타이베이 메인 스테이션에서 고속철도를 타면 약 20분
만에 도착해 접근성도 뛰어나다.

 MUST DO! 엑스 파크의 대형 수족관 감상하기

SPOT 04

호젓한 항구도시
지롱 基隆
▶ 2권 P.180

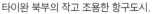

타이완 북부의 작고 조용한 항구도시.
사진 찍기 좋은 정빈항구, 바다와 맞닿아 있는 허핑다오공
원, 24시간 문을 여는 지롱 야시장 등을 반나절 정도 일정으
로 둘러보기 좋다. 타이베이 메인 스테이션에서 기차나 버
스로 1시간 남짓이면 도달해 접근성이 좋은 것도 장점이다.

 MUST DO! 컬러풀한 배경의 정빈항구에서 인생샷 남기기

· SPOT ·
05

우주에 불시착한 듯한 풍경
예류 野柳
 2권 P.184

타이완 북부의 어촌 마을로 기이한 형태의 바위 군락이 독특한 풍경을 이룬다. 오랜 시간 파도와 바람에 의해 깎이면서 지금과 같은 독특한 모양의 바위들이 만들어졌다. 예류의 상징이라 불리는 여왕 머리를 비롯해 버섯, 동물, E.T. 등 재미난 모양의 바위를 찾아보는 재미가 있다.

MUST DO! 점점 소멸해가는 여왕 머리 바위 눈도장 찍기

· SPOT ·
06

타이완 8대 비경
타이루거국가공원
太魯閣國家公園 2권 P.168

타이베이에서 가장 먼 거리에 있지만 찾아 갈 만한 가치가 있는 웅장한 곳이다. 3000m 에 달하는 높은 산과 거대한 대리석 바위, 깎아지른 듯 솟아오른 협곡과 그 사이를 굽이굽이 흐르는 계곡 등 대자연의 절경을 마주할 수 있다. 당일치기로 다녀오려면 하루를 온전히 투자해야 한다.

MUST DO! 바이양 트레일 코스 걸으며 대자연의 풍경 즐기기

·SPOT·
07

소원이 이루어지는 곳
스펀 十分
➡ 2권 P.186

소원을 적어 하늘로 띄워 보내는 커다란 천등으로
유명한 작은 마을이다. 스펀 기찻역의 기찻길에는 천등을
날리는 사람들로 가득하다. 들뜬 표정으로 천등을 날리다
가 노란색 기차가 들어오면 일제히 길가로 물러나 지나가
는 기차에 손을 흔든다. 마음속 소원을 꺼내어 한 자 한 자
정성스레 적고, 소원을 적은 천등이 하늘로 날아오르는
것을 바라보며 여행의 의미가 더욱 깊어지는 곳이다.

😊 **MUST DO!** 꼭 이루고 싶은 소원 적어 천등 날리기

·SPOT·
08

옛 탄광 마을
진과스 金瓜石
➡ 2권 P.188

옆 마을 지우펀과 함께 한때 아시아 최고의
금광촌으로 번성하던 곳이다. 금광이 고갈되면서 쇠락했
다가 지우펀의 부활과 함께 다시 생기를 찾았다. 금을 캐
던 당시의 금광과 인부들 모습 등을 재현한 황금박물관이
있으며, 광부들이 즐겨 먹던 광부 도시락이 유명하다. 비
교적 한산하고 조용해 산책하기도 좋다.

 MUST DO! 황금박물관의 거대한 금괴 만져보기

·SPOT·
09

도자기 마을
잉거 鶯歌 & 싼샤 三峽
➡ 2권 P.204

잉거는 타이베이 메인 스테이션에서 기차로 30분 만에 닿
는 작은 마을이다. 과거 잉거 지역 인근에 도자기 원료인
점토가 풍부해 도자기 산업이 발달하면서 도자기 마을이
형성되었고, 이후 타이완 최초의 도자기 박물관인 잉거도
자기박물관이 개관했다. 고풍스러운 옛 모습을 그대로 간
직한 싼샤 라오제와 함께 묶어 둘러보면 좋다.

 MUST DO! 도자기로 만든 예술 작품 감상하기

EXPERIENCE

머리부터 발끝까지 힐링!

타이베이에서 누리는
특별한 체험

타이베이 여행에서 빼놓을 수 없는 것 중 하나가 바로 마사지와
온천이다. 상쾌하게 하루를 시작할 수 있는 샴푸 마사지부터
하루의 피로를 날리는 발 마사지, 긴장을 내려놓고 느긋이 쉴 수
있는 온천까지. 여행의 피로를 풀고 소소한 힐링을 만끽해보자.

지하철 타고 떠나는
온천 여행

타이완에는 100여 개에 달하는 크고 작은
온천 마을이 있다. 일제강점기에 일본이 전
쟁으로 지친 일본군을 위해 타이완 곳곳의
온천을 개발한 것이 시작이다. 일본은 자국
의 온천 개발을 위해 타이완의 온천을 시험
대 삼아 연구하고 개발했다. 오늘날 타이완
은 일본만큼이나 온천 시설과 문화가 발달
한 나라로 꼽힌다.

포즈 랜디스 우라이

	베이터우	우라이
특징	타이베이 시내로의 접근성이 매우 좋은 온천 마을로 타이완 온천의 진원지라 불리는 지열곡地熱谷이 자리한 곳이다.	무색무취의 탄산 온천. 개인탕과 대중탕을 갖춘 온천장, 온천 호텔, 온천 리조트 등 다양한 선택지가 있다.
이동 시간 (타이베이 메인 스테이션 기준)	MRT 40분	버스 1시간 30분
온천 종류	유황 온천	탄산 온천
추천 온천	그랜드 뷰 리조트, 스프링 시티 리조트, 더 가이아 호텔, 수미온천회관, 롱나이탕	볼란도 우라이 스프링 스파 & 리조트, 포즈 랜디스 우라이, 명월온천회관
주변 볼거리	지열곡, 베이터우온천박물관, 베이터우시립도서관, 베이터우공원 노천 온천탕 등	우라이 라오제, 우라이관광열차, 우라이폭포 & 케이블카 등

하루 종일 상쾌한 기분!
샴푸 마사지

타이완 샴푸 마사지의 가장 큰 특징은 의자에 앉아서 받는다는 것이다. 물과 거품이 줄줄 흘러내릴 것 같지만 걱정하지 않아도 된다. 밀도가 높은 쫀쫀한 거품으로 샴푸를 해주면서 머리카락과 거품으로 재미난 모양을 만들어주기도 한다. 가급적 예약 후 방문할 것을 추천한다.

추천 미용실

● **천희발형미용** 天禧髮型美容
위치 타이베이 메인 스테이션 근처
구글맵 천희발형미용
운영 10:00~19:30
(토 · 일요일은 09:00부터)
요금 샴푸 마사지+드라이(20~30분)
NT$350

● **IS 헤어 살롱** IS Hair Salon
위치 시먼딩
구글맵 Is Hair Salon
운영 11:00~20:30
요금 샴푸 마사지+드라이(20~30분)
NT$ 400(긴 머리 NT$600)

● **청약방** 青絲紡髮藝
위치 중산
구글맵 3G3F+H9 타이베이 중산
운영 09:00~18:00
(일요일은 17:00까지)
요금 샴푸 마사지+드라이(40분)
NT$700

피로 해소에 최고! # 발 마사지

타이완의 발 마사지는 종아리와 발의 지압점을 자극해 몸의 에너지 흐름을 돕고, 몸속 각 기관의 스트레스를 완화시키는 치료 개념이다. 폭이 좁은 바지나 치마를 입고 방문한 경우에는 매장에 비치된 반바지로 갈아입고 마사지를 받는다.

TIP! 타이완은 팁 문화가 없으니 마사지를 받은 후 따로 팁을 주지 않아도 된다.

추천 발 마사지 숍

● **베이먼 마사지 센터**
The North Gate Massage Center
위치 MRT 베이먼역 근처
구글맵 The North Gate Massage
운영 09:30~03:00
요금 발 마사지 40분 NT$400

● **988 발 마사지** 988養生會館
위치 타이베이 메인 스테이션, 시먼딩
구글맵 988 massage zhongzheng
운영 09:00~02:00
요금 발 마사지 40분 NT$600

● **재춘관 마사지** 再春館 專業按摩
위치 중산
구글맵 재춘관
운영 09:30~11:00
요금 발 마사지 40분 NT$900
※ 케이케이데이, 클룩 예매 시 저렴

⊘ 발 마사지 받을 때 필요한 중국어

괜찮아요/좋아요 Hǎo 하오　　조금 세게 해주세요 Yào zhòng yìdiǎn 야오쭝이디엔

아파요 Tòng 통

안 아파요 Bú tòng 부통　　　　조금 약하게 해주세요 Yào qīng yìdiǎn 야오칭이디엔

마음에 점을 찍는 시간

딤섬

딤섬點心을 빼놓고 타이완 요리에 대해 이야기할 수 있을까. 딤섬의 한자를 소리 나는 대로 읽으면
'점심'이다. 마음에 점을 찍듯 가볍게 즐긴다는 의미가 담긴 말이다. 원래 점심 식사 전후로 가볍게
즐기는 간식을 통틀어 이르는 말이었지만, 현재는 한 입 크기의 작은 만두를 뜻하는 고유명사처럼
쓰인다. 만두피 속에 무엇을 넣느냐에 따라 식사가 되기도 하고 간식이 되기도 하며 디저트가 되기도
한다. 한번에 한 종류가 여러 개 나오는 것보다는 다양한 종류의 딤섬을 조금씩 주문해 맛볼 것을
추천한다. 기름진 음식이기 때문에 입안을 개운하게 해주는 우롱차와 오이무침(라웨이황과辣味番瓜)을
곁들이면 더욱 맛있다.

다양한 딤섬 종류

딤섬은 만두피 재료와 발효 유무, 빚는 방식 등에 따라 이름이 다르다.
우리나라에서 맛볼 수 있는 것보다 훨씬 다양한 맛의 딤섬이 있어
매일 먹어도 질리지 않는 음식이다.

No.1 바오쯔 包子

발효시킨 반죽으로 만두피를 만들기 때문에 피가 두껍고 폭신한 것이 특징이다.
돼지고기와 육즙이 가득한 샤오룽바오小籠包, 달콤하고 짭조름한 돼지고기볶음을
넣은 차샤오바오叉燒包, 달콤한 커스터드 크림이 들어 있는 디저트 딤섬 나이황바오
奶黃包 등이 대표적이다.

No.2 마이 賣

윗부분을 살짝 열어 소가 보이게 만든 딤섬. 달걀을 넣고 반죽해 노란빛을 띠는
만두피와 복주머니 모양이 특징이다. 돼지고기로 만든 소와 통새우를 그대로
넣은 샤런사오마이蝦仁燒賣, 새우 대신 게살을 넣은 셰황정사오마이蟹黃蒸燒賣
등이 있다.

No.3 자오 餃

속이 비칠 정도로 얇고 투명한 피 속에 돼지고기, 새우, 채소 등을 넣어 만든다.
영어로 덤플링dumpling이라고 하는 딤섬이 자오에 해당한다. 전분과 찹쌀로 만든 만두
피가 쫄깃하고 탱글탱글하다. 새우를 넣은 샤자오蝦餃, 부추와 버섯, 양파 등 채소로만
맛을 낸 주차이자오韭菜餃 등이 일반적이다.

No.4 자오쯔 餃子

바오쯔와 같은 반죽을 사용하지만 발효하지 않은 상태로 빚은 만두다.
한국에서 흔하게 볼 수 있는 교자만두가 바로 자오쯔다. 찜기에 찌거나 팬에
넣고 바닥 면이 노릇해지도록 굽는다.

No.5 창펀 腸粉

묽은 쌀 반죽을 넓게 펴서 찐 얇은 피 속에 돼지고기, 새우, 부추, 숙주 등을 넣어
돌돌 말아 만든다. 얇은 피의 식감이 무척 부드러워 먹으면서 기분 좋아지는 맛이다.
달짝지근한 간장 소스를 뿌려 내오는 것이 특징이다.

HOW TO 샤오룽바오 먹는 법

❶ 샤오룽바오를
숟가락에 올리고
만두피를 살짝 찢어
육즙이 흘러나오게 한다.

❷ 초간장에 적신
생강채를 올린다.
샤오룽바오의 기름기와 육즙이
생강과 잘 어우러진다.

01 · BEST ·
글로벌 딤섬 맛집

딘타이펑 鼎泰豐
▶ 2권 P.104

긴 말이 필요 없는 딤섬계의 슈퍼스타. 타이완뿐
아니라 아시아, 유럽, 미국 등에도 진출한 글로벌
브랜드다. 이곳에서 꼭 맛봐야 할 딤섬은 진하고
고소한 육즙을 품은 샤오룽바오. 모든 테이블에
서 기본으로 하나씩 주문할 만큼 인기 있는 메뉴
다. 샤런사오마이, 갈비튀김 계란 볶음밥, 오이무
침 등을 곁들여 먹어도 좋다.

위치 MRT 동먼역 6번 출구 근처
구글맵 Din Tai Fung
예산 NT$400~800

딘타이펑은 지점
대부분이 대기 시간이
긴 편이에요. 가장 긴
곳은 MRT 동먼역 근처의
신생점과 타이베이
101점이니 참고하세요.

MENU *한국어 메뉴 있음
▸ 샤오룽바오 NT$125(5 pcs)
▸ 샤런사오마이 NT$185(5 pcs)
▸ 갈비튀김 계란 볶음밥(흰쌀밥/현미밥) NT$280

02 · BEST ·
1949년부터 전통을 잇는

까오지 高記
▶ 2권 P.105

75년 전통의 상하이 요리 전문점. 동파육, 볶음밥 등 정
통 상하이 요리를 비롯해 샤오룽바오, 사오마이 등 딤섬
도 종류별로 판다. 가장 유명한 메뉴는 무쇠 팬에 구운
상하이식 철판 군만두 상하이톄궈성젠바오上海鐵鍋生煎
包. 바닥 면을 노릇하게 구워 더욱 쫄깃하고 고소하다.

위치 MRT 동먼역 6번 출구 근처
구글맵 kao chi xinsheng
예산 NT$250~800

MENU *한국어 메뉴 있음
▸ 상하이식 철판 군만두 上海鐵鍋生煎包
  NT$250(10 pcs)
▸ 부귀동파육 富貴東坡肉 NT$680
▸ 오리지널 샤오룽바오 元籠小籠包
  NT$240(10 pcs)

03 · BEST ·
겉바속촉 군만두
동문교자관 東門餃子館
▶ 2권 P.105

교자만두를 팬에 넣고 뚜껑을 덮어 익히다가 전분 물을 부어 밑부분만 바삭하게 구운 주러우궤톄猪肉鍋貼로 유명하다. 윗부분은 찐만두처럼 촉촉하고 바닥 면은 바삭하면서 고소해 두 가지 맛을 느낄 수 있다.

위치 융캉제
구글맵 동문교자관
예산 NT$300~800

MENU *한국어 메뉴 있음
▸ 돼지고기 군만두 猪肉鍋貼 NT$150(10 pcs)
▸ 새우 계란 볶음밥 蝦仁蛋炒飯 NT$200(中)
▸ 짜장면 炸醬麵 NT$100(中)

04 · BEST ·
홍콩에서 날아온 딤섬
팀호완 添好運
▶ 2권 P.038

홍콩에서 온 〈미슐랭 가이드〉 선정 맛집. 식사 시간에는 긴 대기 시간을 각오해야 하는 인기 있는 곳이다. 타이완 딤섬과는 다른 특징과 매력이 있는 홍콩식 딤섬을 만날 수 있다. 작은 찜기에 서너 개의 딤섬이 담겨 나와 다양한 종류의 딤섬을 맛보고 싶을 때 이것저것 주문해 먹기 좋다.

위치 MRT 타이베이 메인 스테이션 M6번 출구 근처
구글맵 팀호완 중샤오서점
예산 NT$400~600

MENU *한국어 메뉴 있음
▸ 왕새우 샤오마이 鮮蝦燒賣皇 NT$158(4 pcs)
▸ BBQ 번 酥皮焗叉燒包 NT$158(3 pcs)
▸ 커스터드 번 添好運流沙包 NT$158(3 pcs)

EAT & DRINK

☑ BUCKET LIST **06**

한 그릇의 감동

우육면

사골과 쇠고기, 각종 향신료, 채소를 물에 넣어 푹 끓인 우육면牛肉麵은 타이완을 대표하는
국민 음식이다. 숭덩숭덩 큼직하게 썰어 넣은 쇠고기, 쫄깃한 면발, 깊고 진한 맛의 국물이
어우러져 한국인 입맛에도 잘 맞는다.
한 그릇만으로 든든한 식사가 될 정도로 가성비가 좋으며, 여행 중 뜨끈한 국물이 생각날
때 더없이 좋은 음식이다. 맑은 국물에 고추기름을 넣은 붉은 빛깔의 우육면, 간장을
넣어 진한 색을 띠는 우육면, 채소와 고기만으로 우려낸 맑은 우육면 등 식당마다 각자의
방식으로 끓여내는 다양한 맛의 우육면을 맛보는 것은 타이완 여행의 또 다른 즐거움이다.

01 · BEST ·
타이완 우육면 대표 선수
융캉우육면 永康牛肉麵
▶ 2권 P.106

타이베이를 대표하는 우육면 맛집이라 해도 과언이 아닐 정도로 유명한 곳이다. 〈미슐랭 가이드〉에도 소개되어 외국인 여행자가 특히 많다. 매운맛과 보통 맛, 힘줄이 있는 것과 없는 것 등 선택의 폭이 넓다. 60여년 전통의 우육면을 맛보고 싶다면 추천한다.

위치 융캉제
구글맵 융캉우육면
예산 NT$280~400

MENU *한국어 메뉴 있음
▸ 매운 쇠고기 우육면 紅燒牛肉麵 NT$280(小)
▸ 안 매운 쇠고기 우육면 清燉牛肉麵 NT$310

02 · BEST ·
70년 전통의 우육면
유산동우육면 劉山東小吃店
▶ 2권 P.030

간장 베이스의 진한 국물로 맛을 내는 우육면 식당. 영업시간 내내 가게 앞 골목에 줄이 서 있을 정도로 인기가 많다. 작은 로컬 식당의 전통 있는 우육면이 궁금하다면 이곳을 추천한다. 면 종류를 취향껏 선택할 수 있다.

위치 타이베이 메인 스테이션 근처
구글맵 유산동 우육면
예산 NT$200~400

MENU *한국어 메뉴 있음
▸ 우육면 NT$190

03 · BEST ·
가성비 최고의 우육면
푸훙우육면 富宏牛肉麵
▶ 2권 P.085

허름하고 낡은 식당이지만 우육면만큼은 최고를 자부하는 곳이다. 24시간 영업해 늦은 밤이나 이른 아침에도 뜨끈한 우육면 한 그릇을 먹을 수 있다. 다른 우육면 식당보다 저렴한 가격에 음료까지 무료로 제공한다.

위치 베이먼 근처
구글맵 푸훙뉴러우멘
예산 NT$100~150

MENU *한국어 메뉴 있음
▸ 우육면 NT$110(中)
▸ 참깨비빔면 麻醬麵 NT$55(中)

04 · BEST ·
육향이 진한 우육면
임동방우육면 林東芳牛肉麵
▶ 2권 P.050

〈미슐랭 가이드〉에 소개되기도 한 40년 전통의 우육면 식당이다. 향신료와 양념을 사용하지 않고 채소와 과일, 고기, 내장 등을 푹 우려내 국물이 깊고 부드러운 맛을 내며 육향이 살아 있다. 현지인과 여행자 모두에게 인기가 좋다.

위치 중샤오푸싱역 근처
구글맵 임동방우육면
예산 NT$210~320

MENU *한국어 메뉴 있음
▸ 우육면 NT$210(小)

05 ·BEST·
토마토가 우육면을 만나면
93 토마토 우육면 93蕃茄牛肉麵
▶▶ 2권 P.031

토마토 특유의 맛과 향이 우육면의 맛을 해칠까 걱정이라면 그런 걱정은 접어두어도 된다. 다른 재료와 함께 오랜 시간 끓이는 과정에서 토마토 특유의 향은 날아가고 감칠맛만 남기 때문이다. 따로 향신료를 넣지 않아도 깔끔한 우육면을 맛볼 수 있다.

위치 산다오쓰 근처
구글맵 93 Tomato Beef Noodle
예산 NT$75~150

MENU
‣ 토마토 우육면 NT$140

06 ·BEST·
특색 있는 면발로 즐기는
융캉도삭면 永康刀削麵
▶▶ 2권 P.106

채소와 고기, 사골 등을 넣어 깔끔하게 우려낸 국물에 토마토를 넣어 감칠맛을 더한 토마토 우육면이 주메뉴다. 칼로 뚝뚝 썰어 넣은 투박한 도삭면도 이집만의 특징이다. 두툼하고 쫄깃한 면발이 먹는 재미를 더한다.

위치 융캉제
구글맵 Yongkang sliced noodle
예산 NT$160~200

MENU *한국어 메뉴 있음
‣ 우육면 NT$240(小)

HOW TO 우육면 더욱 맛있게 먹는 포인트

❶ 쏸차이 酸菜
식당 테이블이나 공용 테이블 위에 초록색 채소를 절인 쏸차이 통이 놓여 있다. 쏸차이는 갓이나 배추를 새콤하고 짭짤하게 절인 것으로 우육면에 넣으면 색다른 맛을 낸다. 현지인들은 한 스푼 듬뿍 넣기도 하지만, 조금씩 넣어 맛을 보면서 자신의 입맛에 맞춘다.

❷ 라장 辣醬
보통 쏸차이 통과 함께 빨간 양념이 담긴 통이 하나 더 있다. 색깔만 봐도 매울 것 같은, 진짜 매운 소스 라장이다. 조금 더 매운맛을 원한다면 라장을 넣는다. 너무 많이 넣으면 본래 맛을 해칠 수 있으니 조금씩 넣어 맛을 보고 추가하는 것이 좋다.

❸ 샤오차이 小菜
우육면에 곁들이는 반찬을 말하는 것으로 식당에 따라 반찬 진열장에서 직접 가져다 먹거나 우육면을 주문할 때 함께 주문한다. 양배추 김치, 한국식 김치, 새콤달콤한 오이무침 등이 우육면과 잘 어울린다. 가격은 한 접시에 보통 NT$30~50.

EAT & DRINK

☑ BUCKET LIST 07

자꾸만 생각나는 중독적인 맛
훠궈

중국 쓰촨 지방에서 시작된 훠궈火鍋는 특유의 맵고 알싸한 맛 덕분에 먹고 돌아서면 생각나는 중독성이 있다. 타이완 훠궈는 중국 훠궈에 비해 맛이 순하고 부드러워 한국인 입맛에도 잘 맞는다. 1인 핫팟부터 뷔페식까지 다양하게 선택할 수 있으며, 채소를 우려낸 칭탕清湯, 마라 소스를 넣은 마라탕麻辣湯이 가장 보편적이다. 몇 년 전부터는 칭탕에 우유를 넣어 부드럽고 고소한 맛을 내는 뉴나이탕牛奶湯(일명 우유탕)이 인기 있다. 보통 식당에서는 반반 나누어진 냄비에 두 가지 탕을 선택해 주문할 수 있다. 칭탕과 마라탕 또는 뉴나이탕과 마라탕을 선택하면 실패할 확률이 적다.

쇠고기
베이비콘
토란
옥수수
돼지 피떡
마라탕
배추
갈비튀김
수제 어묵
칭탕
수련
버섯
새우
푸주
두부피 튀김
얼린 두부

01 BEST
한국인이 사랑하는 훠궈
마라훠궈 馬辣火鍋
➡ 2권 P.071

한국인들이 가장 많이 찾는 뷔페식 훠궈집. 훠궈는 물론 디저트와 음료, 주류 등 모든 것이 무제한이며, 다양한 맛의 하겐다즈 아이스크림도 있어 여성들에게 특히 인기 있다.

위치 신이, 동취, 시먼 등
구글맵 마라훠궈
예산 NT$880~1100

02 BEST
고기 러버 주목
로도도 핫팟 肉多多火鍋
➡ 2권 P.035

고기는 주문식으로, 채소와 어묵, 완자, 면 등 부재료는 뷔페식으로 운영하는 곳이다. 1인용 개인 핫팟과 두 가지 육수를 골라 먹을 수 있는 위안양탕鴛鴦湯 중 선택할 수 있다. 고기를 좋아하는 사람에게 추천한다.

위치 타이베이 메인 스테이션, 동취, 시먼 등
구글맵 rododo hotpot
예산 NT$400~600

03 BEST
어르신 모시고 가기 좋은
딩왕마라궈 鼎王麻辣鍋
➡ 2권 P.053

고급스러운 분위기에서 훠궈를 즐길 수 있으며 가격은 다소 비싼 편이다. 탕과 고기, 채소, 부재료 등을 모두 하나씩 선택해야 하는 번거로움이 있지만, 모든 재료가 신선하고 질이 좋다.

위치 MRT 중샤오둔화역 바로 앞
구글맵 2HR2+P7 타이베이
예산 NT$800~1000

04 BEST
뉴나이탕에 귀여운 곰돌이가 퐁당
호식다제제 好食多涮涮鍋
➡ 2권 P.052

새하얀 뉴나이탕에 곰돌이가 앉아 있는 사진 한 장으로 유명해진 곳이다. 뷔페식이 아니라 세트로 주문하는 방식으로, 고기와 탕 종류를 선택하면 채소, 어묵, 완자, 면 등의 부재료를 세트로 제공한다.

위치 MRT 중샤오푸싱역 근처
구글맵 2GVW+PJ 타이베이
예산 NT$600~1000

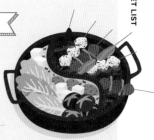

훠궈 더 맛있게 먹는 법

▶ 재료를 한꺼번에 다 넣지 않기

재료마다 익는 속도가 다르므로 재료를 한꺼번에 넣고 끓이면 맛이
제대로 안 날 수도 있다. 육수 맛을 더해주는 양파, 대파, 버섯 등 채소를
먼저 넣고 고기와 두부, 완자 등을 조금씩 넣어가며 익혀 먹어야 맛있다.

▶ 양고기는 고기 중에서 맨 마지막에 넣기

육류 중에서 특유의 향이 센 양고기는 가장 마지막에 넣어 먹는 것이 좋다. 처음부터 육수에
양고기를 넣으면 양고기 향이 육수는 물론 다른 재료의 맛과 향까지 덮어버린다.

▶ 마라탕 국물은 먹지 않기

마라탕 육수에는 다량의 돼지기름 또는 쇠기름과 화자오花椒라는 향신료가 들어간다. 특히
마라탕의 얼얼한 맛을 내는 화자오는 매운맛이 강해 위장을 자극하기 때문에 마라탕 국물을
많이 먹으면 위에 부담이 될 수 있다. 마라탕이 시작된 중국 쓰촨에서도 마라탕 국물은 먹지
않는다. 고기와 채소 등을 조금씩 넣어 익혀 먹는 것으로도 충분히 마라 향을 즐길 수 있다.

▶ 입맛에 딱 맞는 훠궈 소스 만들기

대부분의 훠궈 식당에는 훠궈 재료를 찍어 먹는 소스를 만드는 소스 코너가 마련되어 있다.
뷔페식이 아닌 곳에서도 소스 코너가 따로 있는 것이 일반적이다. 참깨와 땅콩을 베이스로
한 즈마장芝麻醬에 대파, 마늘, 고추기름, 참기름, 간장 등을 취향에 따라 넣어 섞으면 한국인
입맛에 딱 맞는 고소한 소스가 완성된다. 여기에 타이완 사람들이 즐겨 먹는 고수와 흑식초를
한 방울 톡 떨어뜨리면 고소하면서도 개운한 맛이 난다. 깔끔한 맛의 소스를 원한다면 간장,
마늘, 대파, 설탕, 고추 등을 넣어 달콤 짭짤한 맛의 간장 소스를 만든다.

작가 PICK! 맛있는 훠궈 소스 만들기

익숙하고 안전한 맛!
기본 간장 소스
간장(또는 일본 간장) 2,
다진 파 1, 홍고추 1,
설탕 1/2,
흑초 2~3방울

자꾸만 당기는 맛!
즈마장 소스
즈마장 2, 다진 파 1,
홍고추 1, 다진 마늘 1,
참깨 1, 땅콩 가루 1,
흑초 2~3방울, 참기름 1/2

새로운 맛에 도전!
사차장 소스
사차장 1, 간장 1, 다진 마늘 1,
무즙 1, 다진 파 1,
다진 고추 1,
흑초 2~3방울

EAT & DRINK

로컬들이 즐겨 먹는

아침밥 메뉴

타이완에는 아침을 꼭 챙겨 먹는 문화가 있다. 아침은 든든하게
먹고 저녁은 가볍게 먹는 것이 건강한 식습관이라 생각하기
때문이다. 아침부터 식당에서 줄을 서서 식사하거나 포장해 가서
먹는 게 타이완 사람들에게는 일상이다. 그들과 일상을 함께하며
든든히 아침을 챙겨 먹고 하루를 시작해보자.

◀ 더우장 豆浆 **& 유탸오** 油条
더우장은 불린 콩을 갈아 체에 걸러낸 후 끓인
두유를 말한다. 따뜻하게 혹은 차갑게 식혀
먹기도 하며, 설탕을 넣어 달콤하게 먹기도
한다. 길쭉한 모양의 빵을 튀긴 유탸오를
더우장에 찍어 먹거나 잘게 부숴 담가 먹는 것이
타이완의 대표적인 아침 식단이다.

◀ 총좌빙 蔥抓餅
아침 식사뿐 아니라 간식으로도 즐겨
먹는 타이완식 팬케이크. 얇은 밀가루
반죽에 잘게 썬 대파를 넣어 돌돌 말아
굽는다. 햄, 치즈, 옥수수 등을 추가한 것이 인기
있다. 갓 구워 따뜻할 때 먹는 것이 가장 맛있다.

◀ 단빙 蛋饼
얇은 밀가루 반죽과 달걀을 함께 구워 돌돌 말아 만든 음식으로 더우장과
함께 대표적인 아침 식사 메뉴로 꼽힌다. 햄, 치즈, 옥수수, 돼지고기 등을
추가하고 달콤 짭조름한 소스를 뿌려 먹는다. 한국인 입맛에도 잘 맞는 음식이다.

▲ **뤄보가오** 蘿蔔糕
무를 갈아 전분, 소금 등과 섞어 반죽을
만들어서 노릇하게 구운 음식. 쫄깃한
식감 때문에 한국인들 사이에서는
무떡으로 불린다. 담백하면서도 자꾸
끌리는 맛이 별미다. 달콤 짭조름한
소스를 곁들여 먹는다.

◀ **과바오** 刈包
발효시킨 반죽을 쪄서 만든
폭신한 빵 사이에 고기 가루 러우쑹肉松과
땅콩 가루, 달걀, 유탸오, 채소 등을 넣어
만드는 타이완식 버거. 빵을 찌는 대신 구워서
만들기도 한다. '단짠단짠'의 소스와 푸짐한
재료가 어우러진 풍성한 맛이 특징이다.

판퇀 飯糰 ▶
밥을 넓게 펼쳐 러우쑹과
달걀, 치즈, 햄, 버섯볶음,
유탸오 등을 넣고 김밥처럼
말거나 주먹밥처럼 뭉쳐서
만든다. 하나만 먹어도 배가
부를 정도이며, 타이완 사람들이
좋아하는 아침 식사 메뉴 중 하나다.

> 아침 식사만 전문으로 하는 식당은 대부분
> 이른 아침에 문을 열고 점심시간 전후로 문을
> 닫습니다. 방문 전 영업시간을 꼭 확인하세요.

추천 아침 식당

푸항더우장 阜杭豆漿
🕐 05:30~12:30 ▶ 2권 P.030

더우장, 유탸오, 단빙,
과바오, 뤄보가오 등
대표적인 아침 식사
메뉴를 판매한다. 매
일 아침마다 긴 줄이 늘어서는 인기 맛집
이라 기다림은 감수해야 한다.
위치 MRT 산다오쓰역 5번 출구 근처
화산시장 2층
구글맵 푸항또우장
예산 NT$100~200

소프트 파워 Soft Power
🕐 07:00~14:00 ▶ 2권 P.132

싱톈궁 근처의 아침
식사 전문 식당. 타이
완식 버거, 단빙, 판
퇀 등 대표적인 아침
식사 메뉴를 깔끔한 분위기에서 즐길 수 있
어 타이베이의 젊은 세대가 많이 찾는다.
위치 싱톈궁 근처
구글맵 soft power taipei
예산 NT$40~200

톈진총좌빙 天津蔥抓餅
🕐 08:00~22:00 ▶ 2권 P.107

인기 총좌빙 전문점
으로 이곳의 총좌빙
을 먹기 위해 융캉제
에 가는 사람이 있을
정도로 유명하다. 치즈 옥수수, 달걀을 넣
은 8번 메뉴(玉米起司蛋)를 추천한다.
위치 융캉제
구글맵 천진총좌빙
예산 NT$30~60

STORY 아침부터 외식하는 타이완 사람들
타이완의 가정에서는 아침부터 집에서 요리해 먹는 일이 흔치 않다. 대부분 부부가 맞벌이를 해 바쁜 아침 시간에 식
사를 준비하는 일이 쉽지 않기 때문이다. 그뿐만 아니라 집에서 주방이 차지하는 면적도 크지 않다. 좁은 주방에서 요
리하기가 불편한 데다 날씨도 덥고 습해 집에서 음식을 만들어 먹는 사람이 많지 않은 것이다. 그러다 보니 자연스레
외식 문화가 발달했고 아침 식사만 파는 식당도 무척 많다. 간판에 아침 식사를 뜻하는 '짜오찬루餐'이나 '짜오우'라고
쓰여 있는 식당이 아침 식사를 전문으로 하는 곳이다.

EAT & DRINK

☑ BUCKET LIST 09

낮보다 더 화려한 밤

타이베이 야시장

뜨거운 태양이 물러간 타이베이 곳곳은 야시장이 채운다. 왁자지껄하고 복잡한 야시장 풍경은 타이베이의 상징적 이미지다. 호기심 가득한 눈으로 노점의 샤오츠小吃를 탐색하고 하나씩 맛보는 것은 타이베이 여행의 큰 재미다. 애피타이저부터 메인 요리, 디저트까지 야시장의 샤오츠를 풀코스로 즐기려면 저녁 식사는 되도록 빨리, 가볍게 마치는 게 좋다.

? 샤오츠란? 한자 '小吃'를 풀이하면 '적게 먹다'이다. 말 그대로 적은 양을 가볍게 먹는 길거리 음식, 간식, 야시장 노점 등의 음식이 모두 샤오츠에 해당한다.

풀코스로 즐기는 야시장 먹거리

샹창(소시지) 香腸
달고 짠 양념을 발라 숯불에 노릇노릇 굽는 소시지. 돌아서면 생각나는 중독적인 맛으로, 생마늘을 곁들이면 느끼함을 잡아줘 더욱 맛있다.

베이컨 채소말이
손가락 길이로 썬 쪽파나 팽이버섯을 베이컨에 돌돌 말아 숯불에 구워준다. 예측 가능한 맛이지만, 아는 맛이 더 끌리는 법이다.

어아젠(굴전) 蚵仔煎
생굴, 달걀, 파, 청경채 등을 전분 물과 함께 섞어 구운 음식으로 식감이 쫀득하면서 말캉하다. 달콤한 소스를 뿌려 먹는다.

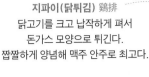

지파이(닭튀김) 鷄排
닭고기를 크고 납작하게 펴서
돈가스 모양으로 튀긴다.
짭짤하게 양념해 맥주 안주로 최고다.

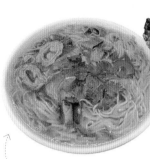

후자오빙(후추빵) 胡椒餠
빵 반죽 속에 달고 짜게
양념한 다진 고기와
후추, 대파, 양파 등을 듬뿍
넣어 화덕에 바삭하게 굽는다.

다창몐셴(곱창국수) 大腸麵線
가다랑어 포를 넣어 감칠맛이 폭발하는
육수에 잘게 썬 곱창과 가느다란 면을
삶아 만든다. 죽처럼 흐물흐물한 식감이
특징이다. 호불호가 크게 갈린다.

메추리알 새우구이
자른 메추리알에 치즈와
새우를 올려 구운 것. 향신료
냄새 없이 가볍게 먹을 수 있다.

삼겹살 통구이
통으로 구운 삼겹살을
얇게 잘라 양파를 곁들여
먹는다. 실패 확률이
낮은 안전한 메뉴.

찹쌀 소시지
찹쌀을 섞어 만든 떡
사이에 샹창을 넣은 것.
하나만 먹어도 든든하다.

큐브 스테이크
쇠고기를 깍두기처럼 썰어 꼬치에
끼운 후 숯불과 토치로 굽는다.
맥주와 궁합이 좋다.

루웨이 滷味
원하는 재료를 골라 바구니에
담으면 간장 베이스의 짭짤한
국물에 담궈 끓여준다.
루웨이를 파는 노점이 많아
비교해가며 골라 먹을 수 있다.

취두부 臭豆腐
삭힌 두부를 기름에 튀겨
달콤한 양배추 절임과
소스를 곁들여 먹는다. 야시장
냄새의 주범으로 꼽히지만,
맛은 냄새만큼 고약하지 않다.

디과추(고구마볼) 地瓜求
찹쌀과 고구마를 섞어 만든 반죽을 기름에
노릇하게 튀겨낸다. 우리나라의 찹쌀 도넛처럼
쫀득한 식감이 특징이며 달콤하면서 고소하다.

전주나이차(버블티) 珍珠奶茶
타피오카 펄이 들어 있어
한 잔만 먹어도 배가 부르다.
달콤하면서 시원한 맛이
더위를 식히기에 그만이다.

통오징어 꼬치 구이
통통한 오징어에 양념을
더해 숯불에 구워준다.
맥주 안주로 최고!

과일 주스
망고, 파파야, 수박,
파인애플, 구아바
등의 과일을 즉석에서
갈아준다. 시원하고
달콤한 과일 주스 한 잔에
무더위도 잊게 된다.

과일
구아바, 파파야, 석가, 용과 등
우리나라에서 보기 힘든 과일을 먹기 좋게
썰어서 판매한다. 위생 용기에 담아 냉장
보관한 것으로 구입하는 것이 안전하다.

탕후루
탕후루의 원조라 할 수 있는
토마토 탕후루와 각종 과일
탕후루를 즐길 수 있다.

무과뉴나이(파파야 우유) 木瓜牛奶
부드럽고 달콤한 파파야와 우유를 갈아 만든
음료. 우리나라에서 맛보기 힘드니 즉석에서
갈아주는 노점을 발견하면 꼭 맛보자.

놓치지 말아야 할 야시장 베스트

저녁 8시부터 10시 사이가 가장 붐비고, 11시 이후에는 상점들이 문을 닫기 시작해요.

스린 야시장

스다 야시장

닝샤 야시장

라오허제 야시장

BEST · 01

스린 야시장 士林夜市 ➡ 2권 P.122
타이베이에서 가장 유명한 야시장으로 사람도
가장 많다. 320여 개의 매장이 빼곡하게 들어서
있으며 먹거리 외에 오락, 쇼핑 등 볼거리도 많다.
주말이나 명절, 공휴일에는 어마어마한 인파가
몰리니 소지품에 신경 쓸 것.
구글맵 스린야시장 **운영** 16:00~24:00

BEST · 02

라오허제 야시장 饒河街夜市 ➡ 2권 P.067
스린 야시장에 이어 타이베이에서 두 번째로 큰
야시장이다. 일자로 쭉 뻗은 길에 노점이 늘어서
있어 편하게 둘러볼 수 있다. 타이베이 동쪽
끝자락에 자리해 신이 지구, 동취, 샹산 등과 묶어
일정을 짜면 좋다.
구글맵 라오허제야시장 **운영** 17:00~23:00

BEST · 03

닝샤 야시장 寧夏夜市 ➡ 2권 P.027
오직 먹거리만 있는 야시장으로 현지인들이 많이
찾는다. 먹거리에 집중한 야시장답게 〈미술랭
가이드〉에 소개된 알짜배기 맛집도 많다. 타이베이
메인 스테이션, 중산 등과 가까워 시내와의
접근성이 좋다.
구글맵 닝샤야시장 **운영** 17:00~01:00

BEST · 04

스다 야시장 師大夜市 ➡ 2권 P.102
국립타이완사범대학 근처에 있는 야시장. 대학가
근처라 먹거리 외에 대학생을 대상으로 의류, 잡화,
소품을 파는 노점과 옷 가게, 미용실도 많아
구경하는 재미가 있다. 루웨이에 특화된 야시장이니
이곳에서는 루웨이를 꼭 맛볼 것.
구글맵 스다야시장 **운영** 12:00~24:00

EAT & DRINK

☑ **BUCKET LIST 10**

달콤한 타이베이
꼭 맛봐야 할 디저트

전주나이차와 빙수는 타이완
사람들이 무더위를 잊는 방법
중 하나다. 타이베이 여행자들
사이에서는 매일 빙수 한 그릇,
전주나이차 한 잔을 마셔야 한다는
의미로 '1일 1빙', '1일 1잔'을
미션으로 삼기도 한다. 취향에
맞게 재료를 선택해 제조할 수 있는
것도 재미있다. 우리나라에 비해
가격도 훨씬 저렴하다.

쫄깃한 달달함
전주나이차 珍珠奶茶

전주나이차는 우리가 흔히 버블티라고 부르는 것이
다. 진주라는 의미의 '전주珍珠'는 버블티 속의 타피오
카 펄, '나이차奶茶'는 우유를 넣은 차를 뜻한다. 현지
에서는 버블티와 전주나이차 두 단어 모두 사용한다.
전주나이차의 매력은 쫄깃쫄깃한 버블인 타피오카
펄에 있다. 타피오카 전분에 설탕과 물을 넣고 동글
동글하게 빚어 만든 것으로, 쫀득한 식감에 씹는 재
미가 있다.

전주나이차는 우연히 만들어진 음료

어떻게 밀크티에 쫄깃쫄깃한 식감의 타피오카 펄을
넣을 생각을 했을까? 그 시작은 1988년, 타이완 중
부 타이중의 춘수이탕이라는 작은 찻집에서 비롯되
었다. 어느 날 직원 한 명이 차가운 아삼티에 타피오
카 알갱이를 넣고 맛을 보았는데, 이것이 다른 직원
들에게 호평을 받으면서 정식 제품으로 출시하게 된
것이다. 우연히 탄생한 음료가 2011년 미국 CNN 트
래블이 선정한 '세계인이 가장 좋아하는 음료 50' 중
하나로 선정되기도 했다.

STORY 흑당 버블티는 차가 아니다?

특유의 진한 향과 맛 때문에 흑당 버블티를 좋아하는
사람이 무척 많다. 우리나라에서도 10~20대 사이에
서 특히 인기 있는 음료다. 버블티에 흑설탕을 넣은
것이 흑당 버블티라 생각하기 쉽지만, 흑당과 흑설탕
은 완전히 다른 원료다. 사탕수수를 정제해 갈색이 나
도록 만든 것이 흑설탕이고, 정제하지 않은 사탕수수
원당을 캐러멜화한 것이 흑당이다. 흑설탕은 정제 과
정을 거치며 거의 모든 영양소가 사라지지만 흑당은
칼륨, 철분, 칼슘, 비타민 등 영양소가 그대로 보존된
다. 흑당 버블티는 흑당 시럽에 조린 타피오카 펄에
우유를 부어 만든다. 찻잎은 1g도 들어가지 않기 때
문에 차라고 할 수 없다.

HOW TO 전주나이차 주문하는 법

전주나이차를 파는 대부분의 매장에서는 당도와 얼음의 양을 원하는 대로 선택할 수 있다. 보통 메뉴판이나 주문하는 곳에 그림과 표로 설명되어 있으니 차근차근 보면서 주문하면 된다.

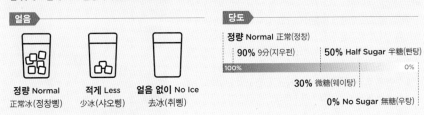

얼음

정량 Normal	적게 Less	얼음 없이 No Ice
正常冰 (정창삥)	少冰 (샤오삥)	去冰 (취삥)

당도

정량 Normal 正常 (정창)

90% 9分 (지우펀)	50% Half Sugar 半糖 (빤탕)
100%	0%
	30% 微糖 (웨이탕)
	0% No Sugar 無糖 (우탕)

대표적인 전주나이차 브랜드

춘수이탕 春水堂

전주나이차의 원조. 세계인이 좋아하는 전주나이차가 시작된 곳이다. 타이완 남부 타이중에서 처음 문을 열어 현재는 타이완 전역에 매장을 두고 있다. 전주나이차를 비롯해 우육면, 덮밥, 토스트 등 간단한 식사와 차도 주문할 수 있다.

- **난시점 南西店**
  위치 미쓰코시 백화점 서관 지하 1층 **구글맵** 춘쉬탕

- **화산점 華山店**
  위치 화산 1914 문화창의원구
  구글맵 chun shui tang huashan shop

- **타이베이 메인 스테이션점 站前店**
  위치 미쓰코시 백화점 지하 2층
  구글맵 2GW8+G3 타이베이 중정구

- **중정점 中正店**
  위치 국립중정기념당 국가음악청
  구글맵 2GP9+PH 타이베이 중정구

오드 원 아웃 Odd One Out

2022년 타이완 밀크티 축제에서 챔피언을 획득하며 유명해진 곳이다. 토핑과 시럽을 원하는 대로 골라 취향에 맞는 차를 주문할 수 있다. '챔피언 밀크티'를 주문하면 밀크티 축제에서 우승한 밀크티를 맛볼 수 있다.

- **둔난점 敦南店**
  위치 MRT 중샤오둔화역 근처 **구글맵** odd one out dunnan

행복당 幸福堂

흑당 향이 진하게 느껴지는 흑당 버블티를 맛볼 수 있는 곳이다. 버블티 속의 타피오카 펄은 직접 제조해 시판 제품보다 말랑말랑한 것이 특징이다. 얼음과 설탕의 양은 조절할 수 없다.

- **시먼점 西門店**
  위치 시먼딩
  구글맵 싱푸탕 시먼점

- **지우펀점 九份店 (2개 지점)**
  위치 지우펀 라오제 초입과 맨 끝
  구글맵 4R5V+25 루이팡구 / 4R5W+P6 루이팡구

우스란 50嵐

타이완에서 가장 많은 지점을 둔 전주나이차 전문점이 아닐까 싶다. 노란색 간판에 파란색 글씨로 '50嵐'이라 쓰여 있는데, 곳곳에 매장이 있어 찾기 쉽다. 한국인이 워낙 많이 찾는 브랜드라 한국어 메뉴판을 갖추고 있는 지점도 많다. 타이베이 메인 스테이션과 시먼, 중산, 둥취, 신이 등 타이베이 시내 거의 모든 지역에 지점이 있다.

여름에 타이베이에 가야 하는 이유
망고 빙수 芒果冰

밀크티 빙수

타로 빙수

용과 빙수

말차 빙수

한 번도 먹어보지 않은 사람은 있어도 한 번만 먹어본 사람은 없다. 제철 망고로 만든 타이완의 망고 빙수와 딱 맞아떨어지는 말이다. 제철 망고를 숭덩숭덩 썰어 넣은 망고 빙수는 우리나라에서 먹는 냉동 망고 빙수와는 비교 불가다. 대충 칼로 뚝뚝 썰어 먹어도 감탄이 나올 만큼 맛있는 망고를 달콤한 우유 얼음에 섞어 먹으면 달콤함이 극대화된다. 망고의 단맛이 절정에 이르는 4월 중순부터 9월까지 나오는 망고는 이 시기가 아니면 맛볼 수 없기에 더욱 귀하다.

망고철이 아닌 계절에 여행한다면?

아쉽게도 제철이 아닌 계절에는 생망고로 만든 망고 빙수는 맛볼 수 없다. 10월부터 3월까지는 여름에 수확한 망고를 냉동 보관했다가 사용한다. 여름보다 쾌적하고 시원하게 타이베이를 여행할 수 있는 시기에는 생망고를 먹을 수 없다니, 아쉬운 일이 아닐 수 없다. 그렇지만 타이완에는 망고 외에도 석가, 용과 등 다른 열대 과일을 이용한 과일 빙수가 있고 밀크티, 말차, 타로(토란) 등으로 만든 이색적인 빙수도 많으니 제철 망고를 맛보지 못해 섭섭한 마음은 색다른 빙수로 채워보자.

대표적인 빙수 전문점

스무시 하우스 Smoothie House ▶ 2권 P.109
망고 빙수 전문점 중에서 가장 유명하고 그만큼 붐비는 곳. 매장 앞은 1년 내내 손님들로 가득하다. 큼직하게 자른 망고를 우유 얼음, 망고 푸딩, 망고 아이스크림 등과 함께 가득 담아준다. 맛있는 망고 빙수 한 그릇에 세상 부러울 것 없는 여행자가 된다.

빙짠 冰讚 ▶ 2권 P.036
4월 중순부터 10월 초까지만 영업하는 빙수 전문점이다. 생망고 중에서도 품질이 좋은 것만 사용해 설탕이나 연유를 많이 넣지 않아도 그 자체로 맛있는 빙수를 즐길 수 있다. 다른 열대 과일로 만든 빙수 메뉴도 있지만 반드시 망고 빙수를 맛볼 것!

그냥 먹어도 맛있는 **타이완의 과일**

한국에서는 귀한 대접을 받는 열대 과일이 타이완에서는 거리의 상점과 마트, 편의점, 야시장 등에 흔하게 볼 수 있다. 한국으로 반입은 불가능하니 여행용 과도를 미리 준비해 가서 현지에서 원 없이 먹고 올 것.

4~9월

망고 芒果 🔊망궈
한국에서 먹는 수입 냉동 망고와는 차원이 다른 달콤함과 식감을 느낄 수 있다. 타이완 남부 가오슝과 타이난 등에서 재배하며 4월 중순부터 9월 말까지 제철이다.

7~2월

석가 釋迦 🔊스자
석가의 머리를 닮았다고 해서 붙은 이름이다. 제철에 나온 석가는 손으로도 가를 수 있을 만큼 무르다. 부드러운 식감과 엄청난 달콤함에 눈이 동그래질 정도.

5~9월

용과 火龍果 🔊훠룽궈
뾰족한 생김새가 용의 피부 같다고 해서 용과라 부른다. 짙은 핑크색 껍질 속에 새콤달콤한 과육이 가득 차 있다. 안쪽 색에 따라 백용과와 홍용과로 나뉜다.

8~11월

파파야 木瓜 🔊무과
부드럽고 달콤한 과육이 특징이며, 특유의 향이 있어 호불호가 갈린다. 당도가 높은 파파야는 그냥 먹어도 맛있지만 당도가 낮은 파파야는 아무 맛이 나지 않아 우유와 함께 갈아 먹는다.

사계절

구아바 芭樂 🔊바러
다른 열대 과일처럼 단맛이 강하지는 않지만 아삭하고 상큼한 맛 때문에 좋아하는 사람이 많다. 식감은 사과와 배 중간 정도이며, 껍질이 노란색을 띠는 것이 잘 익은 것으로 당도가 높다.

사계절

왁스애플 蓮霧 🔊렌우
한국에서는 보기 힘든 과일이니 한 번쯤 맛볼 것을 추천한다. 사과보다는 단맛이 덜하고 수분이 훨씬 많다. 흐르는 물에 잘 씻어 껍질째 먹는다.

6~9월

스타프루트 楊桃 🔊양타오
길쭉하고 뾰족한 형태에 5~6개의 홈이 파여 있어 잘랐을 때 단면이 별을 닮았다. 비타민 C가 풍부하며 새콤달콤하다. 수분이 많고 신맛이 강해 주스로 만들어 먹으면 맛있다.

5~6월

용안 龍眼 🔊롱간
용의 눈을 닮았다 하여 붙은 이름이다. 달콤하고 과즙이 많아 요리, 디저트, 통조림 등에 두루 사용한다. 리치와 비슷하지만 그보다 향이 옅다. 고지대에서 생산된 것일수록 더 달콤하다.

수박, 딸기, 사과 등은 한국산이 더 맛있어요. 타이베이에서만 만날 수 있는 과일을 맛보세요.

EAT & DRINK

명차의 나라에서

다도 즐기기

타이완은 세계적인 명차의 나라로 손꼽힌다. 고온다습한 기후와
풍부한 강수량, 고산지대의 서늘한 기온과 습도, 자양분이 풍부한
화산성 토양과 미네랄이 많은 토양 덕분이다. 특히 고유의
맛과 향을 지닌 타이완 우롱차는 차 애호가들에게 많은 사랑을
받는다. 차 마시기가 일상에서 중요한 부분을 차지하는 나라에서
현지인처럼 차 마시는 시간을 만끽해보자.

향을 마시는 차
우롱차 종류 알아보기

우롱차는 찻잎을 발효시켜 만든 차로 10%부터 70%까지 발효도가 다양하다. 발효도에 따라 각기 다른 맛과 향을 낸다. 깔끔한 맛으로 시작해 끝 맛은 깊은 여운을 남기는 것이 특징이다. 해발 1000m 이상의 고산지대에서 생산한 고품질 차를 소개한다.

대율령 고산차 大禹嶺高山烏龍茶

해발 2500m 이상의 고산지대에서 재배하는 품종이다. 농축된 맛과 향을 지니고 있으며 깔끔하고 부드러운 여운을 남긴다. 생산량이 적어 찻잎 500g당 30만~50만 원에 달할 정도로 가격이 비싸다. 시중에 판매하는 저렴한 대율령 고산차는 가짜일 확률이 높다.

아리산 고산차 阿里山高山烏龍茶

해발 1000~1600m의 고산지대에서 재배하는 차. 은은한 꽃향기와 과일 향을 풍긴다. 품질이 뛰어나면서도 과하게 비싸지 않은 차를 찾을 때 선택하기 적당하다. 주로 겨울에 수확해 겨울차라 부르기도 한다.

리산 고산차 梨山高山烏龍茶

해발 1600~2600m의 고산지대에서 재배하는 차로 풍부한 과일 향에 산뜻한 맛을 낸다. 생산량이 적어 값이 비싼 품종으로 꼽힌다.

동정 우롱차 凍頂烏龍茶

타이완 중부 난터우南投 지역의 동딩산凍頂山(얼음으로 덮인 봉우리라는 뜻)에서 재배하며 해발 600~1000m 산속에서 안개의 수분을 듬뿍 머금은 찻잎으로 만든다. 부드러운 꽃 향과 고소한 견과류 맛, 약간의 단맛 등 다채로운 맛과 향을 지녔다.

동방미인차 東方美人茶

70% 가까이 발효된 찻잎을 사용해 홍차에 가까운 짙은 맛이 난다. 유기농으로 재배하며, 벌레를 이용해 찻잎에 일부러 흠집을 만들어 독특한 향과 맛이 난다. 타이완에 다녀간 영국 상인에게 이 차를 선물받은 빅토리아 여왕이 차 맛과 향이 마치 동방의 아름다운 여인 같다고 극찬한 데에서 '동방미인'이라는 이름을 얻었다.

다도 체험

차를 제대로 즐기는 방법

대부분의 찻집에서 차 품종에 대한 설명, 우려내는 시간, 가장 적합한 물 온도 등에 대한 안내문을 제공하거나 직원이 설명해준다. 안내문이나 설명 그대로 따라 하면 된다.

찻주전자에 뜨거운 물을 채워 찻주전자를 데운 후 물을 버린다.

찻주전자에 찻잎을 넣는다.

찻주전자에 뜨거운 물을 부어 찻잎을 한 번 씻은 후 물만 버린다.

다시 뜨거운 물을 부어 찻잎이 잠기게 한 후 30~45초 간 기다린다. 물 온도는 차 종류에 따라 85~99℃ 정도로 맞춘다.

찻잔을 들고 코 가까이 가져와 향을 먼저 느낀 후 차를 마신다.

4~6회 정도 반복해 차를 우려 마실 수 있다. 우려내는 횟수에 따라 차 맛과 향이 달라진다.

> **TIP**
>
> 입안을 개운하게 만들어주는 차는 짭짤한 음식과 궁합이 좋다. 일부 찻집에서 만두나 국수 등 간단한 음식을 팔고, 중화요리 전문점에서 차를 내주는 이유다. 디저트 중에서는 단맛이 강한 것보다는 치즈 케이크나 떡, 곡물 쿠키처럼 짠맛과 단맛이 어우러진 것이 좋다.

고즈넉한 분위기의 티하우스
칭톈차관 青田茶館 ▶ 2권 P.108

고택을 개조한 조용한 찻집으로 융캉제에
서 가깝다. 타이완, 일본, 중국 등 여러 나라의
차 중에서 원하는 차를 고르면 직원이 마주 앉
아 천천히 첫 잔을 내려준다. 나무로 지은 포근
한 느낌의 공간에서 아름다운 정원과 세심한 서
비스, 따뜻하고 향긋한 차 등을 향유하며 머무는
것만으로도 힐링이 되는 곳이다.

위치 융캉제 **구글맵** qingtain tea house

갤러리를 닮은 찻집
삼경취황 三徑就荒 ▶ 2권 P.056

송산문창원구 근처의 조용한 주택가에 자리한
아름다운 찻집이다. 갤러리처럼 세련되고 감각
적으로 꾸민 곳에서 타이완의 우롱차뿐 아니라
중국, 일본 등에서 들여온 녹차와 흑차도 맛볼
수 있다. 원하는 차를 고르면 직원이 마주 앉아
차에 대해 설명해주며 첫 잔을 내려준다. 차와
함께 딤섬, 단빙 등의 샤오츠를 주문해 곁들여도
좋다.

위치 송산문창원구 근처 **구글맵** hermit's hut taipei

일본식 고택에서 즐기는 휴식
팔십팔차 八拾捌茶 ▶ 2권 P.089

일제강점기에 지은 사찰의 숙소를 타이
베이 시 정부가 고택 문화 운동을 통해 찻
집으로 재탄생시킨 곳이다. 타이완에서 재배
하고 로스팅한 차를 전문으로 하는 브랜드 팔십
팔차에서 운영한다. 직원이 직접 차를 내려주지
는 않고, 적당한 물 온도와 차 우리는 방법을 친
절히 설명해준다.

위치 시먼딩 **구글맵** eighty eightea taipei

EAT & DRINK

☑ BUCKET LIST **12**

여행의 쉼표

타이베이 카페 투어

커피 맛이 훌륭하거나 전망이 근사한 카페는 때로 여행의 이유가 되기도 한다. 타이베이는 타이완에서 생산한 커피를 맛볼 수 있는 카페도 있고, 다양한 차 종류를 갖춘 카페가 많은 것도 특징이다. 커피 맛 좋은 카페부터 멋진 전망과 분위기로 손님을 불러 모으는 곳까지, 타이베이로 카페 여행을 떠나본다.

타이베이에서 최고! 커피 맛집

전문가가 엄선한 커피
커피 로 *Coffee Law* ➡ 2권 P.057

커피 전문가들이 고심해서 원두를 선택하고 블렌딩한 커피를 맛볼 수 있다. 가장 유명한 메뉴는 스페셜 블렌딩 원두를 사용한 아메리카노와 산뜻하고 가벼운 맛의 시칠리아 라임 커피다.

위치 MRT 중샤오둔화역 근처 **구글맵** coffee law da'an

고품질 스페셜티 커피
산 포모산 커피 *San Formosan Coffee* ➡ 2권 P.091

타이완 각지의 커피를 종류별로 맛볼 수 있는 카페. 원하는 원두를 고르면 핸드 드립으로 정성껏 내려주며, 같은 원두로 따뜻한 커피와 시원한 커피를 모두 맛볼 수 있도록 해준다.

위치 디화제 근처
구글맵 sanformosan coffee dadaocheng main shop

68년 전통의 카페
펑다카페이 蜂大咖啡 ➡ 2권 P.089

1958년부터 원두를 직접 로스팅하고 블렌딩하며 기술과 노하우를 쌓아온, 타이베이에서 가장 오래된 카페다. 특히 코피 루왁, 블루마운틴, 파나마 게이샤 등 고급 원두로 내린 사이폰 커피를 추천한다.

위치 시먼딩 **구글맵** 펑다카페이

음료는 거들 뿐! 뷰 카페

타이베이에서 전망 No.1
심플 카파 *Simple Kaffa*
➠ 2권 P.072

타이베이가 한눈에 내려다보이는 타이베이 101 88층에 자리하고 있다. 타이완 바리스타 대회는 물론 세계 바리스타 대회에서 우승한 바리스타가 창업한 곳인 만큼 커피 맛이 뛰어나다. 사전 예약은 필수다.

위치 타이베이 101 88층
구글맵 simple kaffa sola

테라스에서 즐기는 마오콩 전망
아이스 클라이머 *Ice Climber*
➠ 2권 P.143

유유히 움직이는 마오콩 곤돌라와 타이베이 시내가 어우러진 풍경이 바라보이는 전망 좋은 카페다. 다양한 종류의 우롱차를 갖추고 있으며 커피, 빙수, 맥주 등 음료 종류도 다양하다. 테라스의 전망이 특히 좋다.

위치 곤돌라 마오콩역 근처
구글맵 ice climber maokong

정빈항구 앞 예쁜 카페
미 & 아일랜드 *Me & Island*
➠ 2권 P.182

다채롭게 채색한 건물이 즐비한 정빈항구를 바라보며 쉬어 가기 좋은 식당 겸 카페. 커다란 창가에 바 테이블을 배치한 2층에서 탁 트인 전망을 감상할 수 있다.

위치 지룽
구글맵 me&island

뉴욕 감성 그대로
커피 덤보 *Coffee Dumbo*
➤ 2권 P.037

카페 앞에 놓인 노란색 빈티지 의자로 중산 거리의 힙한 포토 스폿이 되었다. 아담한 카페 내부는 뉴욕 스타일로 꾸몄다. 상큼한 레몬 아메리카노, 푸어 오버 방식으로 내려주는 커피가 특히 유명하다.

위치 중산
구글맵 Coffee Dumbo

스타벅스가 된 호화 저택
스타벅스 바오안점 星巴克 保安店
➤ 2권 P.091

차 무역을 하던 사업가의 3층짜리 호화 저택이 스타벅스로 변신했다. 바로크 양식의 화려한 외관과 고풍스러운 실내 분위기는 마치 과거로 시간 여행을 떠난 듯한 느낌을 준다.

위치 디화제 근처
구글맵 3G57+P7 타이베이

포근한 가정집 같은 카페
융캉제 永康階
➤ 2권 P.108

아늑한 분위기의 카페로, 융캉제永康街와 같은 발음의 카페 이름은 '융캉 계단'이라는 뜻이다. 2층으로 올라가면 다락방처럼 독립된 공간이 나오고, 야외 테이블은 나뭇잎이 드리워져 싱그럽고 아늑하다.

위치 융캉제
구글맵 Yongkang stairs

미소가 번지는 달콤한 시간! 디저트 카페

제철 과일의 화려한 변신
헤리티지 베이커리 & 카페
Heritage Bakery & Cafe
➡ 2권 P.037

설탕 사용을 줄이고 재료 본연의 맛을 살린
디저트로 인기가 좋은 카페. 특히 이곳에서는 파
파야, 구아바, 망고, 딸기 등 제철 과일을 이용해 케
이크와 타르트를 직접 만든다. 토스트, 샌드위치, 팬
케이크 등 브런치 메뉴도 있다.

위치 타이베이 메인 스테이션 근처
구글맵 heritage bakery&cafe

여유로운 푸진제를 닮은 카페
푸진 트리 353
Fujin Tree 353 ➡ 2권 P.135

카페라테, 시칠리아 레몬 커피 등 커피 메뉴와 더불
어 디저트의 인기가 높은 곳. 특히 부드러운 맛의 캐
러멜 커스터드 푸딩, 말차와 딸기 맛이 조화로운 스
트로베리 말차 롤케이크, 철관음 우롱차를 넣어 만
든 철관음 티라미수가 유명하다.

위치 푸진제
구글맵 푸진트리353

먹기 아까운 예쁜 디저트
보보상점 卜卜商店
➡ 2권 P.036

중산 거리의 오래된 건물을 개조해 만든 곳으로 자
연스럽고 편안한 분위기의 공간이다. 말차, 얼그레
이, 딸기 등 다양한 재료로 맛을 낸 시폰 케이크와
푸딩, 와플, 티라미수 등의 디저트가 맛있기로 유명
해 타이베이의 젊은 여성들에게 특히 인기
가 좋다. 카레라이스, 주먹밥, 토스
트 등 간단한 식사 메뉴도 있다.

위치 MRT 중산역 근처
구글맵 3G49+6V 타이베이 다퉁구

EAT & DRINK

☑ BUCKET LIST 13

가성비 천국!
편의점
먹킷 리스트

타이완의 편의점은 우리나라나
일본의 편의점과 비슷하다. 간단한
샤오츠부터 한 끼 식사가 되는
도시락, 라면은 물론 달달한
과자와 젤리, 무엇을 골라야
할지 망설여지는 다양한
음료까지. 편의점을 구경하고
쇼핑하는 것도 타이베이 여행의
소소한 즐거움이다.

이색 우유 & 음료

더우장 豆漿
타이완 사람들이 아침 식사로 많이 먹는 더우장.
검은콩, 흑임자, 무가당 등 다양한 종류가 있으며
따뜻하게 데워 먹어도 맛있다.

녹두우유 綠豆沙牛乳
타이완 사람들이 즐겨 마시는
달콤하고 고소한 맛의 우유.
팥빙수와 비슷한 맛을 느낄 수 있다.

수박 우유 西瓜牛乳
달콤한 수박과 우유의
만남. 현지인들
사이에서도 호불호가
갈리는 독특한 음료다.

파파야 우유 木瓜牛乳
우리에겐 생소하지만 타이완에서는
매우 흔한 음료다. 바나나 우유와
비슷한 느낌의 맛이다.

팩 밀크티 麥香 & 아이스룸 밀크티 飲冰室茶集
녹차, 홍차, 우롱차 등 다양한 맛으로 만든 대중적인 밀크티.

주류

타이완 맥주 台灣啤酒
망고, 포도, 파인애플 등 과일 맛이
첨가된 달콤한 맛의 맥주.

타이완 18일 맥주
台灣生啤酒 18日
목 넘김이 부드러운 타이완
맥주. 제조 후 18일 동안만
유통하고 이후에는 폐기하기
때문에 매대에 진열하기
무섭게 팔려나간다.

카발란 바 칵테일
Kavalan Bar Cocktail
타이완의 대표적인 위스키
브랜드 카발란에서 만든
칵테일로, 캔 음료라 맥주처럼
가볍게 마시기 좋다.

컵라면

만한대찬 滿漢大餐
두툼한 고깃덩어리가 들어 있어 진짜
우육면과 비슷한 맛을 낸다. 국내 반입은
불가능해 현지에서만 먹을 수 있다.
매콤한 마라 맛 우육면麻辣鍋牛肉麵,
일반 우육면珍味牛肉麵이 있다.

만한대찬 골드 滿漢大餐 Gold
만한대찬의 고급스러운
버전으로 타이완에서만 구입할
수 있다. 국물이 좀 더 진하고
고깃덩어리가 더 푸짐하다.

마장면 麻醬麵
참깨 소스인 즈마장과
고추기름, 오이가 함께 들어
있는 참깨비빔면으로 차갑게
먹는다. 편의점마다 자체
생산하는 경우가 많다. 포장지에
'麻醬'이라 쓰여 있거나 참깨
소스와 오이가 그려져 있다.

통일면 統一麵
여행자 사이에서 만한대찬의 인기에 밀려
덜 알려져 있지만 현지인들에게는 인기가
좋다. 우육면 맛蔥燒牛肉, 돼지고기를 넣은
맛肉燥, 동남아시아의 바쿠테 맛肉骨茶 등이 있다.

신라면 김치 辛라면 Kimchi
국내에서는 판매하지 않는 김치 맛 신라면이다.
그 밖에 신라면 블랙, 불닭볶음면, 왕뚜껑, 너구리,
신라면 블랙 등 다양한 한국 라면을 판매한다.

급냉차왕 冷山茶王
깔끔하고 고급스러운
맛의 냉차.

차리왕 茶裏王
깔끔한 맛의 일본 녹차.

보리차 麥茶
설탕이 들어간 보리차도 있으니 설탕
없는 보리차는 '無醣'이라 쓰인 것을
선택해야 한다.

분해차 分解茶
기름지고 느끼한
음식이나 밀가루
음식을 많이 먹었을
때 마시기 좋은 차.

디저트

통일푸딩 统一布丁
타이완 국민 푸딩이라 불리는
대중적인 디저트.

히스앤허스 His & Hers
고급스러운 맛의 푸딩. 아래쪽에
캐러멜 시럽이 있으니 잘 섞어 먹는다.

삥치린 冰淇淋
패밀리마트와 세븐일레븐 외부에
소프트아이스크림 스티커나 모형이
설치된 지점에서 매월 다른 맛의 소프트
아이스크림을 만날 수 있다.

**푸드
코너**

차예단 茶葉蛋
타이완의 편의점에는 특유의
향이 있는데, 바로 이 계란
향이다. 발효시킨 찻잎을
우린 물에 계란을 통째로
담가둔 것이다. 표면에 금이
많이 간 것일수록 더 맛있다.

군고구마
1년 내내 군고구마를 만날
수 있다. 개당 NT$50
정도. 원하는 만큼 종이
봉투에 담아 구매한다.

기타

푸항더우장 阜放豆漿
타이베이를 대표하는 조식 전문 식당
푸항더우장의 제품을 편의점에서도
살 수 있다. 품절이 잦은 제품이니
눈에 보일 때 바로 구입해야 한다.

어묵
마라 맛, 루웨이 맛 등
편의점에 따라 다양한 맛의
어묵을 판매한다. 원하는
만큼 용기에 담아 계산한다.

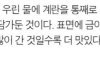

편의점 카페
패밀리마트는 Let's
Cafe, 세븐일레븐은 City
Cafe라는 편의점 카페가
있다. 시중 카페보다 훨씬
저렴하며 커피 맛도 좋다.

알아두면 좋은 편의점 이용 팁

⑫ ATM 기기

외부에 ATM 표시가 있는 편의점에서 이용 가능하다. 국태은행, 타이완은행, 메가은행 등의 표시가 있는 ATM에서는 해외여행용 체크카드로 수수료 없이 출금할 수 있다.

⑪ 복사기 및 업무 처리기

현지인들이 매우 유용하게 사용하는 것으로 복사, 팩스, 프린트 등의 간단한 업무가 가능하다. 기차 티켓이나 공연 티켓 등 티켓 예약 및 발권, 콜택시 요청, 택배 발송 등도 편의점에서 처리할 수 있다.

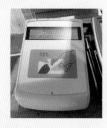

⑬ 이지카드

대부분의 편의점에서 이지카드 구입, 충전은 물론 이지카드로 물건을 구입할 수 있다. 여행 막바지에 이지카드 잔액이 애매하게 남았을 때 활용하기 좋다.

타이베이 편의점 브랜드

세븐일레븐 Seven-Eleven
일본의 편의점 체인으로 1~2블록에 하나씩 있을 정도로 타이베이 시내에 지점이 매우 많다. 자체 생산한 빵, 과자, 아이스크림 등의 종류도 많은 편이다.

패밀리마트 Family Mart
세븐일레븐과 마찬가지로 1~2블록에 하나씩 보일 정도로 점포 수가 많다. 세븐일레븐과 비교해 자체 생산하는 음식의 종류가 더 다양하다.

하이라이프 Hi-Life
1989년에 설립한 타이완 자체 편의점 브랜드로 세븐일레븐이나 패밀리마트에 비해 점포 수가 적다. 1+1이나 세일 등 행사를 자주 하는 편이다.

SHOPPING

☑ BUCKET LIST 14

타이베이 쇼핑의 필수품
펑리수 &
누가 크래커

펑리수와 누가 크래커는 타이베이 여행자라면 필수로 구입하는 품목이다. 이를 사기 위해 먼 길을 마다하지 않고 찾아가거나 이른 아침부터 매장 앞에 줄을 서는 등 이 달달한 간식 사랑은 남녀노소 구분이 없다.

한 개만 사는 사람은 없다
펑리수 鳳梨酥

"한 개도 사지 않은 사람은 있어도 한 개만 사는 사람은 없다." 타이완의 펑리수를 두고 여행자들이 하는 말이다. 유명한 펑리수 전문점을 돌며 펑리수로 여행 가방을 채우는 사람도 있고, 그 맛이 그리워 국내에서 해외 직구로 구입하는 사람도 있다. 예전보다 인기가 조금 시들해졌을지 몰라도 펑리수는 타이완 간식 쇼핑을 떠올리면 가장 먼저 생각나는 1번 타자다.

> **STORY 알고 먹으면 더 맛있는 펑리수 이야기**
> 펑리수의 '펑리'는 파인애플을 뜻한다. 과거 타이완에서 사용하던 타이완어로는 '왕라이'라 했다. 왕라이와 발음이 같은 단어 중 '상서롭고 번영하다'라는 의미의 '왕래旺來'에서 비롯해 결혼식 케이크로 파인애플 케이크를 사용한 것이 펑리수의 시작이다. 지금은 사이즈를 줄여 대량생산이 가능하고, 누구나 쉽게 접할 수 있다. 버터가 듬뿍 들어간 반죽으로 파이를 굽고, 과육이 살아 있는 파인애플과 동과冬瓜를 섞어 만든 잼으로 속을 채운다. 고소한 파이와 새콤달콤한 파인애플 잼이 어우러져 조화로운 맛을 낸다. 베이커리와 백화점, 스타벅스 등에서는 자체 생산한 펑리수를 판매하는데 최근에는 사과, 블루베리, 크랜베리 등 다양한 재료로 속을 채운 제품도 등장했다. 펑리수 전문점이라면 어디서 구입해도 맛은 실패할 확률이 적지만, 마트에서 파는 펑리수는 파인애플보다 다른 첨가물이 더 많고 맛도 별로다.

펑리수 추천 매장

좋은 재료로 만든 고급 펑리수

서니힐스
Sunny Hills

위치 푸진제, 타이베이 101, 타오위안국제공항 1층
요금 2개입 NT$100, 6개입 NT$300,
　　　10개입 NT$500, 15개입 NT$750

가장 대중적인 맛의 펑리수

치아더
Chia Te 佳德鳳梨酥

위치 MRT 난징산민南京三民역 근처
요금 6개입 NT$210, 12개입 NT$420,
　　　20개입 NT$700

달걀노른자를 넣은 펑리수

소반 베이커리
小潘蛋糕坊 ➡ 2권 P.149

위치 반차오
요금 10개입 NT$230, 12개입 NT$275,
　　　18개입 NT$415

버터 향이 일품인 펑리수

복전일방 펑리수
福田一方 鳳梨酥

위치 닝샤 야시장 근처
요금 1개 NT$30, 8개입 NT$240, 12개입 NT$360,
　　　20개입 NT$600

고급스러운 맛의 펑리수

루이탕 제과점
如邑堂餅家

위치 시먼딩 근처
요금 10개입 NT$450, 20개입 NT$870

귀여운 한입 펑리수

선메리
Sunmerry 聖瑪莉

위치 융캉제, 타이베이 메인 스테이션, 동취 근처
요금 5개입 NT$100, 12개입 NT$220

펑리수에 이어 급부상한 간식
누가 크래커 牛軋餅乾

누가 크래커는 최근 몇 년 사이 타이완에서 가장 인기 있는 간식으로 부상했다. 짭조름하고 바삭한 크래커 사이에 부드럽고 달콤한 누가 크림을 넣은 샌드 형태 과자다. 수제 누가 크래커 전문점이 모여 있는 융캉제에서는 누가 크래커가 담긴 봉투를 양손 가득 들고 다니는 여행자를 쉽게 볼 수 있다. 가게마다 식감과 맛의 차이가 조금씩 있지만 대체로 다 맛있다.

STORY 누가 크래커는 왜 한국인에게 인기 있을까?

달걀흰자, 설탕, 크림, 분유 등을 섞어 만드는 누가 크림은 달콤하고 부드러워 디저트로 많이 쓰는 재료다. 과거 프랑스에서는 누가 크림에 아몬드, 땅콩 등 견과류를 넣어 단단한 사탕으로 만들어 먹었고, 독일과 오스트리아에서는 초콜릿과 헤이즐넛을 넣어 먹기도 했다. 타이완과 중국 등 중화권 국가에서는 누가를 말랑말랑한 캐러멜 형태로 만들어 먹었고, 우리나라에서도 하나씩 낱개 포장된 누가 캐러멜을 판매했다.

주로 사탕이나 캐러멜 형태였던 누가가 크래커와 만나 누가 크래커라는 이름으로 날개 돋친 듯 팔리기 시작한 것은 그리 오래전 일이 아니다. 2015년 MRT 동먼역 근처의 작은 노점에서 팔던 누가 크래커를 처음 맛본 한국인 여행자가 그 맛에 깜짝 놀라 국내 여행 커뮤니티와 블로그에 올리면서 엄청난 입소문을 타게 된 것이다. 누가 크래커를 사려는 사람들이 노점 앞에 길게 늘어섰고, 문을 열기 무섭게 팔려나가면서 정식 매장까지 오픈하게 되었다. 이것은 9년 넘게 꾸준히 인기를 유지하며 누가 크래커의 원조로 불리는 미미 크래커의 이야기이며, 누가 크래커가 유독 한국인에게만 폭발적인 인기를 얻고 있는 배경이기도 하다.

누가 크래커 추천 매장

누가 크래커의 원조
미미 크래커
蜜密 ▶ 2권 P.110

수제 누가 크래커 열풍을 일으킨 곳이다. 작은 노점에서 시작해 현재의 매장에 이르기까지 한결같은 사랑을 받고 있다. 누구나 좋아할 만한 부드럽고 달콤한 맛의 누가 크래커를 선보인다.

위치 융캉제
요금 16개 NT$220

줄 서야만 만날 수 있는 누가 크래커
라틀리에 루터스
Latelier Lotus ▶ 2권 P.110

매일 한정 수량만 만들어 파는 데다 2시간밖에 운영을 안 해 늘 손님이 많다. 크래커 밖으로 흘러넘칠 정도로 아낌없이 누가 크림을 넣어 만든다. 다른 곳에 비해 크래커의 짠맛이 도드라진다.

위치 융캉제
요금 16개 NT$200

떠오르는 신흥 강자
라 프티 펄
La Petite Perle ▶ 2권 P.111

라틀리에 루터스의 대안으로 누가 크래커를 구매하려는 사람들 사이에서 입소문이 나기 시작했다. 5개가 든 미니 포장 제품이 있어 부담 없는 선물용으로도 좋고 저렴한 가격도 장점이다.

위치 융캉제
요금 16개 NT$180

다양한 맛의 누가 크래커
세인트 피터
Saint Peter ▶ 2권 P.111

오리지널 누가 크래커를 비롯해 커피, 말차, 우롱차, 딸기 등 다양한 맛의 누가 크래커를 판매한다. 네모난 오리지널 누가 크래커 외에는 500원짜리 동전보다 약간 큰, 한입에 먹기 딱 좋은 크기다.

위치 융캉제
요금 오리지널 10개 NT$200, 커피 맛 20개 NT$200

SHOPPING

☑ **BUCKET LIST 15**

여행 가방을 채우는 행복

마트 쇼핑
필수 아이템

여행지에서 마트에 가는 일은
여행이 끝난 후의 즐거움을
위해서다. 가방 가득 채워 온
먹거리를 아껴 먹으면서 여행을
추억하고 다음을 기약하게 된다.
맛있는 음식과 간식이 넘쳐나는
타이베이 여행에서 마트 쇼핑은
선택이 아닌 필수다. 인기 만점
아이템을 콕 짚어 소개한다.

까르푸 *Carrefour*

대표적인 쇼핑 성지. 시먼딩 근처의 구이린점桂林店은
24시간 영업한다. 한국인 여행자들의 인기 아이템만
모아놓은 진열대도 있다. 하루 NT$2000 이상 쇼핑
하면 면세 혜택을 받을 수 있다.

PX마트 全聯福利中心

현지인들이 더 많이 이용하는 로컬 마트로 시내 곳곳
에 매장이 있다. 그만큼 현지인의 생활필수품이 잘
갖춰져 있으며 여유롭게 쇼핑할 수 있다.

✅ 위스키 구매 방법

마트 진열대에 놓인 박스를
가져가는 것이 아니라, 그 앞
에 놓인 카드를 계산대에 가
져가면 실물로 바꿔준다.

※주류 국내 반입 규정
면세 혜택 여부와 관계없이 1인 2병, 총 2리터
까지만 세금이 면제된다. 초과 시 세관 신고를
하고 관세를 지불해야 한다.

✅ 까르푸 구이린점家樂福 桂林店 세금 환급
(6층 3번 카운터)

당일 사용한 영수증(식당가
제외)을 합산해 NT$2000
이상이면 세금 환급을 받을
수 있다. 여권을 필히 지참
해야 하며, 이곳에서 면세
서류를 발급받은 후 출국 시

공항에서 택스 리펀드를 받을 수 있다. 과일, 채
소, 우유 등 타이완 내에서 소비 가능한 제품은
제외되며, 세금 환급 신청한 상품을 뜯거나 소비
하면 택스 리펀드에서 제외되니 주의해야 한다.

이메이 퍼프 Imei Puff
우리나라의 홈런볼과
비슷하지만 크림이 좀 더 꽉 차
있고 크림 맛도 훨씬 다양하다.

이메이 크런초코 Imei Crunchoco
초코 쿠키 속에 아몬드, 헤이즐넛
등 견과류가 들어 있어 식감이
바삭바삭하다.

이메이 에그롤 Imei Egg Roll
얇고 바삭바삭한 식감, 고소한
맛에 계속 손이 간다. 클래식
맛과 참깨 맛이 있다.

레이즈 쿠슈 시위드
Lay's Kyushu Seaweed
레이즈 김 맛 감자칩. 마라훠궈
맛, 랍스터 맛, 프라이드치킨 맛 등
독특한 맛의 감자칩이 있다. 기간
한정으로 판매하는 종류도 많다.

설화병 雪花餅
부드러운 누가와 마시멜로,
쿠키, 견과류 등을 섞은 과자로
눈처럼 하얀 모양과 푹신한 식감
때문에 설화병이라 부른다.

유키 & 러브 망고 젤리
Yuki & Love 芒果凍
푸딩에 가까운 부드러운 식감으로 차갑게
먹어야 더 맛있다. 망고 맛외에도 복숭아,
리치, 패션프루트 등 한 박스에 2~3가지
맛이 섞여 있는 제품도 있다.

닥터큐 Dr.Q
한번 먹으면 멈출 수 없는 중독성
강한 젤리. 망고, 복숭아, 구아바,
패션프루트, 리치, 사과 등 다양한 맛이
있다. 패션프루트 맛이 가장 인기다.

이클립스 Eclipse
수박, 레몬, 포도, 라즈베리 등
국내에는 판매하지 않는 다양한
맛의 이클립스 캔디를 판매한다.
3개씩 묶은 제품이 더 저렴하다.

바오지 QQ 젤리 寶吉 QQ Gummy
'QQ하다'는 타이완 사람들이
버블티의 타피오카 펄을 먹을
때 '쫄깃쫄깃하다'는 뜻으로 많이
사용하는 표현이다. 포도, 딸기,
사과, 망고 등 다양한 맛이 있다.

에어웨이브 Airwaves
입안에 넣자마자 눈이 번쩍
뜨일 만큼 강력하게 화하고
시원한 맛의 껌 브랜드.

닌지옴 목캔디
Nin Jiom herbal Candy
레몬, 라스베리, 레몬그라스,
사과, 딸기 등 다양한 맛 중
선택할 수 있다. 하나씩 개별
포장되어 위생적이다.

보바 초콜릿
Boba Chocolate 珍珠奶茶
전주나이차의 펄 식감을 닮은 젤리
위에 밀키트 맛의 초코를 입혔다.

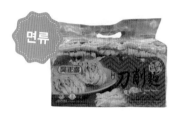

면류

에그 누들 意麵
우육면, 훠궈, 비빔면 등에
많이 쓰이는 면. 부드럽고
탄력 있는 면으로 한국
음식과도 잘 어울린다.

도삭면 刀削麵
얇은 반죽을 넓게 잘라 건조시킨 면으로 우육면,
훠궈, 비빔면 등 다양하게 조리해 먹는다.

왕자면 王子麵
훠궈, 루웨이 등에 넣어 먹는
타이완의 국민 사리면이다. 면
자체에 간이 되어 있다.

단빙피 義美蛋餠皮
타이완 사람들이 아침 식사로 즐겨
먹는 단빙을 만들 수 있다. 한번 구워낸
완제품으로, 한 장씩 비닐로 분리되어 있다.

웨이리라면 維力炸醬麵
간편하게 먹을 수 있는 타이완식 짜장면.

요리재료

지파이 가루 鹽酥雞 椒鹽粉
야시장에서 파는 지파이 맛을 재현할 수
있는 마법의 가루다. 닭고기뿐 아니라
다양한 식재료에 넣으면 지파이와
비슷한 맛을 낸다.

마라훠궈 소스 馬辣
훠궈 전문점인 마라훠궈에서 만든 훠궈 소스.
매장에서 먹는 맛과 거의 비슷한 맛의 훠궈를
집에서도 즐길 수 있다. 마라 소스와 육수를 섞은 후
채소, 고기 등을 추가해 끓이기만 하면 된다.

웨이리 짜장 소스 維力炸醬
달지 않은 타이완식 짜장
소스. 고기, 채소 등을 넣고
볶아 면 위에 올린다.

만두 소스 水餃醬汁
만두를 찍어 먹거나 만두 위에
뿌려 먹는 소스. 군만두나
찐만두보다는 물만두와 잘
어울린다.

흑초 工研烏酎
소량만 넣어도 음식의 풍미가
달라진다. 각종 볶음, 국물
요리와 소스류에 활용하면 좋다.

참깨 소스 豆乳醬
참깨와 두유, 간장 등을 섞어 만든
소스. 타이완식 참깨비빔면, 훠궈
소스 등으로 활용하면 좋다. 샐러드
드레싱으로도 잘 어울린다.

차

천인명차 天仁茗茶
타이베이 시내에서 찻집을
운영하는 차 브랜드. 아리산
고산차, 동방미인, 딩동 우롱차
등 잎차와 티백, 종이 박스,
틴케이스 등 다양한 형태가 있다.

3시 15분 밀크티 3點1刻
찻잎이 든 티백에 우유 분말과 설탕이
함께 들어 있어 티백을 우리기만 하면
된다. 우롱차, 홍차, 흑당, 장미차 등
다양한 버전이 있다.

3시 15분 밀크티 저당
3點1刻 不想吃糖
설탕 함량을 낮춘 저당 제품은
타이완에서만 구입할 수 있다.

미스터 브라운 티 MR. Brown Tea
3시 15분 밀크티의 명성에 가려져
있지만 현지인들이 즐겨 마시는 밀크티
브랜드. 차와 우유, 설탕이 분말 형태로
들어 있다. 차향이 진하고 단맛이 덜하다.

주류

금문 고량주 金門高粱酒
타이완을 대표하는 고량주로 타이완
서쪽 끝자락의 섬 금문도에서 화강암반
지하수로 만든 술이다. 부드럽고
깔끔하며 숙취가 없기로 유명하다.
알코올 도수 38%와 58% 두 종류이다.

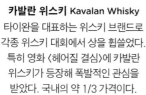

카발란 위스키 Kavalan Whisky
타이완을 대표하는 위스키 브랜드로
각종 위스키 대회에서 상을 휩쓸었다.
특히 영화 〈헤어질 결심〉에 카발란
위스키가 등장해 폭발적인 관심을
받았다. 국내의 약 1/3 가격이다.

과일

예쁘게 손질해 포장한 과일을
판매한다. 야시장에서 파는
과일보다 위생적이고 깔끔하나
가격은 2~3배 비싸다.

HOW TO 초간단 단빙 만들기

❶ 볼에 달걀 2개를 풀고 대파를 다져 넣는다.
❷ 프라이팬에 기름을 두르고 ❶의 달걀물을 붓는다.
❸ 윗면이 익기 시작하면 그 위에 단빙피 한 장을 올린 후 잠시 기다린다.
❹ ❸을 뒤집어 단빙피가 익도록 1~2분 정도 굽는다.
❺ 끝에서부터 돌돌 말아 한 김 식힌 후에 입 크기로 먹기 좋게 자른다.
   굴 소스와 올리고당을 섞어 살짝 끓인 소스를 곁들이면 더 맛있다.

SHOPPING

스르르 지갑이 열린다

타이베이 감성 기념품

타이베이 쇼핑은 작고 귀여운 소품을 발견하는 재미를 한껏 즐기는
시간이다. 특유의 감성을 지닌 소품 앞에서는 나도 모르게 지갑을 열게
된다. 기념품이나 선물용으로 좋은 소소한 쇼핑 타임을 놓치지 말자.

나일론 가방

빨강, 파랑, 초록 등 알록달록한 색상의
나일론 가방. '타이완 루이 비통'이라고
불릴 정도로 타이완 사람이라면
누구나 하나씩 가지고 있는 대중적인
가방이다. 크기가 다양하며 같은
소재로 만든 파우치, 키링도 있다.

컵 홀더

음료를 많이 마시는 타이완 사람들의
필수품. 디자인과 소재가 다양해
나만의 개성 있는 제품을 고르는
재미가 있으며 가격 부담도 없다.

우산

타이완은 비가 많이 내리는 기후 때문에 우산
제조 기술이 발달했다. 가볍고 질 좋은 기능성
양우산을 판매하며 디자인도 매우 다양하다.
국내에서 볼 수 없는 특별한 우산을 득템해보자.

캐릭터 상품

전 세계의 캐릭터를 새겨 넣은 파우치, 케이블
클립, 네임 태그, 가방, 양말 등 다양한 제품이 있다.
시먼딩, 디화제 등 번화가와 스린 야시장, 라오허제
야시장 등에서 쉽게 볼 수 있다.

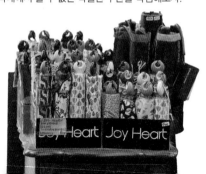

143cc 맥주잔

소주잔보다 약간 큰 사이즈의 맥주잔. 원래 타이완 맥주에서 생산한 비매품이었으나 찾는 사람이 많아 정식 출시했다. 타이완 맥주 로고, 타이베이 101, 국립중정기념당 등 귀여운 그림이 그려져 있다.

다구 & 도자기 그릇

차와 관련된 제품이 다양하고 품질도 좋다. 특히 디화제의 상점이나 융캉제 일롱宜龍 매장에는 고급스러운 다구 세트가 많다.

우더풀 라이프 오르골

디자인, 크기, 음악, 캐릭터 등 수만 가지 조합으로 제작한 핸드메이드 나무 오르골을 곳곳에서 볼 수 있다. 지속 가능한 삼림에서 생산한 목재로만 만든다. DIY 오르골 체험도 할 수 있다.

각종 디자인 소품

타이베이의 관광 명소나 교통수단, 우체통, 음식 등을 귀여운 그림체로 새겨 넣은 각종 소품과 기념품이 많다.

스타벅스 자몽 허니 시럽

스타벅스의 인기 음료인 자몽 허니 블랙 티의 재료가 되는 시럽을 타이완 스타벅스에서 판매한다. 홍차를 우린 물에 이 시럽을 넣으면 매장에서 파는 것과 비슷한 맛이 난다. 국내에서는 판매하지 않아 한국인 여행자들 사이에서 인기가 많다.

기념품 쇼핑은 이곳에서!

- 기념품 쇼핑에 최적 라이하오 ▶ 2권 P.114
- 아이디어 상품 집합소 화산 1914 문화창의원구 ▶ 2권 P.024
- 문구 덕후를 위한 톨스 투 리브바이 ▶ 2권 P.114
- 다구 쇼핑 디화제 ▶ 2권 P.082
- 감성적인 자체 문구 청핀서점 ▶ 2권 P.047
- 우산 쇼핑은 이곳! 마마상점 & 뷰티풀 선 ▶ 2권 P.112
- 나만의 오르골을 찾아서 우더풀 라이프 ▶ 2권 P.146

BASIC INFO

꼭 알아야 할
타이베이 여행 기본 정보

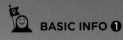

타이완 기본 정보

동북아시아에 위치한 타이완의 수도는 타이베이다. 타이베이 여행에서 알아두면 좋은 정보를 모았다.
여행에 필요한 기본 정보를 체크해두면 좀 더 알찬 여행을 즐길 수 있다.

면적
약 **3**만 **5980km²**
타이베이 약 271km²

인구
타이완 약 **2385**만 명
※2024년 기준
타이베이 약 **690**만 명(전체 인구의
약 30%가 타이베이에 거주)

공식 국가명과 국기
중화민국 中華民國
Republic of China

수도
타이베이 台北
Taipei

타이베이

종교

불교 35%, 도교 33%,
기독교 **5%**, 천주교 **2%**,
기타 종교 및 무교 **25%**

정치체제

대통령중심제

언어

중국어, 만다린어

비자

관광 목적 최대 90일까지
무비자 체류 가능

시차

한국보다
1시간 느림

통화

타이완 달러
NT$

환율

NT$1=43.2원
※2024년 10월 기준

전압

110V, 60Hz
※멀티플러그 필요

비행시간

인천-타이베이(직항 기준)
약 2시간 40분

물가

타이베이 물가는 한국보다 저렴한 편이다. 특히 로컬 식당의 음식값과 교통 요금이 저렴하며, 관광 명소 입장료는 비슷하다.

타이베이 vs 한국(서울)
MRT 기본요금 NT$20(약 840원)~ vs 1400원
택시 기본요금 NT$85(약 3570원)~ vs 4800원
생수(500ml) NT$20(약 840원) vs 1000원
스타벅스 아메리카노(톨 사이즈) NT$95(약 4000원)
vs 4500원
맥도날드 빅맥 NT$75(약 3150원) vs 5500원

간단한 중국어 회화

안녕하세요(아침 인사) 早安 [zǎo ān] 자오안
안녕하세요 你好 [nǐ hǎo] 니하오
실례합니다 不好意思 [bù hǎo yì sī] 뿌하오이쓰
감사합니다 謝謝 [xièxiè] 세세
죄송합니다 對不起 [duìbùqǐ] 뚜이부치
저는 한국인이에요 我是韓國人 [wǒ shì hánguó rén]
워쓰한구어런
네 是 [shì] 쓰 　　**아니오** 不是 [búshì] 부쓰
맞습니다 對 [dui] 뛔이 **있어요** 有 [you] 여우
없어요 沒有 [méiyǒu] 메이여우

전화

타이완 국가 번호 886, 한국 국가 번호 82
타이완 → 한국 국제전화 서비스 번호(001) + 한국 국가 번호(82) + 0을 제외한 한국 전화번호
한국 → 타이완 국제전화 서비스 번호(001) + 타이완 국가 번호(886) + 0을 제외한 타이완 전화번호

공휴일

1월 1일 신정
음력 1월 1일 춘절
*음력 12월 말일부터 약 5~9일간 연휴
2월 28일 평화기념일
4월 4일 어린이날
5월 1일 노동절
음력 4월 4일 또는 5일 청명절
*24절기의 청명을 공휴일로 정함
음력 5월 5일 단오절
음력 8월 15일 중추절
10월 10일 국경절 *쌍십절이라고도 함

타이베이 날씨와 여행 시즌

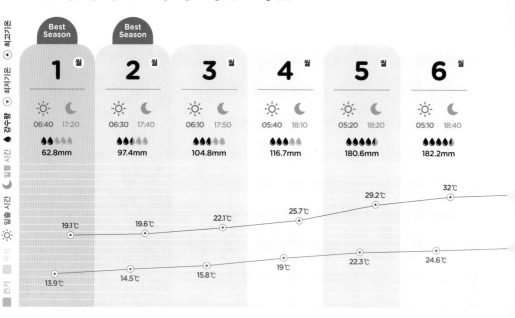

최고기온 ▲ 최저기온 ▼ 강수량 💧 일몰 시간 🌙 일출 시간 ☀️ 우기 건기

Best Season	**Best Season**				
1월	**2**월	**3**월	**4**월	**5**월	**6**월
☀️ 06:40 🌙 17:20	☀️ 06:30 🌙 17:40	☀️ 06:10 🌙 17:50	☀️ 05:40 🌙 18:10	☀️ 05:20 🌙 18:20	☀️ 05:10 🌙 18:40
💧 62.8mm	💧 97.4mm	💧 104.8mm	💧 116.7mm	💧 180.6mm	💧 182.2mm

최고기온: 19.1℃, 19.6℃, 22.1℃, 25.7℃, 29.2℃, 32℃

최저기온: 13.9℃, 14.5℃, 15.8℃, 19℃, 22.3℃, 24.6℃

월별 날씨

12~2월
겨울에 해당하지만 평균기온 약 16℃로 우리나라 겨울에 비하면 무척 따뜻한 편이다. 그러나 비가 오거나 바람 부는 날에는 으슬으슬할 정도로 추위가 느껴지니 경량 패딩, 기모 티셔츠, 니트 등을 준비해 가야 한다. 또 난방 시설이 없는 호텔이 많아서 따뜻한 수면 잠옷, 수면 양말 등도 준비해 가는 것이 좋다.

3~4월
이 시기에는 따뜻하고 쾌청한 날이 많지만 날씨가 점차 더워지고 강수량도 많아진다. 반팔 위에 바람막이나 셔츠, 카디건 등을 입고 다니다가 기온이 올라가면 벗어서 들고 다닐 수 있도록 준비해 간다.

5~9월
태양이 매우 뜨겁고 기온과 습도 모두 높은 시기다. 한 달 중 비 오는 날이 절반 이상일 정도로 강수량이 많고 태풍도 잦다. 태양이 뜨겁다가 갑자기 비가 오는 경우도 많으니 외출 시 우산을 꼭 챙긴다. 시원한 여름옷과 얇은 카디건, 셔츠를 비롯해 모자, 선글라스 등도 준비해야 한다.

10~11월
여행하기 가장 좋은 시기다. 비 오는 날이 적고 날씨가 무덥지 않으며 하늘도 쾌청하다. 반팔에 재킷, 셔츠, 카디건 등을 덧입거나 맨투맨 티셔츠, 니트 등을 입으면 적당하다. 밤에는 다소 쌀쌀할 수 있으니 수면 잠옷 등을 준비하면 좋다.

1년 내내 무덥고 습한 동남아 기후를 떠올리기 쉽지만 타이베이는 사계절이 있는 아열대성 해양기후다.
우리나라의 사계절과 비교해 여름이 더 길고 봄가을이 무척 짧다. 1년 중 여행하기 좋은 시기는 10월과 11월로
이때는 무덥지 않고 쾌청한 날이 이어진다.

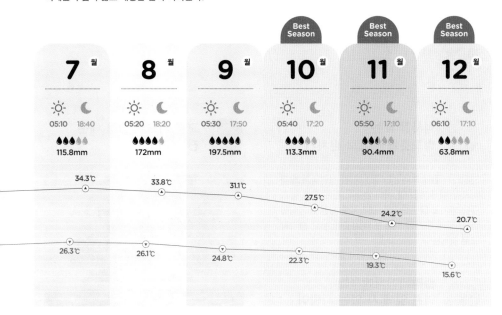

			Best Season	**Best Season**	**Best Season**
7월	**8**월	**9**월	**10**월	**11**월	**12**월
☀ 05:10 ☾ 18:40	☀ 05:20 ☾ 18:20	☀ 05:30 ☾ 17:50	☀ 05:40 ☾ 17:20	☀ 05:50 ☾ 17:10	☀ 06:10 ☾ 17:10
💧💧💧💧💧 115.8mm	💧💧💧💧💧 172mm	💧💧💧💧💧 197.5mm	💧💧💧💧💧 113.3mm	💧💧💧💧💧 90.4mm	💧💧💧💧💧 63.8mm

34.3℃ · 33.8℃ · 31.1℃ · 27.5℃ · 24.2℃ · 20.7℃
26.3℃ · 26.1℃ · 24.8℃ · 22.3℃ · 19.3℃ · 15.6℃

타이베이 월별 축제

1월 초
국제 서커스 페스티벌
Taipei International Circus Festival
전 세계 서커스 단체들이 참여하는 축제
로 타이완 정부에서 주최한다. 2009년
부터 매년 1월 타이베이에서 개최한다.

음력 1월 1일
춘절
New Year Festival

우리나라의 음력
설과 같은 명절
로 1년 중 가장
큰 명절이다. 춘
절 연휴 기간에
는 대부분의 상점이 휴무인데 길게는 열
흘 가까이 문을 닫기도 하므로 이 시기에
는 여행을 추천하지 않는다.

음력 1월 15일
핑시 천등 축제
Pingxi Sky Lantern Festival

새해 소원을 빌
고 소원을 담은
천등을 하늘로
날려 보내는 행
사. 수천 개의 천
등이 동시에 하늘로 떠오르는 장면이 장
관이다. 이 시기에 맞춰 타이완 전역에서
등불을 밝히는 등불 축제도 열린다.

음력 5월 5일
단오절
Dragon Boat Festival
기원전 277년 음력 5월 5일에 물에 투
신해 죽은 애국 시인 굴원屈原을 기리
며 벌이는 축제. 화려하게 장식한 용선
dragon boat들이 타이베이 곳곳에서 경
주를 벌인다.

음력 7월 15일
중원절
Ghost Festival

조상을 기리며 그
영혼을 달래는 행
사. 음력 7월 한
달 동안 조상에게
올릴 음식을 준비
해 제사를 지낸다. 이 시기에는 영혼이 많
이 돌아다닌다고 믿어 이사나 물놀이, 인
테리어 공사 등은 하지 않는다.

음력 8월 15일
중추절
Mid Autumn Festival
우리나라의 추석과 같은 명절. 가족과 함
께 보름달을 보며 소원을 빌고 음식을 나
누어 먹는다. 중추절 전후로 2~3일간 문
을 닫는 상점이 많다.

 BASIC INFO ❸

타이베이 문화와 여행 에티켓 알아두기

타이완 사람들은 조용하고 정중하며 따뜻한 성격을 지니고 있다. 남들에게 폐 끼치는 것을 싫어하고
예의에 어긋나는 행동을 하는 것을 부끄러워한다. 예의 바르고 친절한 타이완 사람들을 만나기 전에 알아두어야 할
에티켓을 소개한다.

 ### 식사할 때는
밥그릇을 손으로 받치기

현지인의 집에 초대받는 등 타이완 사람들과 함께
식사할 때 지켜야 할 에티켓이다. 한 손으로 밥그
릇을 받치고 다른 손으로 젓가락을 사용해 음식을
먹는다. 국이나 탕 종류는 테이블에 놓고 숟가락
으로 떠먹는다.

 ### 엘리베이터에서는
버튼 앞에 서 있는 사람이
닫힘 버튼을 누른다

타이완에서는 엘리베
이터 안에서 더 이상 탈
사람이 없을 때 버튼 앞
에 서 있는 사람이 닫힘
버튼을 누르는 것이 매
너다. 내릴 때도 열림
버튼을 눌러 다른 사람
이 모두 내릴 때까지 기
다려주는 것이 좋다.

 ### 교통 카드가 없을 때는
잔돈 준비

타이완에서는 버스 승차 시 잔돈을 거슬러주지 않
는다. 따라서 이지카드를 이용하는 것이 편리하
고, 부득이하게 현금으로 내야 할 때는 반드시 잔
돈을 준비한다.

 ### 감기 기운이
있을 때는
마스크 착용

타이완 사람들은 조금이라도 감
기 증상이 있으면 마스크를 착용한
다. 본인의 건강을 위해서이기도
하지만 민폐를 끼치지 않으려는 이
유가 더 크다. 여행 중 감기 기운이
있거나 기침이 날 때는 꼭 마스크
를 착용한다.

'뿌하오이쓰不好意思'와 '세세謝謝'를 기억할 것

타이완 사람들은 아주 사소한 일에도 미안해하고 고마워한다. 지하철이나 길에서 살짝 부딪히기만 해도 "뿌하오이쓰"가 반사적으로 튀어나온다. 또 아주 작은 도움이나 친절에도 "세세"를 반복해서 말한다. 그러니 두 단어는 꼭 기억해두자.

MRT 내에서는 물도 마시면 안 된다

타이베이의 MRT 역 개찰구 앞에는 노란색 선이 그어져 있다. 이 선을 넘으면 어떠한 음식도 먹어선 안 된다. 물과 껌, 사탕도 마찬가지다. 이를 어길 경우 NT$7500(약 30만 원)의 벌금을 내야 한다. 잘 포장된 음식을 들고 타는 것은 허용된다.

식당에서 빈자리에 마음대로 앉지 않기

식당에 들어가면 직원의 안내에 따라 자리에 앉는 것이 예의다. 인원이나 국적, 성별, 연령 등에 따라 자리 배치나 담당 서버가 달라지니 직원의 안내가 있을 때까지 입구에서 기다린다.

한국말로 욕하거나 험담하지 않기

한류의 영향으로 한국어를 알아듣는 타이완 사람이 생각보다 많다. 공공장소에서 한국말로 욕을 하거나 현지인이 듣기 불쾌한 험담은 삼가도록 한다.

 **BASIC INFO ④**

타이베이에 대한 사소하지만 궁금한 정보

타이베이 여행을 준비하며 책과 인터넷, 영상 등을 찾아보다 보면 궁금해지는 것이 있다.
여행자들이 궁금해할 만한 사소한 내용을 짚어보았다.

(Keyword 1) 타이완은 올해 민국 113년
타이완의 날짜 표기법은 왜 국제 표기법과 다를까?

우리나라뿐 아니라 전 세계적으로 보통 올해 연도를 2024년이라 표기하지만, 타이완에서는 '민국 113년'이라 표기하는 곳이 많다. 이는 동아시아 최초의 공화국인 중화민국 건국이 선포된 1912년을 원년으로 하는 타이완식 기년법으로 민국기년民國紀年 또는 민국기원民國紀元이라 한다.

(Keyword 2)

오토바이
타이베이 사람들은
왜 오토바이를 많이 탈까?

타이베이는 도시 규모가 크지 않아 주차 공간이 부족하고 주차 단속이 엄격해 자동차보다 오토바이가 더 실용적이다. 오토바이 면허 취득이 비교적 쉬운 것도 시민들이 오토바이를 선호하는 이유다. 또한 겨울에도 온화한 날씨 덕분에 오토바이 이용이 어렵지 않다.

(Keyword 3)

포장 음식
타이베이 사람들은
왜 포장 음식을 많이 먹을까?

타이베이에는 맞벌이 가정이 많고, 주택의 주방이 매우 작아 요리하기가 쉽지 않다. 또한 다양한 길거리 음식과 야시장 문화 덕분에 포장 음식을 사 먹는 것이 보편적이다. 식당에서 외식하는 것보다 포장 음식이 대체로 더 저렴하며, 대부분의 식당에서 포장 판매도 해 선택지가 많고 접근성도 높다.

Keyword 4 낡은 건물
타이베이의 건물은 왜 대체로 낡고 허름할까?

타이완의 강한 태양 빛과 높은 습도는 건물 외관을 빠르게 손상시킨다. 보수 작업을 해도 유지 기간이 길지 않으며 비용도 많이 들 뿐 아니라 외관 유지·보수에 대한 법적 규제가 느슨해 외관 관리에 적극적이지 않은 면도 있다. 또한 타이베이에는 공동 소유 건물이 많아 외관을 리모델링하려면 모든 소유주의 동의가 필요하므로 현실적으로 쉽지 않다. 따라서 외관보다는 실내를 가꾸고 유지하는 데 더 투자하는 편이다.

Keyword 5 친절한 사람들
타이완 사람들은 왜 이렇게 친절할까?

타이완에서는 타인에게 예의를 갖추고 존중하며 친절을 베푸는 것을 매우 중요하게 생각한다. 이는 어렸을 때부터 가정과 학교에서 자연스럽게 배우고 익힌 덕분이다. 또한 불교와 도교에서 강조하는 '인과응보', 즉 내가 친절을 베푼 대로 나에게 돌아온다고 믿는 종교적 이유도 크다고 할 수 있다. 타이완을 여행하다 보면 현지인들의 친절에 감동받을 때가 많다. 대가를 바라고 베푸는 친절이 아니라 마음에서 우러나오는 진심이 느껴져 더 감동적이다.

Keyword 6 일본 문화
타이베이에는 왜 일본 문화가 많이 보일까?

타이베이 곳곳에서 일본 색깔이 진하게 묻어나는 공간, 일본어 간판, 일본어 표지판 등이 많이 보인다. 영어 메뉴판은 없어도 일본어 메뉴판이 있는 식당도 여럿 있다. 일제강점기를 겪었지만 타이완 사람들은 대체로 일본에 대한 감정이 나쁘지 않다. 일제강점기를 통해 놀라운 경제성장을 이루고 전기, 교통, 통신 등의 사회 기반 시설을 갖추어 오히려 살기 좋아졌다는 인식도 있다. 이 때문에 일본인도 타이완을 많이 여행하며, 타이완 사람 중 일본 문화를 좋아하고 일본어에 능숙한 사람이 많다.

타이완 역사 간단히 살펴보기

타이완은 유럽의 통치, 일제강점기, 국민당 정부의 이주와 독재, 경제성장, 그리고 민주화 과정을 거쳐 오늘날의 민주주의국가로 발전했다. 현재 타이완은 독립국가로서의 정체성과 중국과의 복잡한 관계 속에서 스스로 입지를 다지고 있다. 15세기부터 현재까지의 역사를 주요 사건 중심으로 간략하게 정리해본다.

15세기 이전 | 원주민 시대

타이완에는 15세기 이전부터 말레이폴리네시아어파 원주민이 거주했다. 이들은 각기 다른 부족으로 나뉘어 타이완 섬 전역에 분포해 있었으며 어업, 농업, 사냥을 중심으로 생활했다.

16~17세기 | 유럽 세력의 진출

1544년 이후 포르투갈과 스페인 진출

1544년 포르투갈 탐험가들이 타이완을 발견하고 '포르모사Formosa(아름다운 섬)'라고 명명했다. 1626년에는 스페인이 단수이, 지롱, 타이베이 일부 등 타이완 북부를 점령했으나 그 영향력은 제한적이었다.

1624~1662년 네덜란드 식민 통치

네덜란드의 동인도회사가 타이완 남부에 식민지 거점을 세우고 이를 무역 기지로 활용했다. 네덜란드는 타이완에서 사탕수수와 쌀을 재배하며 원주민과의 관계를 유지했다.

정성공의 통치와 청나라

1662~1683년 정성공의 타이완 점령

명나라 군인 겸 정치가인 정성공鄭成功이 청나라의 지배를 피하고자 타이완으로 건너와 네덜란드를 물리치고 타이완을 지배했다. 그는 타이완을 근거지로 삼아 청나라에 계속 저항했다.

1683~1895년 청나라의 타이완 지배

1683년 청나라가 정성공의 세력을 물리치고 타이완을 병합했다. 이후 타이완은 청나라가 직할지로 관리했다. 청나라 시대에 한족 이민자들이 타이완으로 대거 이주하며 타이완 사회가 한족 중심으로 재편되었다.

19세기 후반

일본 식민지 시대

1895 청일전쟁과 시모노세키 조약
청일전쟁에서 패한 청나라가 시모노세키 조약에 따라 타이완을 일본에 내줌으로써 타이완은 일본 식민지가 되었다.

1895~1945년 일본 통치
일본은 타이완에서 대규모 인프라 건설, 교육 개혁, 산업화를 추진했다. 일본의 동화 정책과 식민 지배로 타이완 사람들이 억압과 차별을 받기도 했다.

1912년

중화민국 임시정부 수립

1911년 10월 10일 청나라 혁명군이 신해혁명을 일으켜 청나라 난징을 점령, 청나라를 몰락시키고 난징에 중화민국 임시정부를 수립했다. 1912년 1월 1일 쑨원孫文이 중화민국 임시 대총통으로 선출되면서 공식적으로 중화민국을 선포했다.

1945년 이후

중화민국 시기

1945년 제2차 세계대전 종전
일본이 제2차 세계대전에서 패하면서 타이완은 중화민국으로 반환되었다.

1945~1949년 국공내전과 국민당 정부의 이주
국공내전(장제스蔣介石가 이끄는 국민당과 마오쩌둥毛澤東이 이끄는 공산당이 대립한 전쟁)에서 공산당이 승리하고 국민당 정부가 타이완으로 퇴각했다. 이후 장제스는 타이완을 근거지로 삼아 중화민국을 통치했다.

1949~1987년

중화민국 시기

계엄령 시대
1949년부터 1987년까지 타이완은 국민당 독재 치하에 계엄령이 지속되었다. 이때 정치적 탄압이 이루어지는 한편, 경제 발전과 산업화가 급속도로 진행되었다.

타이완의 기적
이 시기에 농업 기반에서 첨단 제조업으로 전환되었고 급격한 경제성장을 이루었다.

1987년 이후

민주화와 사회 변화

1987년에 계엄령이 해제되면서 타이완은 점진적으로 민주화를 이루었다. 1996년 첫 직접 대통령 선거를 실시했고 타이완은 본격적인 민주주의국가로 전환되었다. 2000년 민주진보당의 천수이볜陳水扁이 대통령으로 당선되면서 최초로 평화적 정권 교체가 이루어졌다. 이후 국민당과 민주진보당이 번갈아가며 정권을 잡았다.

현재

타이완은 민주주의와 경제적 번영을 바탕으로 독자적인 정체성을 강화해가고 있으며, 중국과의 관계에서 자신만의 길을 모색하고 있다. 중국은 타이완을 자국의 일부로 간주하며 '하나의 중국'을 주장하고 있지만 타이완에서는 이를 인정하지 않고 있다. 국제사회에서 타이완의 지위와 중국과의 관계는 여전히 중요하고 민감한 이슈다.

BEST PLAN

타이베이
추천 여행 일정

BEST PLAN ❶

첫 타이베이 여행을 위한
2박 3일 코스

타이베이가 처음인 여행자를 위한 2박 3일 기본 코스를
안내한다. 시내 관광 명소 위주로 짧고 굵게 돌아보는
'타이베이 맛보기' 일정이다. 처음이라 욕심을 내서
무리하게 일정을 짜면 오히려 여행을 망치게 될 수도
있으니 상황과 컨디션에 맞게 계획을 세우자.

공항에서 숙소로 이동 후
짐을 두고 여행을 시작하세요.

12:00	타오위안국제공항 도착
	공항 철도 직행 36분
14:00	점심 식사 ▶ 2권 P.104
	도보 이동
15:30	융캉제 ▶ 2권 P.099
	도보 20분
17:00	타이베이 101 ▶ 2권 P.064
	도보 이동
18:00	심플 카파 또는 전망대 ▶ 2권 P.065
	도보 15분
19:30	신이 지구에서 저녁 식사

DAY·1
타이베이 101과 주변 맛집 탐방

LUNCH

딘타이펑에서 인기 메뉴 맛보기
전 세계 여행지의 인기 맛집에서
샤오룽바오로 든든한 한 끼 식사!

DESSERT

**스무시 하우스
망고 빙수는 필수!**
신선하고 달콤한
망고 빙수 한 그릇으로
여행의 피로를 날려버리자!

SHOPPING

융캉제에서 기념품 쇼핑
단짠단짠의 완벽한 조합,
누가 크래커와
아기자기한 기념품 골라보기

PICK!
누가 크래커 ▶ 2권 P.110,111
마마상점, 라이하오 ▶ 2권 P.112, 114

SIGHTSEEING

높이 580m, 타이베이 101
전망대 또는 88층 심플 카파에서
타이베이 시내 전경 파노라마 뷰로 즐기기

DINNER

**신이 지구 빌딩 숲에서
맛있는 저녁 식사**
한국인 여행자의 필수 맛집 탐방

PICK!
마라훠궈 ▶ 2권 P.071
키키 레스토랑 ▶ 2권 P.069

DAY·2
타이베이 핵심 스폿에 집중

BREAKFAST

푸항더우장에서 아침 식사
현지인들에게 인기 많은
아침 메뉴 즐기기

대기 시간이 무척
긴 식당이니 아침
일찍부터 서둘러
가야 해요!

SIGHTSEEING

활기찬 동네, 시먼딩 산책
☑ 무지개 횡단보도에서 인증샷 ▶ P.024
☑ 아종면선의 곱창 국수와 행복당의 흑당 버블티
　▶ 2권 P.085, 090
☑ 시먼홍러우 둘러보기 ▶ 2권 P.079

08:00	아침 식사 ▶ 2권 P.030	
	도보 15분	
09:00	국립중정기념당 ▶ 2권 P.100	
	MRT 15분	
10:00	시먼딩 ▶ 2권 P.078	
	도보 10분	
12:00	점심 식사 ▶ 2권 P.085	
	버스 20분	
13:00	화산 1914 창의문화원구 ▶ 2권 P.024	
	MRT + 버스 50분	
15:30	국립고궁박물원 ▶ 2권 P.118	
	MRT + 버스 30분	
19:00	스린 야시장 ▶ 2권 P.122	
	MRT + 도보 20분	
20:30	발 마사지 ▶ P.031	

LUNCH

푸흥우육면에서
5000원의 행복한 식사
진한 국물과 탱탱한 면발의
우육면 한 그릇 뚝딱!

SIGHTSEEING

양조장의 변신!
화산 1914 창의문화원구
갤러리 둘러본 후 귀여운 소품 쇼핑 & 전주나이차

PICK!

춘수이탕 ▶ P.049

DINNER

스린 야시장의
대표 먹거리
닭튀김, 소시지,
굴전, 파파야 우유
등으로 알찬 저녁 식사

SIGHTSEEING

타이완의 자존심, 국립고궁박물원
취옥백채, 육형석,
상아투화운룡문투구 등
청나라 시대의 걸작 놓치지 않기

EXPERIENCE

하루의 피로 풀기
시원한 발 마사지 받고
숙소로 귀가

옛 타이베이를 만나는 시간

SIGHTSEEING

**타이완에서 가장 오래된 사원
룽산쓰에서 소원 빌기**
종교가 곧 일상인 타이완 사람들과 함께
룽산쓰에서 소원 빌고 점괘 보기

09:00	룽산쓰 ▶ 2권 P.080
	도보 10분
10:00	아침 식사 ▶ 2권 P.086
	버스 15분
11:30	디화제 ▶ 2권 P.082
	*숙소 위치에 맞게 이동
13:00	숙소에서 짐 찾아 공항으로 이동
	공항 철도 직행 36분
14:00	타오위안국제공항 도착 및 출국

BREAKFAST

**〈미슐랭 가이드〉
일갑자찬음에서
아침 식사**
현지인들도 줄 서서 먹는
단짠단짠 동파육덮밥 맛보기

SIGHTSEEING

**옛 모습이 그대로 남아 있는
디화제 산책**
✅ 100년 전으로 타임 슬립
✅ 다기, 소품, 문구류 등 기념품 쇼핑
✅ 아날로그 찻집에서 차 한잔

PICK!

디화 하프 데이 티 하우스 ▶ 2권 P.092
ASW 티 하우스 ▶ 2권 P.092

 **BEST PLAN ❷**

책과 미술관이 있는
타이베이 예술 산책

여행 중 하루쯤은 빡빡한 일정에서 벗어나 여유로운
하루를 지내보자. 느즈막이 일어나 브런치를 먹고
미술관과 도서관을 둘러보며 마음의 양식을 채운다.
평소 읽고 싶었던 책이나 좋아하는 책 한 권을 가방에
넣고 예쁜 카페나 도서관에 가서 읽어보는 것도 좋겠다.

10:00	타이베이시립미술관	➡ 2권 P.128
	도보 2분	
12:00	점심 식사	➡ 2권 P.132
	MRT 25분	
13:30	타이베이당대예술관	➡ 2권 P.025
	도보 10분	
15:00	중산 거리	➡ 2권 P.025
	MRT + 도보 35분	
16:30	송산문창원구	➡ 2권 P.044
	MRT + 도보 20분	
19:00	동취에서 저녁 식사	

SIGHTSEEING

타이완 최대 미술관, 타이베이시립미술관
타이완 현대미술 작품과 해외 작품을 감상하
고미술관 내 기념품점 둘러보기

LUNCH

미술관 앞 카페에서 점심 식사
날씨 좋은 날 야외석에서
예쁜 플레이팅의 브런치 먹기

PICK!

카페 아크메 ➡ **2권 P.132**

SIGHTSEEING

**타이베이 유일의 현대미술관,
타이베이당대예술관**
일제강점기의 초등학교 건물을 개조한 미술
관에서 현대적 감각의 예술 작품 감상하기

SIGHTSEEING

송산문창원구에서 문화 산책
☑ 타이완 디자인 뮤지엄, 낫 저스트 라이브러리 ➡ **2권 P.046**
☑ 타이완을 대표하는 청핀서점 ➡ **2권 P.047**
☑ 고즈넉한 정원, 호수 등 구석구석 살펴보기

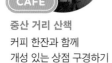

CAFE

중산 거리 산책
커피 한잔과 함께
개성 있는 상점 구경하기

PICK!

커피 덤보 ➡ **2권 P.037**
펑딩 ➡ **2권 P.040**
웨어프랙티스 랩 ➡ **2권 P.041**
참 빌라 ➡ **2권 P.040**

DINNER

동취 맛집에서 저녁 식사

PICK!

임동방우육면 ➡ **2권 P.050**
호식다제제 ➡ **2권 P.052**
베지 크리크 ➡ **2권 P.055**
어섬 버거 ➡ **2권 P.054**

BEST PLAN ❸

단수이로 떠나는
노을빛 힐링 코스

타이베이 북부와 떨어져 있어 2박 3일 안에 방문하기는
어렵지만 빠뜨리면 섭섭한 여행 코스. MRT로 떠나는
온천 마을 베이터우와 로맨틱한 일몰이 펼쳐지는
단수이는 그리 멀지 않은 곳에 있어서 함께 묶어 하루
코스로 다녀오기 좋다. 힐링과 낭만을 동시에 느껴보자.

> 2박 3일 일정에
> 타이베이 근교 도시를 추가해
> 3박 4일 일정을 구성해요.

10:00	신베이터우역 도착	
	도보 1분	
12:00	점심 식사 ▶ 2권 P.167	
	도보 4분(수미온천회관)	
13:00	온천욕 ▶ 2권 P.164~167	
	MRT 40분	
14:30	단수이역 도착	
	원하는 교통수단 이용	
15:10	단수이 둘러보기 ▶ 2권 P.154~161	
	MRT + 도보 1시간 15분	
18:30	타이베이 도착 후 저녁 식사	

SIGHTSEEING

온천 마을 베이터우 둘러보기
- ⊘ 수증기가 펄펄 솟아나는 지열곡
- ⊘ 군인들의 목욕탕이었던 베이터우온천박물관
- ⊘ 목재로 지은 아름다운 베이터우시립도서관

LUNCH

**얼큰한 일본 라멘으로
온천욕 전
든든한 점심 식사**
PICK!

만라이 온천 라멘 ▶ 2권 P.167

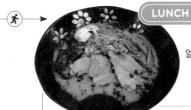

EXPERIENCE

**베이터우 유황 온천으로
머리부터 발끝까지 치유하기**
PICK!

스프링 시티 리조트 ▶ 2권 P.166
수미온천회관 ▶ 2권 P.166
롱나이탕 ▶ 2권 P.167

DINNER

**한국인 여행자들에게
인기 있는 식당에서 저녁 식사**
PICK!

딤딤섬 ▶ 2권 P.038
로도도 핫팟 ▶ 2권 P.035
삼미식당 ▶ 2권 P.087

SIGHTSEEING

**황금빛 노을의
단수이에서 낭만 즐기기**
- ⊘ 단수이 라오제에서 거리 음식 먹기 ▶ 2권 P.156
- ⊘ 진리대학교, 홍마오청, 소백궁 돌아보기 ▶ 2권 P.157~158
- ⊘ 빠리에서 대왕오징어튀김 맛보기 ▶ 2권 P.160
- ⊘ 위런마터우의 로맨틱한 노을 감상 ▶ 2권 P.159

BEST PLAN ❹

예류·스펀·진과스·지우펀
타이베이 근교
택시 투어 코스

'예스진지'라는 약칭으로 더 많이 불리는 타이베이 근교 여행 필수 코스. 네 도시를 묶어 하루에 둘러보기 때문에 여행 상품을 이용하는 것이 좋다. 다른 여행자들과 함께 단체로 다니는 버스 투어, 일행끼리 단출하게 다니는 택시 투어 중 선택할 수 있다. 다음 코스는 일정 조율이 자유로운 택시 투어를 기준으로 안내한다.

09:00 숙소 출발
　　　　택시 50분
10:00 예류지질공원 ➡ 2권 P.185
　　　　택시 50분
12:00 스펀 ➡ 2권 P.186
　　　　택시 50분
14:30 진과스 ➡ 2권 P.188
　　　　택시 10분
15:30 지우펀 ➡ 2권 P.192
　　　　택시 1시간
19:00 타이베이 도착 후 저녁 식사

SIGHTSEEING

자연이 만든 조각품, 예류지질공원
바닷가의 기이한 모양 바위 구경 후
여왕 머리 바위 앞에서 기념 촬영

SIGHTSEEING

기찻길 옆 작은 마을, 스펀
⊘ 소원 적어 천등 날리기
⊘ 닭날개볶음밥으로 식사

SIGHTSEEING

황금을 캐던 마을, 진과스
⊘ 황금박물관에서 거대한 금괴 만져보기
⊘ 광공식당의 광부 도시락 먹기
⊘ 광산 수레길 걸으며 풍경 감상

SIGHTSEEING

홍등이 아름다운 마을, 지우펀
⊘ 지우펀 라오제 구경
⊘ 수치루가 내려다보이는 찻집에서 차 한잔
⊘ 홍등이 켜진 아름다운 수치루 감상

DINNER

타이베이 신이 지구에서 저녁 식사
타이베이 101과 시내 전망 즐기며
근사한 하루 마무리
PICK!
인파라다이스 상상 ➡ 2권 P.073

온천 마을 우라이로 떠나는
여유로운 휴식 코스

타이베이 남쪽의 우라이는 산중에 자리한
고즈넉한 시골 마을이다. 오가는 차량도
많지 않고 단체 관광객도 거의 없어
한적하다. 온천을 즐기려고 찾아오는 사람이
대부분이며, 하룻밤 머물며 온전히 쉬었다 가는
사람도 많다. 타이베이 메인 스테이션 부근에서
버스를 타고 왕복 3시간 정도 걸린다.

10:00	숙소 출발
	버스 1시간 30분
11:30	우라이 라오제 ➡ 2권 P.176
	도보 10분
13:00	우라이관광열차 & 우라이폭포 ➡ 2권 P.177
	관광열차 12분
14:00	우라이 케이블카 & 운선낙원 ➡ 2권 P.177~178
	케이블카 + 관광열차 + 도보 30분
16:00	우라이에서 온천 ➡ 2권 P.178~179
	MRT + 도보 1시간 15분
20:00	타이베이 도착 후 저녁 식사

SIGHTSEEING

산중의 그림 같은 마을, 우라이

우라이 라오제 산책하며
야거산주러우샹창雅各山猪肉香腸 맛보기

LUNCH

마음에 드는
우라이 라오제 식당에서
현지인처럼 점심 식사하기

SIGHTSEEING

우라이관광열차

우라이 최고의 교통수단 타고
상쾌한 바람 맞기

SIGHTSEEING

산꼭대기에서 우라이 전경 감상

⊘ 타이완에서 가장 높은
우라이폭포
⊘ 신선이 노니는 운선낙원

EXPERIENCE

우라이 절경
바라보며 온천욕
PICK!

볼란도 우라이 스프링 스파 &
리조트 ➡ 2권 P.178

DINNER

홍콩식 딤섬 종류별로 맛보기
PICK!

팀호완 ➡ 2권 P.038

BEST PLAN ❻

대자연의 품
타이루거국가공원
트레킹 코스

타이루거국가공원은 타이베이에서 왕복
6~7시간 걸리는 여행지로 하루를 꼬박 투자해야
한다. 짧은 시간을 보다 효율적으로 이용할 수 있는
택시 투어 상품은 타이베이에서 왕복하는 것과
화롄역에서부터 왕복하는 것이 있다. 개인 일정에
맞게 선택한다.
▶ 여행 방법 2권 P.169

08:00	타이베이 출발
	기차 2시간 20분
10:30	화롄역 도착, 택시 투어 시작
	택시 50분
11:30	타이루거 천상 ▶ 2권 P.173
	도보 2분
12:30	바이양 트레일 코스 투어 ▶ 2권 P.172
	택시 50분
18:00	화롄역에서 출발
	기차 2시간 20분
20:20	타이베이 도착

LUNCH

트레킹 시작점인 천상 마을에서
지역 음식으로 든든한 식사

SIGHTSEEING

웅장한 협곡 감상하며 트레킹 코스 걷기
- ⊘ 고속도로 공사 사고 희생자를 기리는 장춘사
- ⊘ 에메랄드 빛깔의 물이 흐르는 계곡, 연자구
- ⊘ 구불구불한 바위 터널, 구곡동
- ⊘ 아름다운 트레킹 코스, 바이양 트레일
- ⊘ 태평양을 마주하고 있는 절벽, 청수단애

DINNER

골라 먹는 재미!
타이베이로 돌아오는
기차 안에서 도시락 먹기

PLANNING
3

GET READY

떠나기 전에 반드시
준비해야 할 것

GET READY ❶

타이베이 항공권 구입하기

타이베이 여행을 마음먹었다면 가장 먼저 해야 할 일은 항공권 예매다. 타이베이 노선을 운항하는 항공편은 많지만 타이베이 여행 성수기에는 요금이 2배 이상 오르기도 하니 최소 3개월 전에 항공권을 확보하는 것이 좋다.

● 한국-타이베이 노선 운항 항공사

인천국제공항에서 타이베이 타오위안국제공항으로 가는 메이저 항공사는 국내의 대한항공, 아시아나항공과 타이완의 에바항공, 중화항공 등이 있으며 매일 운항한다. 이스타항공, 제주항공, 티웨이항공 등 국내 저비용 항공사도 인천-타이베이 구간을 활발히 오간다. 코로나19 확산 시기에 지방에서 출발하는 항공편과 김포-쑹산 구간 항공편이 많이 축소되어 선택의 폭이 좁고 요금도 비싼 편이다.

지방에는 부산, 청주, 대구, 제주와 타오위안국제공항을 연결하는 항공편이 있다. 김해공항에서 출발하는 직항편은 대한항공, 아시아나항공, 제주항공, 에어부산, 타이거에어 등이 있다. 또 청주공항에서는 에어로케이, 대구공항에서는 진에어와 티웨이항공이 운항한다. 제주공항에서는 이스타항공, 티웨이항공, 타이거에어 등이 운항하나 일반 항공편보다 요금이 2배 가까이 비싸다. 한편 타이베이로 가는 항공편은 경유하는 비행기가 훨씬 더 비싸다.

직항 편
대한항공 www.koreanair.com
아시아나항공 www.flyasiana.com
에바항공 www.evaair.com
중화항공 www.china-airlines.com〉kr
이스타항공 www.eastarjet.com
제주항공 www.jejuair.net
티웨이항공 www.twayair.com
진에어 www.jinair.com
에어부산 www.airbusan.com
에어로케이 www.aerok.com
타이거에어 www.tigerairtw.com
스쿠트항공 www.flyscoot.com

● 항공권 구입 시 고려 사항

❶ 일찍 출발하고 늦게 돌아오는 항공 스케줄

한국에서 타이베이로 가는 수많은 항공편 중 첫 번째 선택 조건은 운항 스케줄이다. 타이베이까지는 비행시간이 짧고 우리나라와 시차가 1시간밖에 차이 나지 않으므로 짧은 일정을 효율적으로 여행하려면 운항 시간을 잘 선택해야 한다. 항공권 가격이 비슷한 조건이라면 출국 시 한국에서 아침 일찍 출발하고, 귀국 시 타이베이에서 늦게 출발하는 항공권을 선택해야 시간 활용에 유리하다.

❷ 시간을 절약하는 김포-쑹산 노선

타이베이에는 우리나라의 김포공항과 비슷한 타이베이쑹산공항이 있다. 시내와의 접근성이 매우 좋고, 타오위안국제공항보다 규모가 작아 입국 수속 시간도 짧은 편이다. 코로나19 확산으로 김포공항-타이베이쑹산공항 노선이 많이 축소되고 가격도 올랐지만, 집에서 인천국제공항까지 가는 시간과 교통비, 공항에서의 수속 시간 등을 모두 고려해 금액 차이가 크지 않다면 김포공항-타이베이쑹산공항 노선을 선택하는 게 합리적이다.

 **GET READY ❷**

현지 여행 상품 예약하기

주요 관광지의 입장권, 근교 도시 투어 상품, 공항 픽업 및 센딩 등 좀 더 편리한 여행을 도와주는 상품을 한국에서 미리 비교해보고 예약할 수 있다. 현지에서 구매하는 것보다 할인된 금액의 상품도 있으니 여행 전에 꼼꼼하게 비교해보자.

● 공항 픽업 & 센딩 서비스 예약하기

공항–숙소 간 이동 시 프라이빗 차량을 이용하는 서비스다. 공항에서 시내까지 대중교통으로 이동하는 수고를 덜어 편안하게 여행을 시작할 수 있다. 아이를 동반하는 여행, 부모님과 함께 하는 여행 등 일행이 3~4명 이상이라면 고려해볼 만하다.

● 타이베이 근교 도시 투어 상품 예약하기

택시 또는 버스를 타고 타이베이 근교 여행을 하는 투어 상품으로 모든 여행 플랫폼에서 가장 인기 있는 상품이다. 타이베이 북부와 북동부에 모여 있는 예스진지(예류, 스펀, 진과스, 지우펀), 여러 개의 트레킹 코스로 이루어진 타이루거국가공원 등을 하루에 다 둘러보고 싶을 때 이용하면 좋다. 투어 인원, 투어 진행 시간, 한국어 가이드 유무, 도시락 제공 여부, 관광 명소 입장권 포함 여부 등에 따라 가격 차이가 있다.

● 온천 이용권 & 레스토랑 식사권

타이베이 근교의 베이터우, 우라이 등 인기 있는 온천 여행지의 온천 상품을 미리 예약할 수 있다. 현지보다 약간 저렴한 가격으로 구입할 수 있다. 또한 딘타이펑과 키키 레스토랑 등 한국인 여행자에게 인기 있는 식당의 베스트 메뉴만 모아놓은 식사권을 현지 식당에서 구매하는 것보다 저렴하게 판매한다. 키키 레스토랑은 식사권을 구입할 때 날짜와 시간 지정도 가능하다.

● 국립고궁박물원 한국어 도슨트 투어

타이완 가이드 라이선스를 보유하고 한국어가 유창한 도슨트와 함께 국립고궁박물원을 둘러본다. 역사에 관심 있고 유물에 대한 자세한 설명을 듣고 싶은 경우 선택한다.

예약에 필요한 앱

케이케이데이 Kkday
타이완 회사라 타이완 관련 상품이 더 다양하고 저렴하나 다른 플랫폼에 비해 다소 보기 불편하게 구성되어 있다.

마이리얼트립 My Real Trip
국내에서 만든 여행 플랫폼. 한국어 가이드 투어 상품, 국내에서 미리 수령할 수 있는 이용권 등을 예약할 수 있다.

클룩 Klook
전 세계의 광범위한 여행 상품을 제공하는 플랫폼. 다만 대중적인 상품 위주로 판매해 다양성은 떨어진다.

 **GET READY ❸**

타이베이 지역별 숙소 예약하기

여행지에서 숙소는 잠자는 곳 이상의 의미가 있다. 하루의 피로를 풀며 편히 쉴 수 있고
주요 교통수단과의 접근성이 좋아야 하며, 위생과 치안도 숙소 선택의 중요한 요소다.
여기에 가격까지 합리적이라면 더할 나위 없다. 자신의 여행 스타일과 예산에 맞는 숙소를 골라보자.

● 타이베이 숙소, 어디에 잡을까

❶ 타이베이 메인 스테이션 근처 ▶ 교통이 편리한 지역을 선호한다면
타이베이를 처음 방문하는 여행자라면 타이베이 메인 스테이션 근처
숙소를 추천한다. 공항 철도, 공항버스, MRT, 버스, 기차 등 모든 교통
수단이 연결되는 교통의 요지라 편하게 여행할 수 있고, 시먼과 중산까
지 걸어갈 수도 있어 관광에 최적이다. 예스진지나 타이루거행 등의 투
어 상품도 타이베이 메인 스테이션에서 출발하는 경우가 많다.

❷ 시먼 근처 ▶ 타이베이 맛집 탐방을 하고 싶다면
활기찬 분위기의 번화가라 늦은 시간까지 여행을 즐기기에 좋다. 특히
시먼에 타이베이 대표 맛집이 포진해 있어 맛집 탐방에도 좋다. 타이베
이 메인 스테이션, 동취까지 도보로 이동 가능하며, 타이베이 근교 투
어 상품 중 MRT 시먼역에서 출발하는 상품도 있어 비교적 편리하게 이
용할 수 있다.

❸ 동취 근처 ▶ 활기찬 분위기를 즐기고 싶다면
시먼 근처와 마찬가지로 즐길 거리와 맛집이 많은 활기가 넘치는 지역
이다. 타이베이 메인 스테이션, 시먼과는 다소 떨어져 있지만 국립국부
기념관, 송산문창원구 등과 접근성이 좋다. 특히 동취의 MRT 중샤오푸
싱역은 타이베이쑹산공항과 한번에 연결되어 숙소까지 빠르고 편하게
갈 수 있다.

TIP

타이베이 숙소 예약 시 주의 사항

타이베이 호텔 중에는 간혹 창문이 없는 방이 있다. 이는
호텔을 목적으로 지은 건물이 아니라 다른 용도의 건물을
호텔로 리모델링한 경우가 대부분이다. 숙박 요금이 상대
적으로 저렴하지만, 환기가 안 되며 밖이 보이지 않아 날
씨를 확인할 수 없는 등 불편함이 따른다. 숙소 예약 홈페
이지에 '창문 없음', 'No Window', '전망 없음' 등으로 기
재되어 있다. 창문 유무가 불분명하게 표기된 곳이라면 호
텔 측에 문의해 확인하거나 후기를 꼼꼼히 살펴봐야 한다.

타이완에서는 에어비앤비가 불
법이다. 에어비앤비 홈페이지
를 통해 예약하고 실제로 숙박
을 할 수도 있지만 적발되면 길
거리에서 발만 동동 굴려야 하

는 사태가 벌어질 수 있다. 공유 숙박을 이용하고 싶다
면 정식 허가를 받은 숙박업체만 등록되어 있는 타이
완 예약 사이트를 통해 예약하는 것이 안전하다.
타이완 하오커민슈 台灣好客民宿 www.taiwantopbnb.com

● 타이베이 지역별 추천 숙소

지역	이름	유형	MRT	여행 구성원	숙박료
타이베이 메인 스테이션	코스모스 호텔 Cosmos Hotel	4성급 호텔	타이베이 메인 스테이션 M3번 출구	가족, 친구	$$$
	시저 파크 호텔 Ceasar Park Hotel	4성급 호텔	타이베이 메인 스테이션 Z2번 출구	가족, 친구	$$$
	호텔 릴랙스 1~5 Hotel Relax	3성급 호텔	타이베이 메인 스테이션 Z4 · Z8번 출구	나 홀로 여행자, 친구	$$
	포쉬패커 호텔 Poshpacker Hotel	2성급 호텔	타이베이 메인 스테이션 Z8번 출구	나 홀로 여행자	$
	스타 호스텔 Star Hostel	호스텔	타이베이 메인 스테이션 Y13번 출구	나 홀로 여행자, 친구	$
	타이완 유스호스텔 Taiwan Youth Hostel	호스텔	타이베이 메인 스테이션 M8번 출구	나 홀로 여행자	$
시먼	저스트 슬립 시먼딩 Just Sleep Ximending	4성급 호텔	시먼역 5번 출구	모든 여행자	$$$
	미드타운 리처드슨 Midtown Richardson	3성급 호텔	시먼역 4번 출구	모든 여행자	$$$
	초 호텔 Cho Hotel	3성급 호텔	시먼역 1번 출구	나 홀로 여행자, 친구	$$
동취	이스틴 타이베이 Eastin Taipei	3성급 호텔	중샤오푸싱역 11번 출구	모든 여행자	$$$
	미쓰이 가든 호텔 Mitsui Garden Hotel	4성급 호텔	중샤오신성역 3번 출구	모든 여행자	$$$$
	에슬라이트 호텔 Eslite Hotel	5성급 호텔	궈푸지녠관역 5번 출구	가족, 친구	$$$$$

숙박료 기준

• $: 4만~5만 원대 • $$: 8만~10만 원대 • $$$: 12만~18만 원대 • $$$$: 20만~25만 원대 • $$$$$: 25만 원 이상

 **GET READY ④**

환전하기

타이완 달러는 국내 시중은행에서 환전할 수 있다. 하지만 국내에서 미화(US$)로 1차 환전 후 타이완에 도착해 타이완 달러(NT$)로 다시 환전하는 것이 수수료 우대율이 높다. 과거에 비해 카드 사용이 가능한 곳이 많지만 여전히 작은 상점이나 로컬 식당, 야시장 등에서는 현금만 취급하는 곳이 있으므로 적당히 현금을 준비해야 한다.

STEP 01

우리나라에서 미화로 환전 → 타이베이 도착 후 타이완 달러로 재환전

국내에서 한화를 미화로 환전 후 타이베이에서 타이완 달러로 다시 환전하는 방법이다. 국내 은행에서 바로 환전하는 것보다 수수료 우대 조건이 좋아 많은 여행자들이 이용한다. 타오위안국제공항과 타이베이쑹산공항 내 타이완은행, 메가은행 등에서 환전하는 것이 가장 빠르다. 타이베이 시내에서는 타이완은행, 메가은행, 우체국에서 환전한다. 한화 환전은 취급하지 않는 곳이 많으니 미국 달러를 준비해 가도록 한다. 타이완은행과 메가은행은 건당 NT$30의 수수료가 발생하지만, 타이베이 메인 스테이션 내 우체국에서는 수수료가 없다.

● **타오위안국제공항 환전소**
타이완은행 Bank of Taiwan 터미널 1, 2에 총 17개의 환전소가 있으며 입국장 내 지점은 24시간 영업한다.
메가은행 Mega International Commercial Bank 터미널 1, 2에 총 14개의 환전소가 있으며, 조금씩 차이가 있지만 대체로 오전 5시 30분부터 오후 10시 50분까지 운영한다.
● **타이베이 메인 스테이션 내 우체국**
타이베이 메인 스테이션 지상 출입구 남南문 1로 들어가면 바로 우측에 있다.

STEP 02

해외여행용 체크카드 준비하기

최근 몇 년 사이 여행에서 가장 눈에 띄는 변화 중 하나는 트래블월렛과 트래블로그 같은 해외여행용 체크카드의 사용이다. 번거롭게 환전하지 않아도 현지에서 수수료 없이 ATM 출금 및 결제가 가능하다. 앱을 통해 원하는 액수만큼 타이완 달러를 입력하면 원화에 당일 환율이 적용되어 타이완 달러를 인출할 수 있으며, 여행 후 남은 금액은 다시 한화로 환전할 수 있어 편리하다. 제휴 은행 ATM 이용 시 수수료가 무료이며, 우버, 라인페이 등과 연동 가능해 이용이 편리하다.

 트래블월렛
홈페이지
www.travel-wallet.com

 트래블로그
홈페이지
www.hanacard.co.kr

 신한은행 SOL트래블
홈페이지
www.shinhcard.com

수수료 없이 출금 가능한 타이베이 은행
은행 ATM이 설치된 MRT 역과 편의점 등에서 출금 가능하다.
• **국태세화은행 Cathay United Bank**
• **타이완은행 Bank of Taiwan**
• **메가은행 Mega International Commercial Bank**

ATM 이용 시 주의 사항
❶ 비밀번호 입력 시 6자리를 입력하라는 메시지가 뜨면 설정한 비밀번호 뒤에 00을 붙이면 된다.
예시 비밀번호가 1234일 경우 123400 입력
❷ 비밀번호 입력 후 화면에 표시된 메뉴 중 'Checking Account' 또는 'Saving Account'를 선택해야 출금 가능하다.

GET READY ⑤
데이터 선택하기

여행할 때 스마트폰을 이용해 구글맵으로 길을 찾고, 사진을 찍으며, 여행 스케줄을 정리하는 일은 이제 너무나 당연하다. 타이베이에서도 유심이나 이심으로 무선 인터넷을 사용할 수 있다. 여행 일정과 인원, 사용 목적에 맞게 자신에게 맞는 데이터를 선택하자.

	유심 USIM	이심 ESIM	로밍 Roaming
사용 방법	스마트폰에 장착된 유심을 제거하고 타이완 통신사의 유심 장착	유심 교체 없이 QR 스캔을 통해 이심 설치, 데이터 설정 후 사용	통신사의 로밍 서비스 이용
장점	• 현지 통신사를 이용하므로 속도가 빠르다. • 저렴한 요금 • 현지 통화와 문자 사용 가능	• 기존 번호 그대로 사용 • 저렴하고 빠른 속도 • 현지에서 통화와 문자 사용 가능(현지에서 구입한 이심만 가능)	• 한국에서 오는 전화, 문자 수신 가능 • 유심 교체, 이심 설치 등의 번거로움 없음
단점	• 한국에서 오는 전화와 문자 수신 불가 • 유심 교체가 번거롭고 분실 위험이 있음	• 아이폰 11 이상, 갤럭시 S23 이상 기종만 사용 가능	• 비싼 가격

TIP

데이터 선택 시 고려 사항

❶ **와이파이 도시락** ▶ 일행이 여러 명이거나 여러 전자 기기를 사용해야 한다면
한국에서 사용하던 스마트폰 설정은 그대로 유지하면서 데이터만 사용할 수 있는 방법이다. 단말기를 따로 충전해야 하며, 늘 소지하고 다녀야 하는 불편함이 따르지만 하나의 단말기로 최대 10명까지 사용할 수 있어 실용적이고 경제적이다. 휴대폰, 태블릿, 노트북 등 여러 기기를 사용할 때도 유용하다. 현지 공항에서 바로 대여 가능하므로 상황에 맞게 선택한다.

❷ **타이완 유심 · 이심 구입 요령**
• 국내에서 판매하는 제품보다는 현지에서 판매하는 유심 · 이심이 통신상 더 안정적이며 속도도 빠르다. 또한 현지에서 구입할 때는 데이터가 무제한이지만, 국내에서 미리 구입하는 유심 · 이심은 데이터 총량과 속도에 제한이 있다. 국내에서 구입하더라도 현지 공항에서 수령하는 조건으로 선택하는 것이 좋다.
• 여러 통신사 중 중화텔레콤Chunghwa Telecom 또는 타이완 모바일Taiwan Mobile이 데이터 속도와 안정성 모두 좋다. 타오위안국제공항, 타이베이쑹산공항 입국장 내에 통신사 부스가 여러 곳에 있다.

타이베이 여행에서 유용한 앱

스마트폰 앱을 잘 활용하면 보다 편리하게 여행할 수 있다. 여행을 준비하면서, 혹은 여행 중에 활용하기 좋은 앱을 소개한다.

고! 메트로 타이베이
Go! Metro Taipei

타이베이 메트로 공식 앱. 운행 시간표, 이동 경로, 소요 시간 등을 확인할 수 있다. 특히 에스컬레이터와 엘리베이터 이용 출구를 안내한다.

버스 트래커 타이베이
Bus Tracker Taipei

타이베이 버스 정보 앱. 구글맵보다 정확하게 버스 정보를 제공한다. 최적의 경로와 교통수단을 제안하는 'Direction' 메뉴가 특히 유용하다.

타이완 레일웨이 루트
Taiwan Railway Route

타이베이에서 근교 도시로 여행할 때 이동 경로와 기차 시간 등을 확인할 수 있는 앱. 앱을 통해 예약은 할 수 없다.

윈디 Windy

예상 강수 시간과 태풍, 기온, 체감온도 등의 정보를 자세하게 제공하는 날씨 앱. 지역 예보가 다른 앱보다 더 세분화되어 있다.

유바이크 You Bike

타이베이 공공 자전거 이용 앱. 현위치에서 이용 가능한 유바이크를 안내한다. 신용카드 이용 시 결제와 환불도 앱을 통해 가능하다.

구글Google 번역

타이완 여행에서는 스마트폰 카메라로 인식하면 자동 번역되는 구글 번역 앱이 가장 유용하다. '중국어-번체'로 설정 후 사용한다.

구글맵 Google Maps

자유 여행자의 필수 앱. 목적지까지의 이동 경로와 교통수단, 위치 등을 모두 체크할 수 있으며 일부 식당 예약도 가능하다.

우버 Uber

택시 호출 앱. 택시 기사와 말이 통하지 않아도 편하게 이용할 수 있다. 신용카드나 체크카드를 미리 등록하면 더욱 편리하다.

라인 LINE

투어업체, 숙소 등과 소통해야 할 때 꼭 필요한 앱이다. 카드 결제는 안 되지만 라인페이는 이용 가능한 곳이 많아 편리하다.

알아두면 쓸모 있는
타이베이 여행 팁

타이베이 물가는 어떤가요?

➡ 저렴한 편

타이베이 물가는 전체적으로 서울보다 저렴하지만 특히 식비와 교통비가 저렴하다. 박물관이나 전망대 등의 입장료는 한국과 비슷하거나 약간 낮은 편이며, 호텔 숙박비나 고급 레스토랑 등은 우리나라와 비슷하다. 예산은 사람에 따라, 일정에 따라, 여행 스타일에 따라 천차만별이라 정답은 없다. 숙박비를 제외하고 1인 하루 평균 6만~10만 원 사이로 생각하면 큰 무리가 없다.

여행 스타일에 따른 하루 예산(1인 기준)

분류	기본형		요금	알뜰형		요금
	내용		**요금**	**내용**		**요금**
숙박료	4성급 이상 호텔		**18만 원**	2~3성급 리조트		**8만 원**
식사비	아침	호텔 조식	–	아침	로컬 식당	**4000원**
	점심	대표 맛집	**2만 원**	점심	로컬 식당	**5000원**
	간식	인기 카페	**1만 원**	간식	로컬 카페	**5000원**
	저녁	대표 맛집	**3만 원**	저녁	대표 맛집	**3만 원**
투어	택시 투어		**12만 원**	개별 투어		**4만 원**
관광 명소	입장료, 전망대, 도슨트		**5만 원**	입장료		**2만 원**
교통비	우버, 택시		**4만 원**	도보, MRT, 버스		**1만 원**
하루 예산	**45만 원**			**19만 4000원**		

타이베이는 연중 덥다고 하던데, 언제 가면 좋을까요?

➡ 10월 중순~2월 중순

타이베이는 아열대기후에 속해 1년 내내 기온과 습도가 높은 편이다. 계절이 봄, 여름, 가을, 겨울로 구분되어 있으나 그 경계가 뚜렷하지 않으며 겨울에도 기온이 10℃ 이하로는 잘 내려가지 않는다. 한국의 한여름 기온과 비슷한 5~9월에는 최고기온이 37℃까지 올라가는 날도 있어 매우 덥지만, 한국의 봄·가을 날씨와 비슷한 10월 중순 이후부터 2월 중순까지는 평균기온이 17~25℃ 정도로 쾌적한 여행을 할 수 있다. 다만 습도가 높으면 더울 때는 더 덥게, 추울 때는 더 춥게 느껴지므로 옷차림에 신경 쓰는 것이 좋다.
타이완 기상청 www.cwa.gov.tw

태풍 시기에 대비해 무엇을 준비하면 좋을까요?

➡ 튼튼한 우비와 우산

비와 바람이 한꺼번에 몰아치는 태풍 앞에서는 우산도 무용지물이다. 따라서 많은 시민들은 우산과 우비를 함께 사용하며, 우산뿐 아니라 우비를 파는 상점도 많다. 편의점에서 파는 얇고 약한 우비보다는 도톰하고 튼튼한 우비를 준비하도록 한다. 실내에 들어갈 때 우비를 챙겨 넣을 비닐 팩이나 방수 주머니도 미리 준비하면 좋다. 또 비를 맞으면 금세 젖는 운동화보다는 샌들이나 아쿠아슈즈를 신는다.

타이베이 입국이 가능한 공항이 2개인데, 어떤 공항을 이용하는 게 좋을까요?

➡ 자신의 여행 스케줄과 상황에 맞게 선택

타이베이에는 타오위안국제공항과 타이베이쑹산공항이 있다. 타이베이쑹산공항은 서울의 김포공항처럼 주로 국내선과 아시아 노선을 운항하는 작은 규모이며, MRT로 연결되어 시내와의 접근성이 좋다. 타오위안국제공항보다 항공편이 많지 않고 이용객 또한 적어 비교적 한산하다. 그러나 항공편이 많지 않아 이용이 제한적이고 우리나라의 김해, 무안 등 지방 공항과는 연결되지 않는다. 시내와 멀리 떨어져 있는 타오위안국제공항에서 타이베이 메인 스테이션까지 공항 철도를 이용하면 36분 소요된다.

타이베이 입국 시 제한 물품이 있나요?

➡ 육류 및 육가공품, 전자 담배 반입 불가

타이완에서는 아프리카돼지열병으로부터 자국민과 자국 산업을 보호하기 위해 강력한 검역을 실시한다. 2019년 이후 라면, 소시지, 통조림, 햄, 육포 등 육가공품 반입을 엄격하게 금지하고 있다. 적발 시 최대 NT$200,000(약 840만 원)에 달하는 벌금을 부과한다. 타이베이 도착 후 입국장으로 나가기 전에 모든 승객의 휴대 수하물을 다시 한번 엑스레이로 전수 검사한다. 한국 음식은 타이베이의 편의점, 마트 등에서 쉽게 구할 수 있으며, 애초에 컵라면이라도 들고 가면 안 된다.

또 타이완 입국 시 전자 담배 기기는 물론 전자 담배에 끼우는 담배 스틱도 반입할 수 없다. 모르고 소지하거나 면세점에서 구입한 경우 타이완 입국 시 세관에 신고하면 NT$200(약 8,000원)를 내고 세관에 맡길 수 있다. 전자 담배가 아닌 일반 담배는 반입할 수 있으며 지정된 흡연 구역에서만 흡연 가능하다. 이를 어기면 벌금이 부과되니 주의해야 한다.

구 타이완 달러는 현지에서 사용이 어렵나요?

➡ 사용 불가이며 타이완 시중은행에서 교환 가능

구 타이완 달러는 타이완 내에서 통용되지 않는다. 그렇지만 상점이나 식당 등에서 거스름돈을 받을 때나 사설 환전소에서 환전할 때 간혹 구권이 섞여 있는 경우가 있으므로 꼭 확인해야 한다. 만약 구권을 갖고 있다면 타이베이 시내의 타이완은행에서 신권으로 교환할 수 있다.

타이완 달러 화폐 한눈에 파악하기

타이완의 화폐 단위는 뉴 타이완 달러New Taiwan Dollar(기호 NT$)다. 현지에서는 NT$ 대신 元(위안) 또는 TWD로 표기하는 곳도 많으니 모두 기억해두어야 한다. 현재 통용되는 지폐는 NT$100, 200, 500, 1000, 2000, 총 5종류이며 이 중 NT$200, NT$2000는 거의 쓰이지 않는다. 동전은 NT$1/2(=5자오角), 1, 5, 10, 20, 50, 총 6종류가 있지만 NT$1/2, NT$20는 거의 쓰이지 않아 실질적으로 통용되는 것은 4종류다. 환율 계산을 가장 쉽게 하는 방법은 표기된 금액에 40원을 곱하는 것이다. 실제 금액과 약간 차이가 있지만 대략 비슷하다.

타이완 화폐 종류

100달러	200달러	500달러

1000달러	2000달러

1달러	5달러	10달러	50달러

타이베이에서 신용카드 사용이 자유롭나요?

➡ 현금과 신용카드 모두 사용

호텔이나 대형 쇼핑몰, 백화점 등에서는 신용카드 사용이 자유롭지만 로컬 식당이나 야시장, 작은 상점, 카페 등에서는 여전히 신용카드를 취급하지 않는 곳이 있다. 타이완을 대표하는 프랜차이즈 식당인 딘타이펑이나 마라 훠궈 등 대형 식당에서도 카드 결제가 안 되는 곳이 종종 있으니 만약의 상황에 대비해 항상 현금을 소지하도록 한다. 요즘은 현지에서 필요한 금액만큼 ATM 인출이 가능한 해외여행용 체크카드를 사용하는 방법도 있다.

FAQ 8

**3박 4일 일정인데
이지카드와 타이베이
펀 패스 3일권 중
어느 쪽이 더
경제적일까요?**

➡ 이지카드

3일간 교통수단을 무제한으로 이용할 수 있고 타이베이 101 전망대와 국립고궁박물원을 포함한 15곳의 입장권, 마오콩 곤돌라와 단수이 유람선 등의 이용권이 포함된 타이베이 펀 패스 3일권의 가격은 NT$2200(약 9만 2400원)로 꽤 비싼 편이다. 여기에 포함된 것을 모두 이용한다면 하나하나 입장권을 끊는 것보다 경제적이다. 그러나 3일 내에 그 많은 곳을 모두 둘러보기란 현실적으로 쉽지 않다. 본전을 뽑아야 한다는 압박감에 여행을 제대로 즐기지 못할 수도 있다. 타이베이는 대중교통비가 저렴해 3박 4일 동안 대중교통으로 시내의 주요 볼거리와 근교 여행지 1~2곳을 둘러본다면 이지카드가 경제적이다.

➡ 펀 패스, 이지카드 정보 2권 P.011

FAQ 9

**중국어를 못하는데
타이베이 여행이
가능할까요?**

➡ 간단한 영어만 가능하면 문제없다

타이베이는 세계 각국의 여행자들이 찾는 관광도시로 식당, 카페, 상점 등에서 비교적 영어가 잘 통하는 편이라 간단한 영어만 할 수 있다면 여행에 큰 어려움이 없다. 다만 동네의 작은 식당이나 택시, 시장 등 영어로 의사소통이 어려운 경우를 대비해 스마트폰에 구글 번역이나 파파고, 라인 앱을 미리 다운받아둔다. 카메라로 문자를 인식해 번역하는 기능이 있어 중국어 메뉴판이나 안내표지 등을 읽을 때도 도움이 된다.

FAQ 10

**타이베이 근교 투어 시
버스 투어와 택시 투어
중 어떤 게 더
효율적일까요?**

➡ 가성비는 버스 투어, 가심비는 택시 투어

버스 투어는 다른 사람들과 함께 버스를 타고 다니면서 예류, 스펀, 진과스, 지우펀 등 근교 여행지를 둘러보는 프로그램이다. 1인당 2만~3만 원 내외의 저렴한 비용으로 이용할 수 있고, 주로 한국인이나 한국어가 가능한 가이드가 인솔하므로 부담이 없다. 택시 투어는 차 한 대당 비용이 약 12만~16만 원으로 꽤 비싸지만 비싼 만큼 여행이 편안해 부모님이나 아이를 동반한 가족여행자들에게 특히 인기가 좋다. 일행끼리 따로 이용할 수 있고, 한국어가 가능한 운전기사를 예약하면 가이드도 해준다. 비용은 현지인 가이드보다 조금 더 비싸다.

FAQ 11

**나 홀로 여행 시
온천 여행이
가능할까요?**

➡ 프라이빗 온천 이용

대부분의 온천 호텔에서 프라이빗 온천의 요금은 1인당 요금이 아니라 개인탕 1실의 요금이며 객실 크기에 따라 1~4명이 이용할 수 있다. 다만 안전상의 이유로 단독 온천욕을 제한하는 곳도 있다. 대중탕은 인원에 상관없이 이용할 수 있으며 1인당 요금으로 책정되어 있다.

타이베이의 치안은 어떤가요?

안전한 편

타이베이의 치안은 통계적으로 매우 안전한 편에 속한다. 전 세계의 도시별 범죄 지수와 치안 지수를 공개하는 사이트(www.numbeo.com)의 자료를 살펴보면 2023년 타이완의 범죄 지수는 세계에서 네 번째로 낮다. 이는 서울이나 도쿄보다도 훨씬 낮은 지수다. 그러나 여행 중 방심은 금물! 너무 늦은 시간에 혼자 다니는 일은 되도록 피하고, 룽산쓰 부근의 우범 지역이나 야시장, 혼잡한 MRT 역 등에서는 범죄와 소매치기를 조심해야 한다.

타이베이 음식은 향이 강한데 음식 때문에 여행이 힘들지 않을까요?

사람에 따라 다르다

향신료에 대한 민감도는 개인마다 다르기 때문에 힘들 수도 있고 그렇지 않을 수도 있다. 각종 향신료나 고수, 레몬그라스 같은 향신채에 대한 거부감이 없는 사람이라면 어떤 음식이라도 맛있게 먹을 수 있지만, 그렇지 않은 사람에게는 식사 시간이 고역일 수 있다. 이런 경우 각종 향신료가 잔뜩 들어간 훠궈나 국물이 빨간 우육면보다는 샤부샤부나 맑은 국물의 우육면을 선택한다. 또 야시장은 다양한 향신료와 낯선 식자재로 만든 음식, 취두부 등을 파는 곳이 많아 향에 민감한 사람에게는 힘들 수 있으니 피하는 것이 좋다.

타이베이에서 팁은 필수인가요?

팁 문화가 없다

타이베이를 비롯한 타이완에는 팁 문화가 없다. 대부분의 호텔과 식당, 카페 등에서는 이용 요금에 봉사료가 포함되어 있어 따로 팁을 주지 않아도 된다. 발 마사지나 택시 투어, 버스 투어 등 서비스 상품을 이용하는 경우에도 팁이 필요 없다.

타이베이 시내에서 유아차를 대여할 수 있는 곳이 있나요?

주요 관광지와 쇼핑몰의 인포메이션 센터 이용

주요 관광 명소나 시내 백화점, 대형 쇼핑몰의 인포메이션 센터에서 대여 가능하다. 단, 지정된 장소 외에서는 사용할 수 없다. 장소를 이동하며 사용해야 한다면 호텔에 문의해 대여하는 방법이 있다. 또 한국에서 위탁 수하물로 유아차를 가져가거나 비행기 탑승 전 게이트 앞에서 위탁할 수도 있다(추가 비용 없음).
국립고궁박물원 · 타이베이 101 대여 무료
타이베이시립동물원 보증금 NT$2000

FAQ 16

호텔 외에 짐을 맡길 만한 곳이 있나요?

➡ **MRT 역 코인 로커, 사설 보관소**

MRT 역내에 코인 로커가 있으며, 사설 보관소를 이용해도 된다. 코인 로커가 마련된 역 정보는 타이베이 MRT 홈페이지에서 확인할 수 있다. 타이베이에서 짐을 맡겨두고 근교 도시나 타이완 지방 도시로 여행을 다녀오는 경우에는 24시간 기준 NT$30~70의 비용을 내고 타이베이처잔 행리탁운중심에 짐을 맡길 수 있다.

MRT 홈페이지 www.metro.taipei

- **타이베이처잔 행리탁운중심 台北車站行李託運中心**
  구글맵 2GW9+XH 타이베이
  운영 08:00~ 0:00
  요금 1일 가로 · 세로 · 높이 각각 100cm 이하 NT$30,
  101~150cm NT$50, 151cm 이상 NT$70

FAQ 17

타이베이 스탬프는 어디서 찍을 수 있나요?

➡ **MRT 역 인포메이션 센터, 관광지 인포메이션 센터 등**

저마다 특색이 있는 다양한 디자인의 스탬프를 모으는 것은 타이베이 여행의 즐거움 중 하나다. 스탬프를 수집하기 위한 작은 수첩을 들고 다니며 나만의 스탬프 노트를 만드는 여행자도 많다. 스탬프는 대부분의 MRT 역 인포메이션 센터와 관광지 인포메이션 센터에 비치되어 있으며 상점이나 카페, 식당 등에서도 찍을 수 있다. 가끔 여권의 빈 페이지에 스탬프를 찍는 사람이 있는데, 이는 여권을 훼손한 것으로 간주해 출입국이 거절될 수 있으니 절대 삼가야 한다.

FAQ 18

타이베이에서 쇼핑 시 세금 환급을 받을 수 있나요?

➡ **NT$2000 이상이면 가능**

하루에 한 매장에서 사용한 금액의 총액이 NT$2000 이상이면 세금 환급을 신청할 수 있다. 세금 환급을 위한 서류를 받으려면 여권과 구매 영수증이 필요하다. 출국할 때 세금 환급 신청 서류와 신고 물품을 준비해 공항 내 세금 환급소에서 환급받는다. 시내의 대형 쇼핑몰이나 백화점, 대형 마트에서는 자체 환급소에서 즉시 환급해주기도 한다. ➡ 마트 세금 환급 방법 P.068

여권을 분실했다면?

▶ **긴급 여권 발급받기**

❶ 가장 가까운 경찰서로 가서 분실물로 들어온 여권이 있는지 문의한다.
❷ 경찰서에 없다면 타이완 내무부 이민서를 방문한다.
❸ 타이완 내무부 이민서 지하 1층에서 여권 사진을 찍는다.
   주의 사항
   – 양쪽 눈썹이 다 보이도록 머리카락을 정리할 것
   – 컬러 렌즈 착용 불가
   – 배경이 하얗게 나오므로 흰색 옷은 피할 것
❹ 1층에서 대기 번호표를 뽑고 주민등록증을 복사한다.
❺ 순서가 되면 창구로 가서 주민등록증 사본과 여권 사진 2매를
   제출하고 분실 신고서를 받는다. 이때 간단한 질문을 하니
   미리 번역 앱을 준비해두면 편리하다.
❻ 분실 신고서를 가지고 주타이베이 대한민국 대표부로 간다.
❼ 분실 신고서와 여권 사진 2매, 수수료(NT$1536)를 제출하고
   긴급 여권을 발급받는다.
   ※수수료는 현금 결제만 가능
   ※여행을 떠나기 전 만약을 대비해 여권 사본, 여권 사진 2장, 주민등록증을 준비해둔다.

• **타이완 내무부 이민서**
  內政部移民署
  구글맵 대만 내무부 이민서
  가는 방법 MRT 샤오난먼小南門역
  2번 출구에서 도보 2분
  운영 08:00~17:00 **휴무** 토 · 일요일

• **주타이베이 대한민국 대표부**
  駐臺北韓國代表部
  구글맵 주 타이베이 대한민국 대표부
  가는 방법 MRT 타이베이 101台北101
  역 1번 출구에서 도보 2분, TWTC
  International Trade Building 1층
  문의 +886-2-2758-8320~5
  (한국어 가능) **운영** 09:00~16:00
  (12:00~14:00 점심시간)
  휴무 토 · 일요일

여행 중 지갑을 잃어버렸다면?

▶ **경찰서에 찾아가 도움 요청**

타이완은 치안이 좋은 편이라 타인이 두고 간 소지품을 가져가거나 훔쳐가는 일이 많지 않다. 그러나 인파가 몰리는 야시장이나 MRT에서 간혹 소매치기가 발생하기도 하며, 대중교통이나 상점에 소지품을 두고 올 수도 있다. 이럴 때 당황하지 말고 가까운 경찰서를 찾아가 도움을 요청한다. 타이완 경찰은 외국인에게 문제가 발생했을 때 적극적으로 도와주는 편이다. 번역 앱을 이용해 최대한 상세히 설명하고 도움을 받도록 한다. 소지품을 되찾았을 때 본인 확인을 위해 신분 확인이 필요하니 반드시 여권이나 여권 사본을 지참해야 한다.

신속 해외 송금 지원 제도
해외에서 대한민국 국민이 소지품 분실, 도난 등의 사고에 처했을 때, 국내의 지인이 외교부 계좌에 입금하면 현지 대사관 및 총영사관에서 해외여행객에게 긴급 경비를 현지화로 전달하는 제도. 타이베이는 주타이베이 대한민국 대표부에 연락해 신청할 수 있으며 1회 최대 미화 3000달러까지 이용할 수 있다. 외교부 해외안전 여행 홈페이지(www.0404.go.kr)에서 자세한 내용을 확인할 수 있다.
지원 대상
• 해외여행 중 현금, 신용카드 등을 분실하거나 도난당한 경우
• 교통사고 등 갑작스러운 사고를 당하거나 질병을 앓게 된 경우
• 불가피하게 해외여행 기간을 연장하게 된 경우, 기타 자연재해 등 긴급 상황이
  발생한 경우
문의 주타이베이 대한민국 대표부 +886-2-2758-8320~5(한국어 가능),
영사콜센터(24시간) +82-2-3210-0404

TIP

지갑 분실 시

• 신용카드 앱을 통해 분실 신고 후 해당 카드를 정지시킨다.
• 당장 사용할 수 있는 여분의 카드나 현금이 없다면, 외교부 신속 해외 송금 지원 제도를 이용해 필요한 현금을 송금받는다.
• 분실이나 ATM의 오류 등에 대비해 해외여행용 체크카드나 신용카드를 2개 이상 가져가는 것이 좋다.

⭐ 긴급 상황 발생 시 대처법

외교부의 지원이 필요하다면 영사콜센터를 이용한다. 영사콜센터는 해외에서 사건·사고 또는 긴급한 상황에 처했을 때 도움을 받을 수 있는 상담 서비스로 연중무휴 24시간 운영한다. 단, 개인적인 용무를 위한 통화는 불가능하며, 사건·사고와 해외 위난 상황, 긴급 의료 상황 발생 시 초기 대응에 필요한 통역을 지원한다.

무료 전화 앱 와이파이 등 인터넷 환경에서 별도의 음성 통화료 부가 없이 무료로 영사콜센터 상담 전화를 사용할 수 있다. '카카오톡 상담 연결하기'(카카오톡 채널에서 '영사콜센터' 검색)를 통해서도 가능하다.
휴대폰 유료 통화 +82-2-3210-0404를 눌러 전화를 연결한다. 또는 타이베이 입국과 동시에 자동으로 수신되는 영사콜센터 안내 문자에서 통화 버튼을 누르면 바로 연결된다.
무료 통화 현지 국제전화 코드 (00)+800-2100-0404(1304) 또는 008-0182-0082+5를 눌러 전화를 연결한다. 단, 해외 무료 연결 통화는 현지의 일반 전화 또는 공중전화를 이용한다.

FAQ ㉑

몸이 아파서 병원에 가야 한다면?

➡️ 호텔 직원에게 도움 요청 또는 병원 방문

여행 중 예기치 못한 사고로 다치거나 갑자기 심하게 몸이 아프다면 신속하게 병원을 찾아가야 한다. 호텔에 숙박하고 있다면 직원에게 도움을 청하고, 그렇지 않으면 시내 병원을 찾아가 빠른 처치를 받는다. 의사, 간호사를 포함해 병원에서 근무하는 직원들은 대부분 영어로 의사소통이 가능하다. 의사소통에 어려움이 있다면 영사콜센터의 통역 서비스를 이용할 수도 있다. 병원 방문 시에는 꼭 여권을 지참해야 한다.

• **타이완대학병원 台大醫院**
 구글맵 대만대병원
 위치 MRT 타이완대학병원역 근처
 문의 +886-2-2312-3456

• **타이안병원 台安醫院**
 구글맵 타이안병원
 위치 MRT 난징푸싱역 근처
 문의 +886-2-2771-8151

• **국태종합병원 國泰綜合醫院**
 구글맵 국태종합병원
 위치 MRT 신이안허역 근처
 문의 +886-2-2708-2121

• **매케이 병원 馬偕紀念醫院**
 구글맵 mackay memorial hospital
 위치 MRT 쐉례역 근처
 문의 +886-2-2543-3535

TIP

비상약 구입 방법

감기약, 소화제는 물론 해충 기피제 등 비상약은 왓슨스Watsons, 코스메드Cosmed 등에서 구입할 수 있다. 타이베이 시내 곳곳에 지점이 있어 쉽게 찾을 수 있다. 구글맵 검색창에 한자로 '藥局(약국)'을 입력하고 근처 약국을 찾아보는 방법도 있다.

✅ **주요 증상과 관련된 중국어**

두통	頭疼	토우팅 [tóutòng]
기침	咳嗽	커쏘우 [késou]
열	發燒	파샤오 [fāshāo]
소화불량	消化醫學	샤오화이쉬에 [xiāohuà yīxué]
설사	拉肚子	라 뚜즈 [lā dǔzil]
배탈	胃部不適	웨이뿌부스 [wèi bù bùshì]
모기 또는 날벌레	小黑蚊	샤오헤이원 [xiǎo hēi wén]

샤오헤이원은 타이완에 서식하는 작고 검은 모기로 한번에 10~20군데를 물어요. 매우 가렵고 가려움증이 오래가는 편이에요.

타이베이 여행 준비물 체크 리스트

● 현지에서 요긴하게 사용할 준비물

☑ 뜨거운 햇빛과
   우천 시 필요한 용품

☐ 더위를 이겨내는
   쿨링 제품

☐ 방역을 대비한
   휴대용품

타이베이는 날이 맑다가도 갑자기 비가 내리는 경우가 비일비재하다. 비도 막고 뜨거운 태양도 막아줄 수 있는 우양산을 하나쯤 가방에 넣어 다니자. 비바람이 심한 날에는 우산이 무용지물이 되므로 튼튼한 우비와 아쿠아슈즈를 준비해 가면 좋다.

타이베이의 여름은 우리나라보다 더 뜨겁다. 더위에 지치지 않도록 휴대용 선풍기나 부채를 준비하고 선글라스, 자외선 차단제, 모자, 쿨 토시 등 태양으로부터 피부를 보호할 아이템이 필수다. MRT나 상점 내 냉방에 대비해 얇은 겉옷도 준비한다.

타이베이 시민들은 마스크를 착용하는 것이 습관화되어 있다. 공공장소에서 마스크를 쓰지 않은 채 기침이나 재채기를 하는 건 타이베이에서는 큰 실례다. 나를 지키고 타인에게 민폐를 끼치지 않기 위해 마스크, 물티슈, 손소독제 등의 방역용품을 챙긴다.

☐ 맛있는 제철 과일을
   충분히 즐기기 위한 제품

☐ 추위에 대비하기 위한
   방한용품

☐ 여행용 장바구니 또는
   보조 가방

타이완의 과일은 온화한 기후 덕분에 맛이 뛰어나지만 한국으로 가져올 수 없다. 맛있는 과일을 현지에서 충분히 즐기기 위해 휴대용 과도를 위탁 수하물에 넣어 가면 좋다. 가벼운 밀폐 용기도 하나 챙기면 숙소에서 과일을 깎아 냉장고에 보관할 수 있어 유용하다.

1년 내내 무더울 것 같지만 타이베이의 겨울은 은근히 춥다. 특히 난방시설이 없는 숙소가 많아 잠잘 때 더 춥게 느껴질 수 있다. 수면 양말, 수면 잠옷을 비롯해 돌돌 말아 휴대할 수 있는 여행용 전기장판이나 담요를 준비하면 유용하게 쓰인다.

타이베이 여행자들이 가장 많이 구매하는 것은 누가 크래커, 펑리수, 과자, 젤리 등의 간식거리다. 양손 가득 쇼핑한 후 짐을 쌀 때 캐리어가 꽉 차 난감해지는 경우가 생길 정도다. 이럴 때를 대비해 부직포 가방 등 튼튼한 보조 가방을 챙겨 가면 좋다.

● 꼭 챙겨야 하는 필수 준비물

항목	준비물	체크
필수품	여권	☑
	비자	☐
	전자 항공권(E-ticket)	☐
	여행자 보험	☐
	숙소 바우처	☐
	여권 사본(비상용)	☐
	여권용 사진 2매(비상용)	☐
	현금(미국 달러)	☐
	신용카드(해외 사용 가능)	☐
	국제 학생증(26세 이하 학생)	☐
전자 제품	휴대폰 충전기	☐
	멀티 어댑터	☐
	멀티 플러그	☐
	카메라	☐
	카메라 충전기	☐
	카메라 보조 메모리 카드	☐
	보조 배터리	☐
	휴대용 선풍기	☐
	이어폰	☐
	손목시계	☐
	심 카드	☐
	드라이기 또는 고데기	☐
미용 용품	세면도구	☐
	화장품	☐
	자외선 차단제	☐
	여성용품	☐
	화장솜, 면봉, 머리끈	☐
	손거울	☐
의류 및 신발	옷(상의, 하의)	☐
	겉옷(얇은 긴소매 또는 점퍼)	☐
	속옷	☐

항목	준비물	체크
의류 및 신발	잠옷	☐
	양말	☐
	수영복	☐
	쿨 스카프, 쿨 토시	☐
	모자	☐
	선글라스	☐
	실내용 슬리퍼	☐
	신발(운동화, 샌들)	☐
비상약	소화제	☐
	지사제	☐
	해열제	☐
	종합 감기약	☐
	아쿠아 밴드	☐
	연고류	☐
	화상 크림	☐
	모기 · 벌레 퇴치제	☐
비상 식품	컵라면	☐
	통조림류	☐
	김	☐
	즉석 밥	☐
	고추장	☐
기타	빨래집게, 접이식 옷걸이	☐
	우산, 우비	☐
	샤워기 필터	☐
	자물쇠	☐
	물놀이용품	☐
	지퍼백, 비닐봉지	☐
	귀마개	☐
	수면 안대	☐
	귀마개	☐
	휴대용 물티슈	☐
	마스크	☐

《팔로우 타이베이》
지도 QR코드 활용법

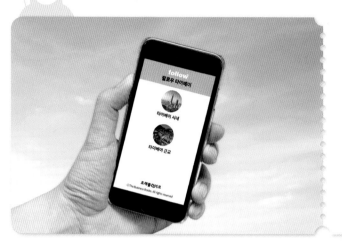

QR코드를 스캔하세요.
구글맵 앱 '메뉴-저장됨-
지도'로 들어가면 언제든지
열어볼 수 있습니다.

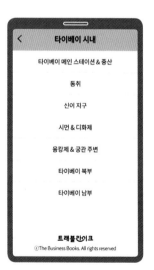

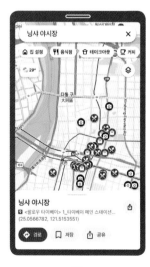

스마트폰으로 오른쪽 상단의 QR코드를
스캔합니다. 연결된 페이지에서 원하는
지역을 선택합니다.

선택한 지역의 지도로 페이지가 이동됩
니다. 화면 우측 상단에 있는 ▣ 아이콘
을 클릭합니다.

지도가 구글맵 앱으로 연동되고, 내 구
글 계정에 저장됩니다. 본문에 소개된
장소들의 위치를 확인할 수 있습니다.

여행을 떠나기 전에 반드시 팔로우하라!

BEST 여행 전문가가 엄선한
최고의 명소

LOCAL 현지인이 추천하는
로컬 맛집

PLAN 돈과 시간을 아끼는
최적의 스케줄

SOS 여행 중 발생하는
다양한 사고 대처법

✈ Taipei

followˆ

팔로우 시리즈는 여행의 새로운 시각과
즐거움을 추구하는 가이드북입니다.

2025-2026
NEW EDITION

follow
TAIPEI

장은정 지음

2

실시간 최신 정보 완벽 반영! 타이베이 실전 가이드북

Travelike

2025-2026
NEW EDITION

팔로우 타이베이

팔로우 타이베이

1판 1쇄 인쇄 2024년 11월 11일
1판 1쇄 발행 2024년 11월 22일

지은이 | 장은정
발행인 | 홍영태
발행처 | 트래블라이크
등 록 | 제2020-000176호(2020년 6월 24일)
주 소 | 03991 서울시 마포구 월드컵북로6길 3 이노베이스빌딩 7층
전 화 | (02)338-9449
팩 스 | (02)338-6543
대표메일 | bb@businessbooks.co.kr
홈페이지 | http://www.businessbooks.co.kr
블로그 | http://blog.naver.com/travelike1
ISBN 979-11-987272-5-1 14980
        979-11-982694-0-9 14980(세트)

비즈니스북스는 독자 여러분의 소중한 아이디어와 원고 투고를 기다리고 있습니다.
원고가 있으신 분은 ms3@businessbooks.co.kr로 간단한 개요와 취지, 연락처 등을 보내 주세요.

팔로우
타이베이

장은정 지음

Travelike

《팔로우 타이베이》
지도 QR코드 활용법

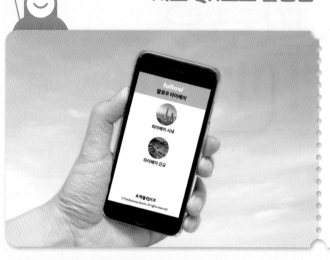

QR코드를 스캔하세요.
구글맵 앱 '메뉴-저장됨-
지도'로 들어가면 언제든지
열어볼 수 있습니다.

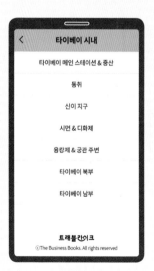

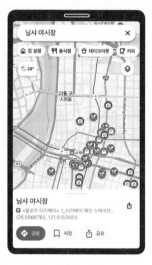

① 스마트폰으로 오른쪽 상단의 QR코드를
스캔합니다. 연결된 페이지에서 원하는
지역을 선택합니다.

② 선택한 지역의 지도로 페이지가 이동됩
니다. 화면 우측 상단에 있는 아이콘
을 클릭합니다.

③ 지도가 구글맵 앱으로 연동되고, 내 구
글 계정에 저장됩니다. 본문에 소개된
장소들의 위치를 확인할 수 있습니다.

《팔로우 타이베이》 본문 보는 법
HOW TO F⦿LLOW TAIPEI

타이베이의 핵심 여행지인 시내, 북부, 남부, 근교로 나누어 최신 정보를 중심으로 구성했습니다.
이 책에 실린 정보는 2024년 10월까지 수집한 자료를 바탕으로 하며 이후 변동될 가능성이 있습니다

- **관광 명소의 효율적인 동선**
  핵심 관광 명소와 연계한 주변 명소를 여행자의 동선에 가까운
  순서대로 안내했습니다. 핵심 볼거리는 '매력적인 테마 여행법'으로
  세분화하고 풍부한 읽을 거리, 사진, 지도 등과 함께 소개해 알찬
  여행이 가능하도록 했습니다.

- **일자별·테마별로 완벽한 추천 코스**
  추천 코스는 지역 특성에 맞게 일자별, 테마별로 다양하게
  안내합니다. 평균 소요 시간은 물론, 아침부터 저녁까지의
  동선과 추천 식당 및 카페, 꼭 기억해야 할 여행 팁을 꼼꼼하게
  기록했습니다. 어떻게 여행해야 할지 고민하는 초보 여행자를 위한
  맞춤 일정으로 참고하기 좋으며 효율적인 여행이 가능하도록
  도와줍니다.

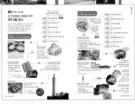

- **실패 없는 현지 맛집 정보**
  현지인의 단골 맛집부터 한국인의 입맛에 맞춘 대표 맛집, 인기
  카페 정보와 이용법, 대표 메뉴, 장단점 등을 한눈에 알아보기 쉽게
  정리했습니다. 타이완의 식문화를 다채롭게 파악할 수 있는
  지역별 특색 요리와 미식 정보도 다양하게 실었습니다.
  위치 해당 장소와 가까운 명소 또는 랜드마크
  유형 대표 맛집, 로컬 맛집, 신규 맛집 등으로 분류
  주메뉴 대표 메뉴나 인기 메뉴
  😊 😞 좋은 점과 아쉬운 점에 대한 작가의 견해

  우무 핫팟 ●무무구위웨
  沐牧鍋物 *MuMu Hot Pot*
  위치 타이베이당대예술관 옆
  유형 로컬 맛집
  주메뉴 핫팟
  😊 → 향신료 없는 깔끔한 1인 훠궈
  😞 → 디저트 종류가 제한적

- **한눈에 파악하는 상세 지도**
  관광 명소와 맛집, 상점, 쇼핑 정보의 위치를 한눈에 파악할 수 있는
  지역별 지도를 제공합니다. 효율적인 나만의 동선을 짤 수 있도록
  각 지역의 MRT 역과 주변 스폿 위치를 바로 알기 쉽게 표기했습니다.

지도에 사용한 기호						
관광 명소	맛집	카페	쇼핑	호텔	동물원	온천
공항	기차역	버스 터미널	케이블카	우라이 관광열차	페리 선착장	고속도로 번호

 ACCESS ❶

타이베이 입국하기

우리나라에서 타이베이까지는 직항 비행기로 약 2시간 40분 걸린다. 인천국제공항에서 출발하면
타오위안국제공항에 도착하며, 김포공항에서 출발하면 타이베이쑹산공항을 통해 입국한다. 타오위안국제공항보다
타이베이쑹산공항에서 타이베이 시내까지가 더 가까워 타이베이쑹산공항 입국 편 항공료가 더 비싸다.

● 타오위안국제공항
桃園國際機場 Taoyuan International Airport

매년 항공사별 터미널 이용이
조금씩 바뀌니 탑승 시 홈페이지를
통해 확인 필수!

타이완 최대 규모의 공항으로 타이베이 시내에서 약 40km 떨어진 타오위안시에
있다. 제1터미널과 제2터미널, 2개의 터미널로 구분되어 있으며, 2027년 완공
을 목표로 제3터미널 공사가 진행 중이다. 대한항공 · 진에어 · 이스타항공 등은
제1터미널, 아시아나항공 · 에바항공 등은 제2터미널을 이용한다. 타이완 국적
기인 중화항공은 제1 · 2터미널 모두 사용한다. 에바항공은 주로 제2터미널을 사
용하지만 공항 사정에 따라 제1터미널을 이용하기도 한다. 탑승 시 도착 터미널
을 꼭 확인할 것. 터미널 간 이동은 스카이 트레인을 이용하며 10분 정도 걸린다.

홈페이지 www.taoyuan-airport.com

● 타이베이쑹산공항
臺北松山機場 Taipei Songshan Airport

타이베이 시내에 있는 타이베이쑹산공항은 타오위안국제공항이 생긴 1979년 이전까지는 타이베이 유일의
국제공항이었다. 현재는 타이완 내 국내선과 한국, 일본, 중국, 홍콩 등을 오가는 국제선이 발착한다. 우리나
라의 경우 타이베이쑹산공항을 오가는 항공편은 김포국제공항에서 출발한다. 타이베이 시내에서 가까워 목
적지까지 빠르게 이동할 수 있다. 공항 규모가 작은 편이라 출입국 수속 시간도 짧다.

홈페이지 www.tsa.gov.tw

 남들보다 빠르게 입국하는 방법

타이완에서는 입국 심사를 간소화하기 위해 자동 출입국 시스템인 E-게이트E-gate를
시행하고 있다. 입국 신고서를 따로 작성하지 않아도 되며, 입국 심사대를 통한 대면 입국
심사를 거치지 않고 자동 출입국 게이트로 빠르게 입국할 수 있다.
E-게이트를 이용하려면 입국 심사대 앞 카운터에서 얼굴 사진 촬영, 지문 스캔, 여권 스캔
등을 완료하고 등록 절차를 거쳐야 한다. 등록이 완료되면 여권에 E-게이트 스탬프를
찍어준다. 이 스탬프가 있으면 다음 번 타이베이 입국 시 온라인 입국 신고서만 작성한 후
자동 출입국 게이트로 곧바로 입국할 수 있다. 단, 신규 여권을 발급받은 경우에는 새로
등록해야 한다.

주의 사항
❶ E-게이트를 등록했다 하더라도 온라인 입국 신고서는 별도로 작성해야 한다.
❷ 만 17세 미만, 키 140cm 미만인 경우는 대상에서 제외된다.

FOLLOW UP 공항 입국 과정 살펴보기

공항에 도착하면 입국 수속에 앞서 휴대 수하물의 X-선 검사가 진행된다. 작은 가방 하나까지도 꼼꼼히 검사하니 반입 금지 물품을 다시 한번 확인하도록 한다. E-게이트를 이용하면 입국 수속에 걸리는 시간을 많이 줄일 수 있다.

STEP ❶ 타이베이 도착 후 입국장 이동

타오위안국제공항 또는 타이베이쑹산공항 도착 후 '도착抵達Arrivals' → '이민국移民Immigration' 표지판을 따라 입국장으로 이동한다.

STEP ❷ 휴대 수하물 검사

휴대한 가방의 X-선 검사를 받는다. 전자 담배, 육가공품 등 반입 금지 물품 여부를 확인한다. 소지한 모든 물품에 대해 검사가 시행된다.

STEP ❸ 입국 심사대 통과

E-게이트를 신청한 경우 자동 출입국 심사대로 통과하고, 신청하지 않은 경우에는 입국 심사대에서 대면 입국 과정을 거친다.

STEP ❹ 수하물 수취 및 세관 심사

'수하물 수취대Baggage Claim' 번호를 확인하고 수하물을 찾는다. 세관신고 물품이 없으면 '면세 Nothing to Declare' 표지판을 따라 밖으로 나온다.

STEP ❺ 환전 및 데이터 구입

은행 환전소나 ATM에서 필요한 여행 경비를 환전한다. 통신사 부스에서 기간별, 통신사별 요금을 비교해 유심 · 이심을 구입하거나 한국에서 미리 예약한 데이터를 수령한다.

STEP ❻ 타이베이 시내로 이동

공항 철도, 공항버스, MRT, 택시 등을 이용해 시내로 이동한다. 타오위안국제공항에서 시내까지는 최소 36분, 타이베이쑹산공항에서 시내까지는 약 20분 소요된다.

입국 신고서 작성법

타이베이 입국 신고서 작성은 간단하다. 반드시 여권과 같은 영문 성과 이름을 기입하고, 내용은 모두 영문으로
작성해야 한다. 비자는 관광 목적으로 입국할 경우 해당 사항이 없으므로 공란으로 둔다.

入國登記表　ARRIVAL CARD

9 8 8 0 2 5 7 3 2 2

姓 Family Name ❶ 　　　 名 Given Name ❷

護照號碼 Passport No. ❶ 　 入境航班.船名 Flight / Vessel No. ❶

出生日期 Date of Birth 年Year ❸ 月Month 日Day 　 性別 Gender ❹ ☐男Male ☐女Female

國籍 Nationality ❶ 　 職業 Occupation ❶

簽證種類 Visa Type ☐外交 Diplomatic ☐免簽證 Visa-Exempt. ☐禮遇 Courtesy ☐落地 Landing ☐停留 Visitor ☐其他 Other

旅行目的 Purpose of visit ❶
☐1.商務 Business ☐2.求學 Study
☐3.觀光 Sightseeing ☐4.展覽 Exhibition
☐5.探親 Visit Relative
被探人姓名 Relative's Name:＿＿＿＿
被探人電話 Relative's Phone No.:＿＿＿＿
☐6.醫療 Medical Care ☐7.會議 Conference
☐8.就業 Employment ☐9.宗教 Religion
☐10.其他 Others

入出境證 / 簽證號碼 Entry Permit / Visa No. 　 居住地 Place of Residence ❺

預定出境日期 Intended Departure Date 年Year ❻ 月Month 日Day 　 出生地 Place of Birth ❼

公務用欄位 OFFICIAL USE ONLY

來臺住址或飯店名稱 Address or Hotel Name in Taiwan ❽

在臺聯絡電話或信箱 / Phone in Taiwan or E-mail ❾

旅客簽名 Signature ❿

歡迎光臨臺灣 WELCOME TO R.O.C (TAIWAN)
You may fill in this card or "Online Arrival Card" via the QR-CODE before immigration clearance.

---

❶ **Family Name** 영문 성　❷ **Given Name** 영문 이름

❸ **Date of Birth** 생년월일　❹ **Gender** 성별

❺ **Place of Residence** 실 거주지 주소(자세히 적지 않아도 된다)

❻ **Intended Depearture Date** 타이완 출국 날짜(연Year, 월Month, 일Day 순으로 칸에 맞게 기입)

❼ **Place of Birth** 출생지

❽ **Address or Hotel Name in Taiwan** 타이완 내 거주지 주소 또는 호텔 이름

❾ **Phone in Taiwan or E-mail** 타이완 전화번호 또는 이메일 주소

❿ **Signiture** 서명

⓫ **Passport No.** 여권 번호

⓬ **Flight / Vessel No.** 한국에서 타고 온 항공편명

⓭ **Natonality** 국적

⓮ **Occupation** 직업

⓯ **Purpose of Visit** 방문 목적(Sightseeing난에 체크)

종이 입국 신고서 대신 미리
온라인으로 입국 신고서를 작
성하는 방법도 있다. QR 링크
에 접속하면 한국어로 번역되
어 누구나 쉽게 작성할 수 있
다. 여권 내용과 동일한 정보
등을 해당 칸에 맞게 정확히
기입한 후 마지막에 'Confirm'을 클릭해 제출한다.
기입한 메일 주소로 완료 확인 메일을 보내준다.

온라인 입국 신고서
바로 가기

ACCESS ❷

타오위안국제공항에서 시내로 가기

타오위안국제공항에서 시내까지 가는 가장 빠른 방법은 공항 철도를 이용하는 것이다. 타이베이쑹산공항은 타이베이 도심과 가까워 MRT 쑹산지창松山機場역에서 타이베이 메인 스테이션까지 20분이면 도착한다.

공항 철도
Airport MRT

타오위안국제공항에서 타이베이 시내로 이동하는 가장 빠른 방법이다. 제2터미널을 기준으로 공항에서 출발해 시내까지 단 4개 역만 정차해 36분 만에 도착하는 직행열차直達車, Express와 12개 역에 정차하는 일반 열차로 구분된다. 티켓은 역내 자동판매기나 안내 데스크에서 구입한다. 케이케이데이Kkday, 클룩Klook, 마이리얼트립Myrealtrip 등 여행 플랫폼을 통해 미리 구입하고 타오위안국제공항 교환 데스크에서 실물로 교환하는 방법도 있다. 입국장에서 짐을 찾고 나와 'Taoyuan Airport MRT 桃園機場捷運' 표지판을 따라가면 탑승할 수 있다.
운행 제1터미널 06:07~23:22, 제2터미널 06:04~23:35
소요 시간 직행열차 36분, 일반 열차 50분(타이베이 메인 스테이션 기준)
배차 간격 15분 **요금** NT$150(이지카드 사용 가능)

싱글 티켓 NT$150
공항 철도 역내 자동판매기에서 구입한다. 탑승 시 개찰구에 카드처럼 태그하고, 하차 시 코인 구멍에 넣으면 차단기가 열린다.

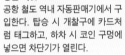

TIP
마스터, 비자, 유니온페이 등 국내에서 사용 가능한 신용카드(체크카드 포함)를 공항 철도에서 사용할 수 있다. 단, 콘택트리스(비접촉) 결제가 가능한 해외용 신용카드이며 교통 카드 기능이 있어야 한다.

공항버스
Airport BUS

'Bus to City客運巴士' 안내표지를 따라가면 버스 터미널이 나온다. 제1터미널은 입국장 지하 1층, 제2터미널은 입국장 밖 오른쪽 버스 정류장에서 탑승한다. 7개 회사에서 버스를 운행하는데, 여행자들이 가장 많이 이용하는 노선은 타이베이 메인 스테이션까지 가는 국광버스國光客運 1819번, 신이 지구로 이동하는 대유버스大有巴士 1960번이다. 특히 국광버스 1819번은 24시간 운행해 늦은 밤이나 이른 새벽에 공항에 도착하는 경우에도 이용할 수 있다.

● 공항버스 주요 노선

버스 회사	번호	운행	배차 간격	요금	소요 시간	경유지	종착역
국광버스	1819	24시간	15~20분	NT$135	50분~1시간	앰배서더 호텔 Ambassador Hotel	타이베이 메인 스테이션 台北車站
	1840	06:25~24:00	25분	NT$135	50분	싱텐궁行天宮	타이베이쑹산공항 台北松山機場
대유버스	1960	06:00~00:15	50~90분	NT$145	1시간	MRT 중샤오푸싱역	스정푸 버스 터미널 市府轉運站
	1961	07:30 11:35 15:35	1일 3회	NT$110	1시간	MRT 시먼역 MRT 타이베이 메인 스테이션	타이베이시립병원 화평점 臺北市立聯合醫院和平

타이베이 MRT 노선도

R 레드 라인
단수이-신이선 淡水信義線 Tamsui-Xinyi Line

BL 블루 라인
반난선 板南線 Bannan Line

G 그린 라인
쑹산-신뎬선 松山新店線 Songshan-Xindian Line

BR 브라운 라인
원후선 文湖線 Wenhu Line

순환선 循環線 Circular Line

오렌지 라인
중허-신루 라인 中和新蘆線 Zhonghe-Xinlu Line

공항 철도
타오위안공항철도 桃園機場捷運 Taoyuan Airport MRT

타이베이 대중교통 여행의 필수품
각종 교통 패스 알아보기

타이베이 여행을 준비할 때 한 번쯤 들어봤을 이지카드는 대중교통으로 타이베이를 여행할 때 없어서는 안 될 필수품이다. 그 밖에 MRT를 무제한으로 탑승할 수 있는 '타이베이 메트로 트래블 패스'와 대중교통과 주요 관광지 입장권 등이 포함된 '타이베이 펀 패스' 등이 있다. 여행 스타일과 일정에 따라 꼼꼼히 비교해보고 선택하자.

❶ 이지카드 Easy Card 悠遊卡

MRT, 버스, 공항 철도, 공항버스, 일반 기차, 마오콩 곤돌라, 유바이크, 페리 등 고속열차와 택시를 제외한 거의 모든 교통수단을 이용할 수 있는 카드. 그뿐만 아니라 패밀리마트, 세븐일레븐 등 편의점과 까르푸, 백화점 푸드 코트, 타이베이 101 푸드 코트, 스타벅스, 청핀서점 등에서도 현금처럼 사용할 수 있다. MRT 역내 안내 창구나 자동판매기, 편의점에서 충전되지 않은 카드를 NT$100에 판매한다. MRT 역내 충전기, 안내 창구 등에서 현금을 내고 충전할 수 있다. 충전 후 잔액은 환불받을 수 있지만, 카드를 살 때 지불한 NT$100는 환불이 안 된다. 또한 잔액을 환불받은 카드는 더 이상 사용할 수 없다.

이지 월렛 Easy Wallet

이지카드 뒷면의 번호를 입력하면 사용 내역과 잔액을 확인할 수 있는 앱. 다만 중국어만 사용하는 점이 아쉽다.

TIP

시내 편의점이나 청핀서점에서는 열쇠 고리 형태의 귀여운 이지카드를 판매한다. 좀 비싸지만 기념품으로 구매하는 것도 좋다. 가격은 NT$200부터.

❷ 타이베이 메트로 트래블 패스 Taipei Metro Travel Pass

정해진 시간 동안 타이베이의 MRT를 무제한 탈 수 있는 패스로 1일권, 2일권, 3일권, 5일권이 있다. 공항을 제외한 모든 MRT 역에서 구입할 수 있다. 타이베이 근교나 타이완의 지방 도시로 이동할 때는 이지카드보다 일정에 맞는 패스를 구입하는 것이 더 경제적일 수 있다.

요금 1일권(24시간) NT$180, 2일권(48시간) NT$280, 3일권(72시간) NT$380, 5일권(120시간) NT$700

❸ 타이베이 펀 패스 Taipei Fun Pass

주요 관광지 입장권과 교통 카드 기능을 합친 패스. 정해진 기간 동안 타이베이의 MRT와 버스, 스펀 일반 열차 TRA, 핑시선 열차를 무제한 이용할 수 있으며 주요 관광 명소 입장권이 포함되어 있다. 가격이 저렴하지 않으므로 여행 일정에 잘 맞는지 꼼꼼하게 따져보고 구입한다.

주의 사용 당일 자정까지를 1일로 계산한다. 1일권을 오전 10시에 개시했다면 그날 자정에 사용이 만료된다.

홈페이지 funpass.travel.taipei **요금** 1일권 NT$1500, 2일권 NT$1800, 3일권 NT$2200

✔ **타이베이 펀 패스로 입장 또는 이용 가능한 주요 관광지 및 시설**

타이베이 101 전망대, 국립고궁박물원, 타이베이시립동물원, 마오콩 곤돌라 왕복, 미라마 엔터테인먼트 파크 대관람차, 타이베이어린이공원, 수진박물관, 허핑다오공원, 국립타이완박물관, 타이베이당대예술관, 황금박물관, 임본원원저, 타이베이시립미술관 등

 ACCESS ❸

타이베이 시내 교통

타이베이는 대중교통 시스템이 잘 갖춰져 있어 여행하기 편리한 도시다. MRT와 버스를 잘 활용하면 타이베이 시내는 물론 근교까지 못 갈 곳이 없으며 요금도 저렴한 편이다. 환승 시스템, 시민들의 대중교통 질서 의식, 청결도 등 모든 면에서 우수하다.

가장 빠른 교통수단
MRT 捷運 🔊 지에원

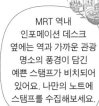

타이베이의 지하철은 'Metro Rapid Transit system'의 앞 글자를 따서 MRT, 한자로는 민첩한 교통수단이라는 뜻의 '지에원捷運'이라 부른다. 이름 그대로 타이베이 곳곳을 빠르고 촘촘하게 연결한다. 총 12개 노선을 운행하는데 그중 여행자들이 주로 이용하는 노선은 레드, 블루, 오렌지, 그린, 브라운 라인 등 5개 노선과 퍼플 라인인 공항 철도다. 이 노선만 잘 활용하면 타이베이 시내의 웬만한 곳은 다 갈 수 있다. 타이베이 인근 신베이까지 확장되어 지하철로 갈 수 있는 곳이 점점 더 많아지고 있다.

기본 요금 NT$20부터

> MRT 역내 인포메이션 데스크 옆에는 역과 가까운 관광 명소의 풍경이 담긴 예쁜 스탬프가 비치되어 있어요. 나만의 노트에 스탬프를 수집해보세요.

이지카드 충전기

MRT보다 더 촘촘한 노선
시내버스 公車 🔊 꽁쳐

MRT로 갈 수 없는 관광지까지 촘촘하게 연결하는 시내버스. 구글맵을 잘 활용하면 MRT보다 더 편리하게 이용할 수 있는 교통수단이다. 타이베이 버스는 전광판이나 차내 모니터를 통해 이번 정차 정류장, 다음 정류장, 그다음 정류장까지 안내한다. 또 영어 안내 방송은 물론 일부 버스에서는 한국어 안내 방송을 해 초보 여행자도 별 어려움 없이 버스 여행을 즐길 수 있다. 간혹 안내 방송이 나오지 않거나 전광판이 없는 버스를 타게 된 경우에는 운전기사에게 구글맵이나 주소를 보여주고, 내려야 할 정류장을 알려달라고 부탁한다. 대부분의 운전기사가 친절하게 안내한다. 그래도 가장 안전한 방법은 구글맵의 이동 경로를 켜두고 내려야 할 곳을 체크하는 것이다.

기본 요금 NT$15부터(거리에 따라 요금 추가), 이지카드 이용 시 버스-MRT 간 1시간 이내 환승 할인 적용, 버스 간 환승 할인

> 이지카드로 버스 탑승 시 탈 때는 물론 내릴 때도 카드를 단말기에 태그해야 해요. 현금을 내고 탑승할 경우 잔돈은 거슬러 받지 못하니 동전을 준비하세요.

FOLLOW UP

여행 매너의 첫걸음!
꼭 지켜야 할 MRT 이용 에티켓

"로마에 가면 로마법을 따르라"라는 말이 있듯이 타이베이 MRT 이용 시 우리나라 지하철과 다른 점을 미리 알아두면 당황하는 일 없이 여행을 즐길 수 있다.

> 음식을 먹는 것은 안 되지만, 잘 포장된 음식을 들고 탑승하는 것은 괜찮아요.

Follow Me ① 물도 마시면 안 돼요

타이베이의 MRT는 세계에서 가장 깨끗하다 해도 과언이 아니다. MRT 내부와 승강장에서는 물을 비롯한 음료수, 껌, 사탕 등 그 어떤 음식도 먹어선 안 된다. 엄격하게 단속할 뿐만 아니라 시민 의식이 매우 높아 MRT 내에서 음식을 먹는 사람은 거의 볼 수 없다. 간혹 여행자로 보이는 사람들이 실수로 음식을 먹기도 하는데 처음에는 경고로 끝날 수 있지만 반복될 경우 최대 NT$7500에 달하는 벌금을 물게 되니 조심해야 한다.

Follow Me ② 남색 좌석은 비워두세요

MRT 내부에는 하늘색과 남색 두 가지 색상의 의자가 설치되어 있다. 하늘색은 일반 좌석, 남색은 임산부·환자·노인 등을 위한 노약자석이다. 우리나라와 다른 점은 노약자석이 맨 끝에 있는 것이 아니라 일반 좌석과 섞여 있다는 것이다. 남색 좌석에 앉으면 타이베이 시민들로부터 따가운 눈총을 받게 될지도 모르니 주의할 것.

Follow Me ③
에스컬레이터에서는 오른쪽에 서세요

MRT뿐 아니라 백화점, 마트 등의 에스컬레이터 이용 시 왼쪽은 걸어서 이동하는 사람을 위해 비워두고 오른쪽에 서 있어야 하는 것을 꼭 기억하자.

Follow Me ④ 마스크를 준비하세요

타이베이 시민들은 코로나19 이전부터 마스크를 습관적으로 착용했다. 2003년 사스 대유행으로 가슴 아픈 일을 겪은 이후 생긴 현상이다. 현재도 상점에서 점원들이 마스크를 착용하고 MRT에서 시민들이 마스크를 착용한다. MRT 탑승 시 기침을 하거나 감기 증상이 있으면 마스크를 착용하는 것이 좋다.

택시 計程車 ◀ 지청처

부모님이나 어린아이와 동반할 때, 또는 짐이 많거나 대중교통 이용이 어려운 장소에 갈 때는 택시만큼 훌륭한 교통수단이 없다. 타이베이의 택시 요금은 우리나라보다 약간 저렴하다. 일부러 길을 돌아서 가거나 바가지를 씌우는 일도 거의 없어 안심하고 이용할 수 있다. 공항이나 기차역 등에는 지정 승차장이 따로 있는 경우도 있지만, 대부분 길가에서 택시를 잡아탄다. 앞 유리 전광판에 빈 차를 뜻하는 '空車(콩처)'라고 표시된 차가 보이면 손을 들어 탑승 의사를 표시한다. 중국어로 목적지를 말하는 것이 어렵다면 구글맵의 주소를 기사에게 보여주거나 주소가 적힌 종이를 보여준다.
기본요금 NT$85(1.25km), 이후 200m 또는 1분마다 NT$5씩 추가, 23:00~06:00에는 심야 할증 요금이 적용되어 기본요금 NT$105

도심 곳곳을 두 바퀴로

유바이크 You Bike

타이베이는 강변뿐 아니라 도심에도 자전거 전용 도로가 잘 정비된 자전거 타기 좋은 도시다. 여행자도 타이완 전역에서 이용할 수 있는 공공 자전거 유바이크를 타고 도심 곳곳을 누빌 수 있다. 자전거를 타고 타이베이 도심과 단수이강 변, 신뎬강 변 등의 아름다운 경치를 감상하며 달려보자.
요금 최초 30분 무료 / 4시간 이내 30분마다 NT$10 / 4시간 이상~8시간 미만 30분마다 NT$20 / 8시간 이상 30분마다 NT$80

구글맵을 내비게이션으로 이용하려면 휴대전화 거치대가 필요해요. 유바이크에는 휴대전화 거치대가 없으니 미리 준비해 가세요.

자전거 타기 좋은 도로

❶ 타이베이 강변 자전거 도로
단수이강, 지룽강, 신뎬강을 따라 총 112km의 자전거 도로가 조성되어 있다. 한적한 강변 풍경을 바라보며 자전거를 탈 수 있으며, 28개의 공원과 연결되어 있어 어느 공원에서든 쉬어 갈 수 있는 것도 장점이다.

❷ 단수이 강변 자전거 도로
MRT 단수이역부터 워런마터우까지 이어지는 산책로와 자전거 도로는 풍경이 아름답기로 유명하다. 또한 단수이에서 배를 타고 가는 빠리ㅅ뽀는 자전거 타기에 최적이다. 유바이크는 빠리 선착장 근처에서 대여할 수 있다.

❸ 신뎬강 변 자전거 도로
타이베이 남쪽의 신뎬강 주변에 조성된 자전거 도로다. 벚꽃이 만개하는 2~3월에는 벚꽃잎이 흩날리는 도로에서 벚꽃 라이딩을 즐길 수 있다. 자전거 도로 중 한적한 편이다.

 **ACCESS ④**

타이베이 시외 교통

타이베이는 시내뿐 아니라 시외 교통 시스템도 매우 잘되어 있고 운행 횟수도 많은 편이다. 지우펀, 타이루거, 지롱, 잉거 등 근교 도시 여행을 계획했다면 시외버스, 기차 등을 이용한다. 고속열차 외에 일반 열차와 시외버스는 예약 없이 탑승할 수 있다.

일반 열차 台鐵 TRA

우리나라의 새마을호, 무궁화호 같은 등급의 열차. 지우펀(루이팡), 스펀, 타이루거(화롄), 지롱, 잉거 등 타이베이 근교 도시로 이동할 때 이용한다. 열차 등급에 따라 즈창하오自強號, 쥐광하오莒光號, 취지엔처區間車로 분류된다. 좌석을 지정하는 즈창하오를 제외하고 이지카드로 요금을 낼 수 있다. 역사 내 모니터를 통해 목적지와 플랫폼, 차량 번호 등을 확인하고 해당 플랫폼에서 탑승한다.

고속열차 高鐵 HSR

우리나라의 KTX, SRT와 같은 등급의 열차. 일본의 신칸센을 그대로 들여온 것이다. 타이베이 근교의 타오위안이나 타이완 남부의 타이중·타이난·가오슝 등 지방 도시를 빠르게 연결한다. 홈페이지나 고속철도 앱을 통해 예약 후 이용할 것을 추천한다.

홈페이지 고속철도 www.thsrc.com.tw
일반 열차 www.railway.gov.tw

 MRT와 달리 기차에서는 음식을 먹을 수 있으니 역내 편의점이나 도시락 전문점에서 다양한 도시락 중 선택해 기차 여행을 하며 먹는 것도 좋아요.

시외버스 城際巴士

타이베이 근교 도시로 이동할 때 가장 편하고 저렴하게 이용할 수 있는 교통수단이다. 타이베이 시내에는 타이베이 버스 터미널과 스정푸 터미널, 두 곳의 버스 터미널이 있다. 이용 방법은 우리나라의 버스 터미널과 크게 다르지 않다. 목적지가 쓰여 있는 창구에서 티켓을 구입하고 해당 플랫폼에서 탑승하면 된다. 대부분의 노선에서 이지카드 사용이 가능하다.

● **타이베이 버스 터미널** 台北轉運站
위치 타이베이 메인 스테이션 Y1번 출구 바로 앞
구글맵 타이베이 버스 스테이션
운영 05:00~01:00

● **스정푸 버스 터미널** 市府轉運站
위치 MRT 스정푸역 2번 출구 연결
구글맵 taipei city hall bus station
운영 05:00~01:00

한눈에 보는 **타이베이**

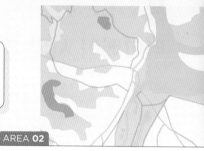

AREA 01

타이베이 메인 스테이션 & 중산 주변 ▶ P.018

타이베이의 교통 허브이자 관광 허브인 지역.
여행 중 한 번쯤 들르게 되는 타이베이의 중심이다.

타이베이 메인 스테이션 ············

🏛 관광 ★★★★★
🍴 미식 ★★★★★
🛍 쇼핑 ★★★★☆
🍸 나이트라이프 ★★★★☆

중산 ···················

🏛 관광 ★★★★★
🍴 미식 ★★★★★
🛍 쇼핑 ★★★★☆
🍸 나이트라이프 ★★★★☆

AREA 02

동취 ▶ P.042

유명 브랜드 매장, 미슐랭 식당, 힙한 카페와
술집 등이 모여 있는 다채로운 매력을 지닌 지역.
타이베이 젊은이들이 특히 사랑하는 동네다.

🏛 관광 ★★★☆☆
🍴 미식 ★★★★★
🛍 쇼핑 ★★★★★
🍸 나이트라이프 ★★★☆☆

AREA 03

신이지구 ▶ P.062

대기업 및 중소기업 본사와 고급
아파트가 모여 있는 타이베이의 고급
상권. 유명 브랜드 매장과 백화점 등이
밀집한 타이베이 최고의 번화가다.

🏛 관광 ★★★★★
🍴 미식 ★★★★★
🛍 쇼핑 ★★★★★
🍸 나이트라이프 ★★★★★

AREA 04

시먼 & 디화제 ▶ P.076

옛 타이베이의 모습을 간직한 동네와
활기차고 시끌벅적한 동네가 공존하는
곳. 서로 다른 지역이 만나 색다르고
재미있는 분위기를 형성한다.

시먼 ·····················

🏛 관광 ★★★★☆
🍴 미식 ★★★★★
🛍 쇼핑 ★★★☆☆
🍸 나이트라이프 ★★★★☆

디화제 ·····················

🏛 관광 ★★★★☆
🍴 미식 ★★★★☆
🛍 쇼핑 ★★★☆☆
🍸 나이트라이프 ★★☆☆☆

AREA 05

융캉제 & 궁관 주변 ▶ P.096

유명 식당과 상점이 많은 융캉제,
타이베이의 핵심 볼거리 중 하나인
국립중정기념당 등이 자리한 지역.
한국인이 좋아하는 식당과 제과점
등이 모여 있어 찾는 사람이 많다.

🏛 관광 ★★★☆☆
🍴 미식 ★★★★★
🛍 쇼핑 ★★★★★
🍸 나이트라이프 ★☆☆☆☆

AREA 07

임본원원저
(임가화원)
●

○반차오역

○푸중역

타이베이
어린이공원

● 국립고궁박물원

○ 스린역

○ 젠탄역

● 미라마 엔터테인먼트 파크

단수이강
淡水河

○ 위안산역

타이베이
시립미술관
●

✈ 타이베이
쑹산공항

AREA 06

○ 민취안시루역

● 행천궁

○ 쑹장난징역

디화제 ●
닝샤 야시장 ●

○ 쌍롄역

● 타이베이
음악 센터

○ 중산역

○ 쑹산난징역

○ 난징푸싱역

○ 난징싼민역

● 라오허제 야시장

○ 쿤양역

베이먼역 ○

타이베이 메인
스테이션

화산 1914
문화창의원구

○ 귀푸지녠관역

송산문창원구 ●

AREA 04

AREA 01

AREA 02

○ 스정푸역

AREA 03

○ 시먼역

○ 타이다이위안역

중샤오신성역 ○

중샤오
푸싱역
○

중샤오
둔화역
○

● 국립국부기념관

제 야시장

● 룽산쓰
룽산쓰역 ●

● 국립중정기념당

○ 동먼역

○ 다안썬린궁위안역

● 타이베이 101

○ 샹산역

타이베이 101
/스마오역 ○

AREA 05

● 스다 야시장

○ 커지다러우역

● 샹산

타이뎬다러우역 ○

● 국립타이완대학교

○ 궁관역

● 보장암국제예술촌

타이베이
시립동물원

AREA 07

동우위안역 ○

3

둥우위안난역

● 마오콩

AREA 07

타이베이남부 ➡ P.138

타이베이 남쪽의 반차오, 신뎬 등 여유롭고
한적한 분위기가 느껴지는 지역이다. 복잡한
타이베이 도심을 벗어나 좀 더 특별한 타이베이를
만나고 싶다면 추천하고 싶은 곳이다.

📷 관광 ★★★★☆   🍽 미식 ★★☆☆☆
🛍 쇼핑 ★★☆☆☆   🍸 나이트라이프 ★★☆☆☆

● 국립정치대학교
다셴도서관

○ 즈난궁역

○ 마오콩역

● 은하동

AREA 06

타이베이북부 ➡ P.116

타이베이 북쪽의 여러 지역을
아우른다. 국립고궁박물원,
스린 야시장 등 타이베이를
방문하는 여행자들이 빠짐없이
들르는 필수 명소가 모여 있다.

📷 관광 ★★★★★
🍽 미식 ★★★☆☆
🛍 쇼핑 ★★★☆☆
🍸 나이트라이프 ★★★★☆

타이베이 메인 스테이션&중산

누구나 한 번쯤 들르는 곳

타이베이 메인 스테이션 台北車站 & 중산 中山

🔊 타이베이처잔 & 쭝샨

타이베이 중심에 해당하는 타이베이 메인 스테이션과 MRT 중산역 주변은 타이베이 여행자라면 반드시 들르게 된다. 타이완타오위안국제공항과 타이베이 시내, 그리고 타이베이 시내와 시외 곳곳을 연결하는 교통 허브이면서 주요 호텔과 박물관, 식당, 카페, 쇼핑 스폿 등 관광 인프라가 모여 있기 때문이다. 타이베이 메인 스테이션과 MRT 중산역 주변만 돌아보는 데에도 1박 2일이 짧게 느껴질 정도다. 특히 타이베이 여행이 처음이라면 이곳에 있는 숙소를 예약하는 것이 좋다.

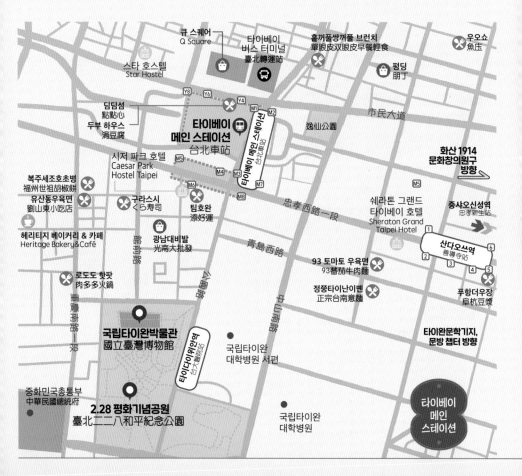

Access

MRT 역과 연결되는 주요 관광 명소

◆ **MRT 타이베이 메인 스테이션**台北車站
국립타이완박물관, 2.28 평화기념공원

◆ **MRT 중산**中山역
중산 거리, 타이베이당대예술관, 타이베이 필름 하우스

◆ **MRT 중샤오신성**忠孝新生역
화산 1914 문화창의원구, 문방 챕터, 타이완문학기지

◆ **MRT 쌍롄**雙連역 닝샤 야시장

◆ **MRT 민취안시루**民權西路역 타이베이아이

◆ **MRT 타이다이위안**台大醫院역
국립타이완박물관, 2.28 평화기념공원

Course A

**타이베이 메인 스테이션 인근
핵심 하루 코스**

국립타이완박물관 ➡ 도보 6분 ➡
2.28 평화기념공원 ➡ MRT 4분 ➡ 중산 거리 ➡
MRT+도보 18분 ➡ 화산 1914 문화창의원구 ➡
MRT+도보 25분 ➡ 타이베이아이

타이베이아이
TaipeiEye

錦州街

Course B

중산 반일 코스

타이베이당대예술관 ➡ 도보 10분 ➡ 타이베이 필름
하우스 ➡ MRT+도보 21분 ➡ 문방 챕터 ➡ 도보 4분 ➡
타이완문학기지 ➡ MRT+도보 23분 ➡ 닝샤 야시장

닝샤 야시장
방향

민취안시루역
民權西路站

民生西路

빙짠
冰讚

쌍롄역
雙連站

建成公園

南京西路

커피 덤보
登波咖啡

보보상점
卜卜商店

心中山線形公園

샤모니
Chamonix

참 빌라(B2)
Charm Villa

리젠트 타이베이
Regent Taipei

우라오궈
無老鍋

웨어프랙티스 랩
wearPractice : Lab.

中山北路一段

康樂公園

타이베이 필름 하우스
台北之家

중산역
中山站

청핀생활 난시점
誠品生活南西

南京東路一段

쑹장난징역
松江南京站

무무 핫팟
沐牧鍋物

타이베이당대예술관
台北當代藝術館

長安西路

중산

⑴ 타이베이 메인 스테이션 🔊 타이베이처짠
台北車站 *Taipei Main Station*

여행의 시작과 끝

타이베이의 중심 역할을 하는 타이베이 메인 스테이션은 지하철인 MRT와 전국을 연결하는 기차(TRA), 고속 열차(HSR), 공항 철도, 근교를 왕복하는 버스 등이 모두 모이는 곳이다. 타이베이 시내를 여행하면 의도하지 않더라도 한 번쯤 들르게 되는 곳으로, 각종 투어의 시작과 끝 지점이기도 하다. 이제 막 타이베이에 도착한 여행자들의 설렘 가득한 표정과 여행을 끝내고 돌아가는 이들의 아쉬움이 교차하는 곳이다.

교통수단별로 층을 나누어 편의성을 높였고 안내표지도 매우 잘 갖춰져 있지만, 지하는 잠시라도 한눈을 팔면 길을 잃기 십상이다. M, Z, Y로 구분된 지하철 출구와 지하상가 출구의 개수만 무려 46개다. 타이베이 메인 스테이션 본건물의 지상 출구와 공항 철도 출구, MRT 쐉롄역까지 이어지는 중산 메트로 몰Zhongshan Metro Mall 출구까지 합치면 거의 70개의 출구가 넓게 퍼져 있다. 또한 셀 수 없이 많은 음식점과 상점이 여행자의 발걸음을 붙잡는 통에 출구가 갑자기 눈앞에서 사라져버리는 것 같을 때도 있다. 따라서 목적지 근처의 출구 번호를 기억해야 한다. 타이베이 메인 스테이션에 처음 가보는 것이라면 더더욱 그렇다.

복잡함 속에 규칙이 있다
타이베이 메인 스테이션 파헤치기

타이베이 메인 스테이션 지하는 크기가 엄청날 뿐 아니라 출구 개수도 많아서 찾기 어렵게 느껴질 수 있지만 몇 가지 규칙만 이해하면 그리 까다롭지 않다. 출구 번호에 붙은 알파벳 M, Z, Y는 M존, Z존, Y존으로 나뉜 구역을 나타내는 것이다. 안내표지를 보고 내가 가려는 곳으로 나 있는 출구를 찾아가면 된다. 처음에는 숫자보다는 알파벳에 따라 나뉜 구역을 찾는 것에 집중할 것. 그런 다음 출구 번호를 찾아서 가는 것이 더 쉽다. 지하가 너무 복잡해 일단 밖으로 나가서 길을 찾고 싶을 때는 'TRA Ticket'이라 쓰인 안내표지를 따라가면 밖으로 나가는 통로가 나온다.

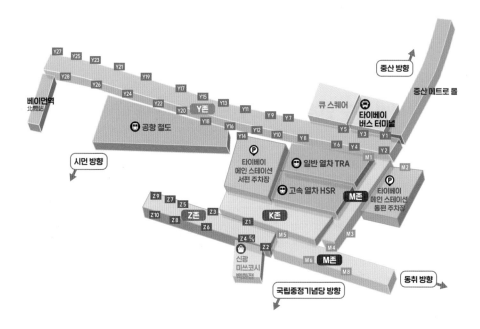

 지하층에서 건물 밖으로 나가는 출구는 모두 지하 1층에 있습니다. MRT, 고속열차, 공항 철도 등을 타고 타이베이 메인 스테이션에 도착했다면, 일단 지하 1층으로 이동하여 출구를 찾으세요.

✅ **Check!**

타이베이 메인 스테이션 2층, 브리즈 고메 Breeze Gourmet

브리즈 센터Breeze Center에서 운영하는 엄청난 규모의 식당가. 타이베이 메인 스테이션 1층 일부와 2층 전체를 사용한다. 1층 광장 주변에는 빵, 과자, 도시락, 디저트 등을 파는 상점들이 있고, 2층에는 중식, 한식, 일식, 양식을 취급하는 다양한 음식점과 푸드 코트가 있어 선택의 폭이 매우 넓다.

● 타이베이 메인 스테이션의 층별 안내

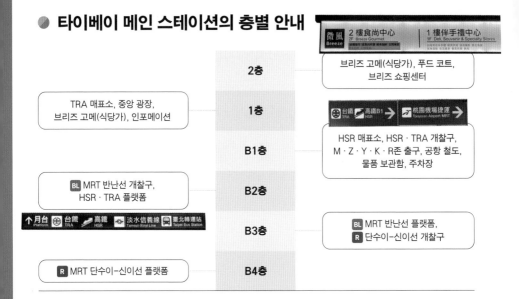

2층	브리즈 고메(식당가), 푸드 코트, 브리즈 쇼핑센터
TRA 매표소, 중앙 광장, 브리즈 고메(식당가), 인포메이션	**1층**
	B1층	HSR 매표소, HSR · TRA 개찰구, M · Z · Y · K · R존 출구, 공항 철도, 물품 보관함, 주차장
BL MRT 반난선 개찰구, HSR · TRA 플랫폼	**B2층**
	B3층	**BL** MRT 반난선 플랫폼, **R** 단수이-신이선 개찰구
R MRT 단수이-신이선 플랫폼	**B4층**

● 각 구역별 출구 번호와 주요 랜드마크 한눈에 이해하기

M M존(M1~M8)

M1 · M2번 출구는 다른 출구와 멀리 떨어져 있으니 주의할 것.

M3 코스모스 호텔(1권 P.101)

M6 팀호완(P.038), 시저 파크 호텔(1권 P.101)

M8 우라이 방면 버스 정류장(P.174), 타이완 유스호스텔(1권 P.101)

Z Z존(Z1~Z10)

타이베이 메인 스테이션 건물 앞 큰길에 양쪽으로 출구가 있다. 맛집과 호텔, 상점 등이 모여 있는 역 주변 핵심 상권이다. 지하에서 Z존 출구를 찾는 가장 쉬운 방법은 'Shin Kong Mitukoshi(신광 미쓰코시 백화점)' 또는 'Zhongxiao W. Rd(중샤오 웨스트 로드)' 안내표지를 따라가는 것이다. 그러다 보면 어느새 Z존에 닿는다.

Z2 시저 파크 호텔(1권 P.101), 구라스시(P.033)

Z4 신광 미쓰코시 백화점, 호텔 릴랙스(1권 P.101) ※엘리베이터 있음

Z6 유산동우육면(P.030)

Z10 로도도 핫팟(P.035), 복주세조호초병(P.036), 헤리티지 베이커리 & 카페(P.037), 국립타이완박물관(P.028), 포쉬패커 호텔(1권 P.101)

Z존에서 짝수 번호 출구는 Z4를 제외하고는 모두 계단으로 되어 있기 때문에 일단 Z4에서 엘리베이터를 타고 지상으로 올라가 이동하는 것이 편해요.

Y존(Y1~Y28)

타이베이 메인 스테이션 뒤편으로 연결되는 출구가 모여 있는 구역으로 중산 메트로 몰부터 MRT 베이먼北門역까지 길게 이어져 있다. 공항 철도와 가장 가까운 구역이다.

Y1~Y12 애니메이션 · 게임 관련 캐릭터 숍과 코스튬 숍이 몰려 있음

Y3 · Y5 큐 스퀘어(P.039), 팔레 드 쉰 호텔, 타이베이 버스 터미널(P.015)

Y13 카리 도넛(P.054), 스타 호스텔(1권 P.101)

Y16 · Y18 공항 철도 연결 통로(이 출구를 통해 Y구역으로 이동 후 출구 번호를 찾으면 쉽다.)

 K존(K1~K12)

지하상가 구역으로 해당 번호는 에스컬레이터 번호다. 도시락, 샌드위치, 빵 등 간단하고 저렴한 음식을 파는 상점이 많다.

 R존(R1~R11)

M1 · M2번 출구부터 MRT 중산역과 솽롄역까지 중산 거리를 관통하는 지역의 지하상가인 중산 메트로 몰과 연결되는 구역이다. R 2 · 6 · 8 · 11번 출구는 비상시에만 개방한다.

 TRA 일반 열차 台鐵

※매표소는 지상 1층, 개찰구는 지하 1층, 플랫폼은 지하 2층에 위치
타이베이 근교 도시 이란 · 지롱 · 루이팡(핑시선) · 화롄(타이루거) · 잉거행
지방 도시 타이중 · 타이난 · 가오슝행 등

 HSR 고속열차 高鐵

※매표소와 개찰구는 지하 1층, 플랫폼은 지하 2층에 위치
반차오 · 난강 · 신주 · 타오위안 · 타이중 · 타이난 · 가오슝행 등

 공항 철도

타이베이 시내 각지에서 타이완타오위안국제공항을 오가는 열차. 일반 열차와 직행열차로 나뉘며 가격은 NT$150로 동일하다.

⑫ 화산 1914 문화창의원구 ◀ 화샨 이지우이쓰 원화창이위엔취
華山 1914 文化創意園區 *Huashan 1914 Creative Park*

버려진 양조장의 화려한 변신

본디 이곳은 1914년에 지어 1920년대에 가장 번성한 양조장이었다. 그러나 세월이 흐르며 점점 쇠퇴해 1987년에 문을 닫았고 그 뒤로 20년 가까이 흉물스럽게 방치되었다. 버려진 양조장에 새로운 숨결을 불어넣은 것은 타이베이 시 정부로, 2007년 양조장의 흔적을 없애고 완전히 새로운 문화예술 공간으로 탄생시켰다. 술을 만들던 증류소는 공연장이 되었고 술 저장고는 전시장이 되었다. 그 밖에도 영화관, 서점, 잡화점, 카페, 펍, 식당 등 다양한 공간이 한곳에 모여 있어 타이베이를 찾는 여행자들에게 꼭 방문해야 할 곳으로 꼽힌다.

제법 커다란 양조장을 리뉴얼한 것이라 규모가 꽤 큰 편이다. 갤러리, 전시장, 공연장, 어린이예술극장, 야외극장 등 공연과 전시 공간이 여기저기 흩어져 있을 뿐 아니라 수시로 위치가 바뀐다. 따라서 인포메이션에서 지도를 받아 미리 위치를 확인하고 둘러보는 것이 효과적이다. 비정기적으로 팝업 스토어가 열리고 주말이면 야외 공연이나 플리마켓이 열리기도 하니 홈페이지에서 미리 스케줄을 파악하고 방문하는 게 좋다.

구글맵 화산 1914 **가는 방법** MRT 중샤오신성역 1번 출구에서 도보 5분
운영 건물마다 운영 시간이 다르므로 인포메이션에서 확인할 것 **홈페이지** www.huashan1914.com

TRAVEL TALK

가치의 재발견　타이완은 오래된 것을 함부로 버리거나 없애지 않습니다. 오히려 어떻게 하면 그것을 더 좋은 것으로 바꿀 수 있을까 끊임없이 연구하죠. 오래된 건물에 예술과 문화를 입혀 새로운 문화 공간으로 탈바꿈시키는 작업은 타이베이의 화산 1914 문화창의원구와 송산문창원구뿐 아니라 타이중, 타이난, 가오슝 등 지방 도시에서도 활발하게 이루어지고 있습니다. 오래된 것에 새로운 의미를 부여해 더 큰 가치를 창출하는 것, 타이완이 가장 잘하는 일 중 하나랍니다.

⓪⓷ 중산 🔊 쭝산
中山 Zhongsan

> MRT 중산역 4번 출구에서 쌍롄역에 이르는 길 양쪽으로 난 골목마다 예쁜 카페와 잡화점, 옷 가게 등이 많아요. 나만의 아지트를 만들어 보는 재미를 즐겨보세요.

천천히 걷고 싶은 거리

타이베이 메인 스테이션에서 불과 한 정거장 떨어져 있을 뿐인데 분위기는 사뭇 다르다. 5성급 호텔과 백화점, 명품 숍이 모여 있어 고급스럽게 느껴진다. 건물 사이사이로 난 골목에는 예쁜 카페와 식당, 세련된 인테리어의 미용실 등이 자리해 있고, MRT 중산역 1번 출구 앞 공원에서는 주말마다 플리마켓이 열린다. 골목마다 자리한 보물 같은 상점을 발견하는 것도 재미있고, 예쁜 카페에 앉아 쉬면서 지나가는 사람들을 구경하며 것도 좋다. 유명 관광지를 다니기보다 구석구석 골목 거니는 것을 더 좋아하는 사람에게 추천하고 싶은 곳이다.

구글맵 Zhongshan
가는 방법 MRT 중산역과 MRT 쌍롄역 일대

⓪⓸ 타이베이당대예술관 🔊 타이베이 땅따이 이수관
台北當代藝術館 Museum of Contemporary Art Taipei

미술관이 된 초등학교

일제강점기인 1921년에 완공해 초등학교로 사용하던 건물이다. 이후 1945년부터 약 50년 동안 타이베이 시 정부 청사로 사용하다가 2001년 타이베이 유일의 현대 미술관으로 정식 개관했다. 켜켜이 쌓인 세월의 흔적 위에 현대적 감각의 예술 작품이 자리해 있다. 오래된 건물 곳곳을 누비며 예술 작품을 감상하는 동선으로 구성되어 있어 더 신선하고 재미있다. 1층의 아트 숍은 작은 규모에 비해 재미있는 제품이 많으니 빼놓지 말고 들러보길 추천한다.

구글맵 태북당대예술관 **가는 방법** MRT 중산역 4번 출구에서 도보 5분
운영 10:00~18:00(마지막 입장은 17:30) **휴무** 월요일 **요금** NT$100 **홈페이지** www.mocataipei.org.tw

⑤ 타이베이 필름 하우스 🔊 타이베이즈지아
光點台北 *Taipei Film House*

영화를 입은 대사관저

타이완 주재 미국 대사관 관저로 쓰던 건물로 '타이베이 하우스(台北之家)'라고도 부른다. 1979년 미국이 중국과 수교하기 위해 타이완과의 수교를 단절했고 그 후 20년 가까이 방치된 아픈 역사가 깃든 곳이다. 쓸쓸하게 버려진 건물을 다시 살려낸 것은 타이베이 시 문화국과 영화 〈비정성시〉, 〈타이베이 카페 스토리〉 등을 연출한 허우샤오셴 감독이다. 당시의 대사관저 모습을 최대한 살리고 그 위에 '영화'라는 새 옷을 입혔다. 1층에는 매일 6편의 영화를 상영하는 스폿 시네마Spot Cinema를 비롯해 아름다운 정원이 있는 카페, 예쁜 것만 알차게 모아놓은 소품 숍이 있고, 2층에는 다양한 행사가 열리는 살롱과 전시관, 귀빈실을 개조한 카페 등이 자리해 있다.

구글맵 타이베이 필름하우스
가는 방법 MRT 중산역 3번 출구에서 도보 3분
운영 11:00~22:00 **휴무** 격주 월요일 **홈페이지** www.spot.org.tw

⑥ 문방 챕터 🔊 원화위에두콩찌엔
文化閱讀空間 *Chapter文房*

고택에 피어난 공공 도서관

조용한 주택가의 오래된 일본식 주택을 개조해 만든 공공 도서관이다. 따뜻한 느낌의 목재와 싱그러운 식물, 복고풍의 책상과 오르간, 나무 향 등 아름다운 것들로 가득한 곳이다. 고택을 리모델링해 새로운 공간으로 만드는 '고택 문화 운동 프로젝트'의 일환으로 새롭게 태어난 이곳은 문학, 미술, 여행, 음식, 식물, 아동 등 다양한 분야의 책 4000권 이상을 갖추고 있다. 날씨가 맑은 날에는 나뭇잎의 그림자가 드리우고, 흐린 날에는 고요함이 내려앉는 따스한 도서관. 이곳에서는 잠시 휴대폰을 내려놓고 공간이 주는 힐링과 책이 주는 위로를 경험해보면 어떨까.

구글맵 chapter **가는 방법** MRT 중샤오신성역 5번 출구에서 도보 4분
운영 10:00~21:00 **휴무** 월요일 **페이스북** @tw.readingroom

⑦ 닝샤 야시장 🔊 닝샤이예스
寧夏夜市 *Ningxia Night Market*

가장 맛있는 야시장

2015년 타이베이 시 정부가 실시한 온라인 투표 '타이베이 최고의 야시장'에서 '가장 맛있는 야시장' 1위로 꼽힌 곳이다. 스린 야시장, 라오허제 야시장 등 다른 야시장에 비해 규모는 훨씬 작지만 온전히 먹거리만 알차게 모여 있다. 먹거리에 집중한 야시장답게 〈미슐랭 가이드〉의 빕 구르망에 선정된 식당도 꽤 많다. 규모가 크지 않아 복잡하지 않으며 타이베이 메인 스테이션을 비롯해 중산, 동취 등 주요 지역과 가까워 접근성이 좋은 것도 장점이다.

📍
구글맵 닝샤야시장
가는 방법 MRT 쌍롄역 1번 출구에서 도보 10분
운영 17:00~01:00

⑧ 타이완문학기지 🔊 타이완원쉬에지디
臺灣文學基地 *Taiwan Literature Base*

일본 기숙사에서 문학 기지로

일제강점기에 일본인 기숙사였던 7동의 건물이 문학 기지로 변신해 2020년 문을 열었다. 1920년대 이후의 타이완 문학과 각 시대의 대표적 문학가들의 작품을 전시하고 있다. 또한 다다미와 소파, 테이블 등을 곳곳에 배치해 누구나 편히 쉬어 갈 수 있도록 했다. 중국어를 모르면 볼 수 있는 책이 많지 않고 큰 볼거리는 없지만, 공간 자체가 고즈넉하고 아름다워 한 번쯤 가볼 만하다.

📍
구글맵 Taiwan Literature Base **가는 방법** MRT 중샤오신성역 5번 출구에서 도보 7분 **운영** 10:00~18:00
휴무 월요일 **홈페이지** tlb.nmtl.gov.tw

⑨ 타이베이아이 🔊 타이베이 시펑
臺北戲棚 TaipeiEye

관객과 함께 호흡하는 경극

경극 공연장으로 일제강점기부터 문화 중심지 역할을 했던 중산베이루
에 자리해 있다. 경극이 낯선 외국인을 위해 어렵지 않고 재미있는 장
면으로 꾸며 쉽게 즐길 수 있으며 한국어를 비롯해 일본어, 중국어, 영
어 등 4개 언어의 자막을 제공한다. 타이베이아이의 큰 특징은 공연 전
후 그리고 중간 휴식 시간에 배우들이 무대를 벗어나 관객석과 극장 밖
에서 관객과 소통한다는 것이다. 공연 시작 전에는 배우들이 분장하는
모습을 가까이서 볼 수 있고, 중간 휴식 시간과 공연 후에는 함께 기념
사진도 찍을 수 있다. 매주 수 · 금 · 토요일 저녁 8시에 공연을 시작하
며 사전 예약이 필수로, 타이베이아이 홈페이지나 온라인 예약 플랫폼
케이케이데이KKday, 클룩Klook을 통해 예약할 수 있다.

구글맵 Taipei Eye
가는 방법 MRT 민취안시루역 8번 출구에서 도보 7분
공연 수 · 금 · 토요일 20:00
요금 일반 NT$800, 학생 및 4~12세 15% 할인, 65세 이상 50% 할인
홈페이지 www.taipeieye.com/tw

⑩ 국립타이완박물관 🔊 궈리타이완보우관
國立臺灣博物館 National Taiwan Museum

타이완의 어제와 오늘

타이완에서 가장 오래된 박물관으로 일제강점기인 1908년에 건물을 지었다.
'타이완 총독 민정부 식민국 상품 전시관', '타이완성 박물관' 등으로 불리다가
1999년에 '국립타이완박물관'을 공식 명칭으로 지정했다. 본관, 고생물학 박물관,
남문관, 철도박물관 등 총 4개 건물로 이루어졌는데 모두 둘러볼 여유가 없다면 2.28 평화기념공원 안에 자리
한 본관만은 꼭 들러볼 것을 권한다. 원주민만 살던 작은 섬이 청나라, 일본, 포르투갈, 영국 등 외세의 침략으
로 우여곡절을 겪으며 현재에 이르기까지의 역사를 살펴볼 수 있는 곳으로 전시 내용이 매우 알차고 흥미롭다.

구글맵 국립타이완박물관 **가는 방법** MRT 타이다이위안역 3번 출구에서 도보 2분, 또는 MRT 타이베이 메인
스테이션 Z4번 출구에서 도보 7분 **운영** 09:30~17:00 **휴무** 월요일 **요금** NT$30 **홈페이지** www.ntm.gov.tw

⑪ 2.28 평화기념공원 🔊 얼얼빠 허핑지니엔꽁위엔
臺北二二八和平紀念公園 228 Memorial Park

아픔이 잠든 공원

1947년 2월 28일부터 3월 8일까지 일어난 시위와 시위 진압 과정에서 발생한 대규모 학살 사건을 기억하기 위해 조성한 공원이다. 중앙에 2.28 평화기념관이 자리하며 매년 2월 28일에 당시 희생자를 추모하기 위한 행사가 이곳에서 열린다. 나무 위에서는 청설모가 뛰놀고 호수에는 오리 가족이 유영하는 평화로운 공원이지만 가슴 아픈 역사가 깃든 곳이다. 공원 안에 국립타이완박물관이 있어 박물관 관람 후 산책하기 좋다.

📍
구글맵 얼얼바 평화 기념공원
가는 방법 MRT 타이다위안역 3번 출구에서 도보 2분, 또는 MRT 타이베이 메인 스테이션 Z4번 출구에서 도보 7분

◤ TRAVEL TALK

타이완 국민의 아픔, 2.28

타이완 사람들에게 2.28은 아픈 숫자입니다. 우리에게 4.19나 5.18이 아픈 것과 같지요. 가시밭길이었던 일제 치하에서 해방되자 봄날이 찾아올 줄 알았지만 현실은 냉혹했어요. 국민정부가 집권한 후 부정부패, 경제 불황, 치안 악화 등의 문제가 뒤따르면서 국민들의 희망이 절망으로 바뀌며 불안은 점점 커졌죠. 그러던 중 타이베이 전매국이 다다오청에서 밀수 담배를 판매하던 여성들을 단속하는 과정에서 국민 한 명이 사망했고, 이 사건이 오랫동안 끓어오르던 시민들의 분노에 불을 지폈어요. 이튿날인 2월 28일 총독부로 몰려간 시위대를 향해 군이 총격을 가해 수십 명의 사상자가 발생하면서 시위는 삽시간에 전국으로 퍼져 파업, 폭동, 무기고 습격 등으로 이어졌어요. 10여 일간 지속된 시위 진압 과정에서 약 2만 명에 이르는 국민이 무차별 학살된 것으로 알려졌지만 실제 희생자 수는 아직까지 불분명하답니다. 희생자 대부분은 어린 학생과 원주민 등 무고한 시민이었지요.

이 정도는 감수할 수 있어!
줄 서는 별미 맛집

66년 전통의 아침 식사 전문점

푸항더우장 🔊푸항또우장
阜杭豆漿

위치	화산시장 2층
유형	대표 맛집
주메뉴	더우장, 단빙

☺→ 정통 타이완식 아침 식사
☹→ 너무 긴 대기 줄

📍
구글맵 푸항또우장
가는 방법 MRT 산다오쓰역
5번 출구 바로 앞
운영 05:30~12:30
휴무 월요일
예산 NT$100~200

새벽 5시 30분부터 사람들을 끌어모아 계단과 건물 밖까지 긴 줄을 서게 만드는 마성의 식당. 1958년부터 영업한 아침 식사 전문점으로 〈미슐랭 가이드〉에 여러 차례 선정되었다. 대표 메뉴는 더우장이라는 타이완식 두유, 얇은 반죽 속에 달걀과 유타오 등을 넣은 단빙, 샤오빙 등의 전병이다. 메뉴판에 번호와 간단한 한국어가 적혀 있어 주문이 한결 수월하다. 한국인이 좋아하는 메뉴는 1, 12, 14, 41, 45번이다.

얇게 구운 빵에 달걀부침과
유타오를 넣은 바오단자유타오薄蛋夾油條

골목에 숨은 전통의 맛

유산동우육면 🔊러우샨동샤오츠디엔
劉山東小吃店 *Liu Shandong Beef Noodles*

위치	타이베이 메인 스테이션 건너편
유형	로컬 맛집
주메뉴	우육면

☺→ 진하고 깊은 국물 맛
☹→ 실내가 좁아 합석 가능

타이베이 개발 초기에 번성했으나 이제는 다소 낙후된 이 동네에는 오랜 전통을 간직한 식당들이 자리해 있다. 특히 국수나 가벼운 음식을 파는 작은 식당이 많은데 1951년에 영업을 시작해 70여 년의 역사를 간직한 유산동우육면도 그중 하나. 간장 베이스의 진하고 깊은 맛이 나는 국물에 푸짐한 쇠고기가 어우러진 우육면이 일품이다.

📍
구글맵 유산동 우육면
가는 방법 MRT 타이베이 메인 스테이션 Z6번
출구에서 도보 2분 **운영** 08:00~20:00
휴무 토~월요일 **예산** NT$200~400
페이스북 @100047681875771

큼직한 고깃덩어리가
듬뿍 들어 있는 우육면

감칠맛 한 그릇

93 토마토 우육면 저우쓰싼 판지엔 니우러우미엔
93蕃茄牛肉麵 *93 Tomato Beef Noodle*

위치 산다오쓰 근처
유형 로컬 맛집
주메뉴 토마토 우육면

😊 → 향신료를 넣지 않은 부드러운 국물
😓 → 대기 줄이 긴 편

식사 시간이 되면 어김없이 줄을 서야 하는 로컬 맛집. 대표 메뉴는 토마토와 쇠고기를 푹 우려낸 토마토 우육면으로 토마토의 달콤함과 감칠맛이 쇠고기 육수와 잘 어우러진다. 향신료가 거의 느껴지지 않아서 누구나 부담 없이 즐길 수 있다. 두툼하고 쫄깃한 도삭면과 큼직하고 부드러운 쇠고기가 씹는 맛을 더한다. 돼지갈비튀김과 만두도 인기 있는 메뉴다.

📍
구글맵 93 Tomato Beef Noodle
가는 방법 MRT 산다오쓰역 2번 출구에서 도보 4분
운영 12:00~20:45(토요일은 14:30까지, 14:30~17:10 브레이크 타임)
휴무 일요일 **예산** NT$75~150 **페이스북** @207417009273616

감칠맛 가득한 토마토 우육면

달지 않은 짜장면이라니

정쭝타이난이몐
正宗台南意麵 *Original Tainan Yimian*

위치 산다오쓰 근처
유형 로컬 맛집
주메뉴 이몐

😊 → 호불호 없는 비빔국수
😓 → 영업시간이 매우 짧음

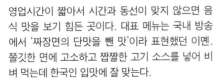
고소하고 짭짤한 맛이 일품인 이몐

영업시간이 짧아서 시간과 동선이 맞지 않으면 음식 맛을 보기 힘든 곳이다. 대표 메뉴는 국내 방송에서 '짜장면의 단맛을 뺀 맛'이라 표현했던 이몐. 쫄깃한 면에 고소하고 짭짤한 고기 소스를 넣어 비벼 먹는데 한국인 입맛에 잘 맞는다.

📍
구글맵 2GVC+CH 타이베이 중정구
가는 방법 MRT 산다오쓰역 2번 출구에서 도보 5분
운영 11:00~14:00
휴무 토·일요일 **예산** NT$20~50

귀여운 이름의 귀여운 공간

홑꺼풀쌍꺼풀 브런치 🔊딴옌피슈앙옌피자오찬칭쓰
單眼皮双眼皮早餐輕食

신선한 재료로 푸짐하게 속을 채운 다양한 토스트와 버거, 브런치 플레이트 등을 파는 브런치 가게. 저렴한 가격에 넉넉하게 한 끼 즐길 수 있어 현지인에게 인기가 좋다. 1층에는 바 테이블과 오픈형 주방이 있고 지하로 내려가면 테이블이 여러 개 놓인 꽤 널찍한 공간이 나온다. 자리를 잡고 앉아 테이블에 있는 메뉴판에 원하는 메뉴를 체크한 후 1층 카운터에서 주문하는 시스템이다. 영어 메뉴판이 없어 번역 앱이 필수다.

위치	타이베이 메인 스테이션 뒤편
유형	로컬 맛집
주메뉴	토스트, 버거 등

☺ → 가성비 좋은 브런치
☹ → 영어 메뉴판이 없음

📍
구글맵 2GXC+M2 타이베이 중산 구
가는 방법 MRT 중산역 1번 출구에서 도보 6분
운영 08:00~15:00
예산 NT$100~300
인스타그램 @eye_eye_eye2

타이완식 버거와 커피, 디저트를 세트로 구성한 브런치

한식이 그리울 때

두부 하우스 🔊주엔떠우푸 웨이펑베이처디엔
涓豆腐 Dubu House

위치	타이베이 메인 스테이션 2층
유형	대표 맛집
주메뉴	순두부찌개, 불고기

☺ → 한국에서 먹던 맛 그대로
☹ → 손님이 너무 많아 복잡

얼큰하고 뜨끈한 순두부 한 그릇

장기 여행인 경우나 타이완 음식이 입에 잘 맞지 않을 때, 부모님과 함께 하는 여행일 때, 또는 일행 중 누군가 꼭 한식을 먹고 싶어 할 때 추천하는 곳이다. '두부 하우스'는 한국의 프랜차이즈 '북창동 순두부'의 타이완식 이름이다. 얼큰하고 뜨끈한 한국식 순두부찌개와 불고기, 해물파전 등을 먹을 수 있다. 한국인보다 현지인 손님이 훨씬 더 많으며 식사 시간에 가면 30분 이상 기다려야 할 때도 많다.

📍
구글맵 Dubu House Breeze Taipei Station
가는 방법 MRT 타이베이 메인 스테이션 2층 브리즈 센터
운영 10:00~22:00 **예산** NT$300~500
홈페이지 www.dubuhouse.com.tw

타이베이 속 일본
장어 & 스시

〈미슐랭 가이드〉가 추천한 장어덮밥집
우오쇼
魚庄 *Uosho*

1883년 일본 사이타마현에서 시작한 장어덮밥 전문점으로 〈미슐랭 가이드 타이베이〉에 소개되었다. 일본 우오쇼의 유일한 해외 지점으로 일본풍 인테리어와 기모노 차림의 직원들이 손님을 맞는다. 장어덮밥 역시 일본의 노하우 그대로 옮겨왔다. 초벌로 찐 다음 구워서 양념하는 방식으로 조리해 더 부드럽고 풍미가 좋다. 품질 좋은 타이완산 장어만 사용하는 것도 특징이며, 장어 달걀말이도 인기 메뉴다.

위치 중산 골목
유형 대표 맛집
주메뉴 장어덮밥
☺ → 부드럽고 폭신폭신한 장어
☹ → 가격대가 높은 편

구글맵 2GXF+XH 타이베이 **가는 방법** MRT 중산역 2번 출구에서 도보 8분 **운영** 11:30~21:00 (14:30~17:30 브레이크 타임) **휴무** 화요일 **예산** NT$800~1000 **페이스북** @unagiuoshoTW

타이완산 장어만 사용하는 장어덮밥

가성비 좋은 회전 초밥
구라스시
くら寿司 *Kura Sushi*

위치 타이베이 메인 스테이션 건너편
유형 대표 맛집
주메뉴 회전 초밥
☺ → 저렴한 가격
☹ → 식사 시간 60분 제한

신선하고 두툼한 연어를 올린 연어초밥

비슷한 종류의 타이완 음식에 물렸다면 한 번쯤 가볼 만한 회전 초밥집이다. 한 접시당 NT$40의 저렴한 가격에 초밥을 배불리 먹을 수 있어 현지인의 사랑을 듬뿍 받는 곳이다. 이용 방법은 일반 회전 초밥집과 같으며, 태블릿으로 주문한 메뉴가 레일 위를 돌아 내 자리로 배달된다. 빈 접시를 테이블 한쪽의 구멍에 넣으면 자동으로 계산되며, 접시를 5개 넣으면 태블릿에 이벤트 참여 페이지가 뜬다. 이벤트에 당첨되면 귀여운 기념품을 제공한다.

구글맵 Kura Sushi Taipei Guangqian
가는 방법 MRT 타이베이 메인 스테이션 Z2번 출구에서 도보 2분
운영 11:00~22:00 **예산** NT$200~600 **홈페이지** www.kurasushi.tw/products

유니크한 개성으로 승부하는
훠궈 & 쓰촨 요리 맛집

부모님과 함께 먹고 싶은 훠궈
우라오궈
無老鍋 *Wulaoguo*

위치 중산 리젠트 호텔 앞
유형 로컬 맛집
주메뉴 훠궈

☺→ 고급스러운 분위기와 신선한 재료
☹→ 약재와 향신료 향이 강한 편

고급스러운 분위기의 훠궈 전문 식당이다. 로컬 훠궈 식당에 비해 가격대는 다소 높지만 그만큼 신선하고 질 좋은 재료로 만든 훠궈를 맛볼 수 있다. 다양한 약재와 향신료를 넣고 오랜 시간 우려내 보약처럼 든든한 국물이 특징으로 부모님과 함께 하는 여행이라면 강력하게 추천하는 곳이다. 다만 국물 향이 다소 강한 편이라 향신료에 거부감이 있는 사람에게는 추천하지 않는다.

구글맵 우라오 중산점 **가는 방법** MRT 중산역 3번 출구에서 도보 5분
운영 10:30~02:00 **예산** NT$1000~1200 **홈페이지** www.wulao.com.tw

북유럽 스타일의 1인용 핫팟
무무 핫팟 ◀️무무구워우
沐牧鍋物 *MuMu Hot Pot*

위치 타이베이당대예술관 옆
유형 로컬 맛집
주메뉴 핫팟

☺→ 향신료 없는 깔끔한 1인용 훠궈
☹→ 디저트 종류가 제한적

1인용 핫팟에
제공하는 훠궈

훠궈를 1인용으로 제공해 각자 취향에 맞게 주문할 수 있다. 채소를 우려낸 맑은 국물의 훠궈로 향신료에 익숙하지 않은 사람에게 특히 추천한다. 국물 종류와 고기, 해산물 등 메인 재료를 고르면 양배추·토마토·버섯 등의 기본 채소와 면, 디저트 등을 함께 제공한다. 모든 재료가 깨끗하고 신선하며 특히 고기 질이 좋은 편이다. 바 테이블이 있어 혼밥도 어렵지 않은 곳이다.

구글맵 MuMu hotpot **가는 방법** MRT 중산역 6번 출구에서 도보 4분
운영 12:00~22:30(15:00~17:30 브레이크 타임, 토·일요일 브레이크 타임 없음) **예산** NT$380~800 **페이스북** @mumuhotpot

고기 앞으로

로도도 핫팟 🔊러우뚸뚸어 훠궈

肉多多火鍋 *Rododo Hot Pot*

위치	타이베이 메인 스테이션 근처
유형	대표 맛집
주메뉴	훠궈

😊➔ 고기 인심이 후한 편
😞➔ 지점별로 품질 차이가 있음

📍
구글맵 2GV7+H6 타이베이 중정구
가는 방법 MRT 타이베이 메인 스테이션
Z10번 출구에서 도보 5분
운영 11:00~22:30(15:30~17:30
브레이크 타임)
예산 NT$400~500
홈페이지
rododohotpot.weebly.com

'肉多多(고기 많이 많이)'라는 이름처럼 고기를 푸짐하게 즐길 수 있는 훠궈 식당이다. 고기 종류와 양, 탕 종류를 선택한 후 채소와 어묵, 면 등은 셀프 바에서 원하는 만큼 가져온다. 특이한 점은 방문한 날 생일인 손님에게 고기로 만든 케이크를 제공하는 것으로, 예약할 때 미리 주문한다. 타이완 전역에 50여 개의 매장이 있으니 자신의 동선에 따라 적합한 곳을 선택하면 된다. 접근성이 좋고 넓은 매장을 찾는다면 타이베이 메인 스테이션 근처의 충칭난重慶南점을 추천한다.

고기를 푸짐하게 즐길 수 있는 훠궈

고급스러운 철판 요리

샤모니 🔊샤므니

夏慕尼 *Chamonix*

위치	중산 리젠트 호텔 앞
유형	로컬 맛집
주메뉴	철판 구이, 철판 볶음

😊➔ 고급스러운 분위기와 섬세한 서비스
😞➔ 다소 비싼 가격

뜨겁게 달군 철판 위에서 빠르게 조리한 음식은 대체로 맛있다. 고온으로 빠르게 조리해 재료 본연의 맛을 간직하면서 다른 재료와 잘 어우러지기 때문인데, 이곳은 여기에 고급스러움을 더했다. 세련된 인테리어와 식기, 섬세하고 친절한 직원들 덕분에 더욱 즐거운 시간을 보낼 수 있다. 갓 조리한 따뜻하고 맛있는 음식은 기본이며, 철판 위에서 음식을 조리하는 것을 구경하는 재미도 쏠쏠하다. 애피타이저부터 디저트까지 코스로 구성된 메뉴를 약 NT$1400에 즐길 수 있다.

📍
구글맵 Chamonix Zhongshan
가는 방법 MRT 중산역 3번 출구에서 도보 7분
운영 11:30~22:00(14:30~17:30 브레이크 타임)
예산 NT$1200~1400 **홈페이지** www.chamonix.com.tw

모두의 입맛을 사로잡는
단짠단짠 간식과 커피

겉바속촉 그 자체
복주세조호초병 ◀) 푸저우스주후자오빙
福州世祖胡椒餅

라오허제 야시장의 인기 맛집이 타이베이 메인 스테이션 앞에 낸 분점이다. 메뉴는 화덕에 바삭하게 구운 후추빵 단 한 가지. 다진 고기와 채소가 듬뿍 들어 있어 하나만 먹어도 속이 든든하다. 갓 구워내 뜨거울 때 먹는 것이 가장 맛있다.

위치 타이베이 메인 스테이션 앞
유형 로컬 맛집
주메뉴 후추빵

☺ → NT$60의 행복
☹ → 향신료 향이 강한 편

구글맵 복주세조호초병 **가는 방법** MRT 타이베이 메인 스테이션 Z10번 출구에서 도보 2분 **운영** 11:00~19:00 **휴무** 일요일 **예산** 개당 NT$40

오두막을 닮은 예쁜 카페
보보상점 ◀) 보보샹디엔
卜卜商店

숲속의 오두막을 닮은 고즈넉한 카페다. 목재와 초록 식물이 어우러져 따뜻하고 아늑한 분위기를 자아낸다. 공간 구석구석 예쁘게 꾸며놓아 사진이 참 예쁘게 나오는 것도 장점. 1층의 그릇 가게와 함께 운영하며 그릇 가게 옆에 카페로 올라가는 계단이 있다. 한국어나 영어 메뉴판은 없으나 영어를 잘하는 친절한 직원이 있으니 걱정하지 말 것.

위치 중산역 부근
유형 로컬 카페
주메뉴 커피, 케이크, 브런치

☺ → 눈을 즐겁게 해주는 디저트
☹ → 영어 메뉴 없음

구글맵 3G49+6V 타이베이 다퉁구
가는 방법 중산역 5번 출구에서 도보 5분
운영 11:30~19:00 **휴무** 화요일
예산 NT$130~400
페이스북 @buubu2020

여름에만 영업하는 빙수 가게
빙짠
冰讚

일본 여행자들 사이에서 입소문이 나기 시작해 이제는 세계 모든 여행자들이 찾는 곳이다. 꼭 먹어봐야 할 메뉴는 망고 빙수. 제철이 아닌 망고는 일절 사용하지 않으며, 따라서 망고가 제철이 아닌 계절에는 가게 운영을 잠시 멈춘다. 최고의 달콤함을 자랑하는 생망고와 부드러운 우유 얼음의 행복한 만남!

위치 중산 카페 거리
유형 로컬 맛집
주메뉴 망고 빙수

☺ → 설탕보다 달콤한 생망고
☹ → 영업 기간이 짧음

구글맵 빙찬
가는 방법 MRT 쐉롄역 2번 출구에서 도보 2분
운영 4월~10월 중순 11:00~21:00
예산 NT$150~250

제철 과일로 만든 디저트
헤리티지 베이커리&카페
Heritage Bakery & Cafe

위치 타이베이 메인 스테이션 근처
유형 로컬 카페
주메뉴 커피, 디저트

😊 → 디저트 종류가 많고 맛있음
😐 → 가격이 다소 비싼 편

제철 과일로 만든 케이크와 타르트 등을 파는 베이커리 카페다. 샌드위치, 샐러드, 수프 같은 브런치 메뉴도 즐길 수 있다. 손님들이 가장 많이 찾는 것은 제철 과일로 만든 케이크와 타르트, 달콤하고 향긋한 시나몬롤이다. 모두 매장에서 직접 만든 것으로 인공적인 단맛을 줄이고 재료 본연의 맛을 살려 현지인에게도 인기가 좋다. 테이블 간격이 넓고 혼잡하지 않아 혼자만의 시간을 즐기기에도 좋다.

📍
구글맵 heritage bakery&cafe
가는 방법 MRT 타이베이 메인 스테이션 Z10번 출구에서 도보 5분
운영 10:00~20:00 **예산** NT$130~400
홈페이지 www.heritage.com.tw

아메리칸 빈티지
커피 덤보 🔊덤보카페이
登波咖啡 *Coffee Dumbo*

위치 MRT 중산역 근처
유형 로컬 카페
주메뉴 푸어 오버 커피, 레몬 아메리카노

😊 → 커피가 특히 맛있음
😐 → 좌석이 적음

뉴욕의 작은 로컬 카페를 모티프로 한 카페로, 이름도 뉴욕 브루클린 덤보 지구에서 따왔다. 팬데믹으로 모두가 조심스러울 때 조용히 오픈했으나 현재는 중산 지역에서 핫한 카페가 되었다. 레트로 스타일의 외관으로 포토 스폿이 되기도 했으며, 한자로 쓰인 간판과 오래된 벽 장식, 노란색 빈티지 의자가 멋스럽다. 매장이 작아 좌석이 별로 없지만 바로 앞에 공원이 있어 테이크아웃 하는 손님이 많다.

📍
구글맵 Coffee Dumbo **가는 방법** MRT 중산역 4번 출구에서 도보 3분
운영 12:00~18:00(토 · 일요일은 19:00까지) **예산** NT$120~190
홈페이지 www.coffeedumbo.tw

달콤 쌉싸름한 브라운 슈거 라테

타이베이 속 홍콩의 맛
홍콩식 딤섬

홍콩식 딤섬 브랜드

팀호완 🔊 티앤하오완
添好運 Tim Ho Wan

위치	타이베이 메인 스테이션 앞
유형	대표 맛집
주메뉴	각종 딤섬

😊 → 무난하게 즐기는 홍콩식 딤섬
😞 → 다소 미흡한 서비스

팀호완은 아시아 전역에 널리 분포되어 있는 홍콩의 대표적인 딤섬 브랜드로, 타이베이에는 이곳과 신이 지구에 매장이 있다. 〈미슐랭 가이드〉가 인정한 홍콩의 딤섬을 맛볼 수 있는 곳으로 식사 시간에 가면 어김없이 줄을 서야 한다. 주말이나 성수기에는 1시간 이상 대기하는 경우도 있으니 예약 후 방문을 추천한다. 구글맵을 이용해 예약할 수 있다.

창펀

📍
구글맵 팀호완 중샤오서점
가는 방법 MRT 타이베이 메인 스테이션 M6번 출구에서 도보 1분
운영 10:00~22:00
예산 NT$400~600
홈페이지 www.timhowan.com.tw

커스터드 번

왕새우 사오마이

홍콩식 딤섬의 매력

딤딤섬 🔊 디엔디엔신
點點心 DimDimSum

위치	타이베이 메인 스테이션 2층
유형	대표 맛집
주메뉴	각종 딤섬

😊 → 딤섬 종류가 다양
😞 → 로컬 식당에 비해 높은 가격대

딤섬을 빼고 음식에 관해 이야기할 수 없는 타이완과 홍콩. 타이완과 홍콩의 딤섬은 맛과 향, 생김새가 서로 조금씩 다르다. 홍콩식 딤섬이 타이완식 딤섬보다 담백하고 가벼운 맛이다. 이곳에는 귀엽고 아기자기한 모양의 창작 딤섬도 많아 골라 먹는 재미가 있다. 타이베이 메인 스테이션 2층 브리즈 센터에 자리해 접근성이 좋으나 식사 시간에 가면 보통 대기해야 한다. 신이 지구의 브리즈 센터에도 매장이 있다.

📍
구글맵 딤딤섬 타이베이 메인 스테이션
가는 방법 MRT 타이베이 메인 스테이션 2층 브리즈 센터
운영 10:00~22:00 **예산** NT$600~800
홈페이지 www.dimdimsum.tw

피기 커스터드 번

누들롤 새우튀김

날치알을 올린
돼지고기만두

트렌디하며 아기자기한 공간
타이베이 중심에서 감성 쇼핑

먹으러 가는 쇼핑센터
큐 스퀘어 🔊징짠스샹광창
京站時尚廣場 *Q Square*

위치	타이베이 메인 스테이션 내
유형	쇼핑센터
특징	맛집이 모여 있는 식당가

MRT 타이베이 메인 스테이션 북쪽에 자리한 대형 쇼핑센터로 타이베이 기차역과 고속철도역, 시외버스 터미널 등과 연결되는 완벽한 접근성을 자랑한다. 로컬 브랜드부터 글로벌 브랜드까지 다양한 브랜드가 입점해 있다. 꼭 들러야 할 곳은 4층과 지하 3층의 식당가. 먹으러 가는 쇼핑센터라는 말이 있을 정도로 퀄리티 좋은 식당이 많다. 특히 일식집이 많은 편이니 타이완 음식이 입에 맞지 않는다면 이곳을 추천한다.

📍
구글맵 Q Square Mall **가는 방법** MRT 타이베이 메인 스테이션 Y3 · Y5번 출구와 연결
운영 11:00~21:30(금 · 토요일은 22:00까지) **홈페이지** www.qsquare.com.tw

중산의 핫 플레이스
청핀생활 난시점 🔊청핀성훠 난시
誠品生活南西 *Eslite Nanxi Store*

위치	MRT 중산역 근처
유형	백화점
특징	타이완의 최신 트렌드 집합소

청핀생활은 타이완을 대표하는 백화점으로 타이베이 곳곳에 있지만, 난시점이 가장 접근성이 좋고 트렌디하다. 글로벌 브랜드나 명품 브랜드보다는 로컬 브랜드와 신진 디자이너 브랜드, 화장품, 리빙소품, 패션 · 잡화, 기념품, 책, 문구류 등을 판매하는 매장이 주를 이룬다. 타이베이의 젊은 층이 많이 찾는 백화점이라 세련된 제품이 많다. 지하에는 버블티의 원조, 춘수이탕이 있다.

📍
구글맵 eslite spectrum nanxi **가는 방법** MRT 중산역 1번 출구에서 도보 1분
운영 11:00~22:00(금 · 토요일은 22:30까지)
홈페이지 meet.eslite.com

서점 그 이상의 서점
펑딩
朋丁 *Pon Ding*

위치	타이베이 메인 스테이션과 MRT 중산역 사이
유형	서점
특징	서점, 카페, 갤러리의 결합

이곳을 단순히 서점이라 하기에는 조금 아쉽다. 1층은 서점, 2층은 카페, 3층은 갤러리로 구성된 복합 문화 공간이기 때문이다. 1층의 서점에서는 주로 디자인과 예술 서적, 잡지, 문구류를 판매한다. 멋들어진 표지의 책으로 가득 채워진 벽면은 마치 아트 월처럼 근사하다. 꼭 책을 사지 않고 진열된 책을 둘러보기만 해도 즐거운 곳이다. 3층 갤러리에서는 타이완 국내외 작가들의 전시가 비정기적으로 열린다.

구글맵 pon ding
가는 방법 MRT 타이베이 메인 스테이션 M2번 출구에서 도보 6분
운영 12:00~19:00
휴무 월요일
홈페이지 www.pondingstore.com

선물하기 좋은 물고기 티백
참 빌라
Charm Villa

위치	중산 리젠트 호텔 지하 2층
유형	차 판매점
특징	특색 있는 물고기 티백과 고급스러운 패키지

난터우, 아리산, 동방미인, 루비 등 타이완을 대표하는 고급 품종의 차를 판매한다. 이곳의 차가 특별한 이유는 물고기 모양 티백 덕분이다. 차와 함께 시각적 즐거움까지 선물하려는 사람들이 많이 찾는다. 티백이 담긴 오동나무 상자 뚜껑에는 물고기를 수놓은 고운 빛깔의 패브릭이 장식되어 있어 더욱 고급스럽다. 가격은 비싸지만 귀한 분께 선물할 좋은 차를 찾는다면 추천할 만하다. 6개, 12개, 18개가 들어 있는 박스 중 선택할 수 있으며 일반 종이 박스로 포장한 세트는 가격이 좀 더 저렴하다.

구글맵 charm villa zhongshan
가는 방법 MRT 중산역 3번 출구에서 도보 7분
운영 10:00~21:00 **홈페이지** www.charmvilla.com.tw

감각적인 패션 갤러리

웨어프랙티스 랩 🔊모판핀파이스옌스
模範 品牌實驗室 *wearPractice : Lab.*

위치	중산 거리
유형	패션 · 잡화점
특징	흔치 않은 디자인의 감도 높은 소품류

자체 브랜드의 디자인 제품과 타이완 디자이너 제품을 셀렉트해 판매하는 패션 숍이다. 실험적인 제품과 감도 높은 제품이 많아 영감을 얻기 위해 찾아오는 사람도 많으니 갤러리이기도 한 셈이다. 2011년 처음 영업을 시작했으며 의류와 패션 · 잡화, 주얼리, 향수, 향초, 문구류 등 다양한 물건을 판매한다. 대체로 가격이 비싼 편이지만 비싼 만큼 유니크한 디자인과 좋은 품질의 제품을 갖추고 있어 마니아층이 두텁다.

📍
구글맵 wear practice lab **가는 방법** MRT 중산역 4번 출구에서 도보 3분 **운영** 14:00~22:00 **휴무** 월요일
홈페이지 www.wear-practice.com

무엇이든 찾아보세요

광남대비발 🔊광난따피파
光南大批發 *Kuang Nan Wholesale*

위치	타이베이 메인 스테이션 근처
유형	잡화점
특징	저렴하고 실용적인 물건이 가득

여행 중 휴대폰 충전 케이블이 망가진다거나 캐리어가 꽉 차서 보조 가방이 필요해지는 등 무언가를 꼭 사야 할 때가 있다. 타이베이 메인 스테이션 근처의 신광 미쓰코시 백화점 뒤편에 있는 광남대비발은 그럴 때 딱 유용한 곳이다. 선물이나 기념품보다는 여행 중 꼭 필요한 물건을 쇼핑하기에 좋다. 1층에서는 여행용품, 가전제품, 휴대폰 액세서리 등을 판매하며 2층은 문구와 사무용품, 3층은 화장품과 잡화, 생활용품 등으로 구성되어 있다.

📍
구글맵 Kuang Nan Wholesale Taipei Xuchang Store
가는 방법 MRT 타이베이 메인 스테이션 Z2 · Z4번 출구에서 도보 3분
운영 10:30~22:30
홈페이지 www.knn.com.tw

동취

AREA 02

반짝반짝 빛나는 아기자기한 동네

동취 東區 🔊 똥취

MRT 중샤오푸싱역부터 중샤오둔화역, 궈푸지녠관역에 이르기까지 3개의 MRT 역과 주변 골목을 따라
거대한 상권이 형성되어 있다. 명품 브랜드를 비롯한 유명 브랜드 매장과 감성 카페, 미슐랭 식당 등이 모여
있는 번화한 지역이다. 화려하고 복잡해 보이는 이곳의 진짜 매력은 큰길 양쪽으로 사이사이 나 있는 골목에
있다. 스타일리시한 옷 가게, 작은 잡화점과 문구점, 조용한 서점, 아늑한 카페 등 골목마다 숨어 있는
보석 같은 매장을 발견하는 재미가 있다. 쇼핑과 식사, 오후의 티타임, 독서, 골목 산책, 마사지 등
모든 것이 이곳에서 가능하다. 골목골목을 누비며 하루 종일 머물러도 지루하지 않은 동네.

Access

MRT 역과 연결되는 주요 관광 명소

- **MRT 중샤오푸싱**忠孝復興**역**
  충태미술관, 보본 매거진 도서관
- **MRT 중샤오둔화**忠孝敦化**역**
  맛집, 카페, 쇼핑 스폿
- **MRT 궈푸지녠관**國父紀念館**역**
  송산문창원구, 국립국부기념관, 중산공원

Course A

동취 핵심 관광 반일 코스

송산문창원구 ➡ 도보 7분 ➡ 국립국부기념관
➡ 도보 3분 ➡ 중산공원

Course B

동취 산책 반일 코스

충태미술관 ➡ 도보 12분 ➡ 보본 매거진 도서관
➡ 도보 6분 ➡ 동취 골목 산책 및 쇼핑

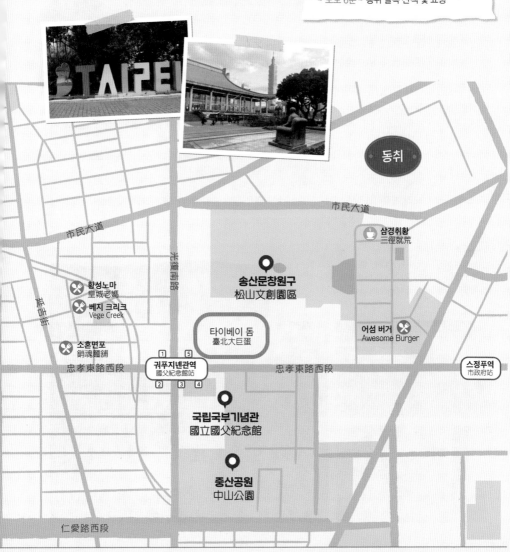

동취

三經就荒 **삼경취황**

市民大道

황성노마 **황성노마**
皇城老媽

베지 크리크 **베지 크리크**
Vege Creek

송산문창원구 **송산문창원구**
松山文創園區

타이베이 돔
臺北大巨蛋

어섬 버거 **어섬 버거**
Awesome Burger

소혼면포 **소혼면포**
銷魂麵舖

궈푸지녠관역 **궈푸지녠관역**
國父紀念館站

스정푸역 **스정푸역**
市政府站

忠孝東路西段

국립국부기념관
國立國父紀念館

중산공원
中山公園

仁愛路西段

⑴ 송산문창원구 ◀) 쏭샨원추앙위엔취

松山文創園區 Songshan Cultural and Creative Park

문화 공원으로 다시 태어난 담배 공장

오래된 것에 새로운 가치를 부여하는 것은 타이완이 가장 잘하는 일 중 하나다. 송산문창원구
역시 새로운 가치를 입고 다시 태어난 곳이다. 1937년부터 60여 년 동안 담배를 만들다가 문을 닫고 방치
되었던 담배 공장을 타이베이 시가 사들여 사적으로 지정하고 관리하기 시작했다. 총무청, 담배 공장, 보일
러실, 1~5호 창고 등이 주요 기념물로 지정되었다. 역사가 깃든 곳에 문화를 입혀 2011년 송산문창원구라
는 이름으로 개방했으며, 화산 1914 문화창의원구와 더불어 타이베이를 대표하는 문화 공원으로 꼽는다. 공
연, 전시, 쇼핑, 산책, 휴식 등 하루 종일 머물러도 시간이 모자랄 정도로 규모가 크다. 커다란 아름드리나무와
고즈넉한 정원, 오리 가족이 노니는 호수 등 도심 속 자연을 함께 즐길 수 있어 타이베이 시민들이 사랑하는
곳이다. ➡ 화산 1914 문화창의원구 P.024

◐
구글맵 송산문창원구
가는 방법 MRT 궈푸지녠관역 5번 출구에서 도보 5분
운영 건물마다 운영 시간이 달라 인포메이션에서 확인 필요
홈페이지 www.songshanculturalpark.org

FOLLOW UP

다양한 문화예술 공간
송산문창원구에서 놓치지 말아야 할 곳

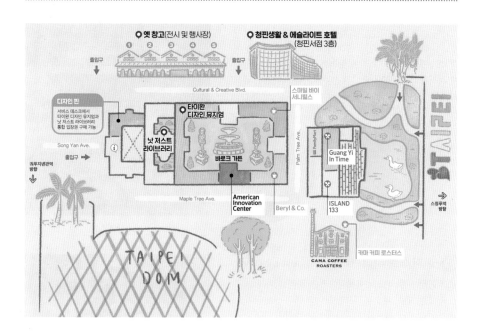

① 1~5호 창고

뾰족한 삼각 지붕으로 연결된 다섯 동의 건물. 담배 공장이었던 당시 창고로 사용하던 곳이다. 사적으로 지정되어 국가 관리를 받는 건물로 현재는 특별 전시, 팝업 행사 등 중요한 전시나 행사에 사용한다.

② 타이완 디자인 뮤지엄
Taiwan Design Museum

타이완은 2003년 타이완 창의 디자인 센터를 설립해 디자인 산업을 지원하고 국제적으로 많은 상을 수상한 디자이너를 배출하며 디자인 산업을 육성하고 있다. 송산 문창원구 내의 타이완 디자인 뮤지엄은 중화권 최초의 디자인 전문 박물관으로 디자인 산업에 대한 타이완 정부의 노력을 엿볼 수 있는 곳이다. 이곳에서는 세계의 현대 디자인과 디자인 역사를 둘러볼 수 있는 다양한 전시를 개최한다. 옛 담배 공장의 간부 사무실, 응접실, 휴게실 등으로 사용하던 공간을 총 4개의 전시실로 꾸몄다.

운영 10:00~18:00 **휴무** 월요일, 공휴일
요금 NT$50(낫 저스트 라이브러리+
타이완 디자인 뮤지엄 통합 입장권)
티켓 구입 디자인 핀 매장
서비스 데스크

---

③ 낫 저스트 라이브러리 Not Just Library

담배 공장 노동자들의 목욕탕이었던 공간을 개조해 만든 도서관. 주로 예술과 디자인 분야의 책이 구비되어 있다. 안쪽의 좁은 통로를 지나면 목욕탕 타일이 그대로 남아 있는 공간이 나온다. 이곳의 창가 자리는 책을 읽거나 노트 정리를 할 때 집중이 매우 잘되는 편이다. 꼭 무언가를 하지 않더라도, 창가에 앉아 창밖의 싱그러운 정원을 바라보기만 해도 힐링이 되는 공간이다.

운영 10:00~18:00 **휴무** 월요일, 공휴일
요금 NT$50(낫 저스트 라이브러리+타이완 디자인 뮤지엄 통합 입장권) **티켓 구입** 디자인 핀 매장 서비스 데스크

타이완 디자인 뮤지엄과 낫 저스트 라이브러리를 관람하려면 디자인 핀 Design Pin 매장 서비스 데스크에서 통합 입장권을 구매해야 돼요.

④ 스마일 바이 서니힐스 Smille by Sunnyhills

펑리수(잼이 든 타이완의 대표 과자)로 유명한 서니힐스에서 운영하는 디저트 가게. 펑리수는 물론 파인애플, 바나나, 구아바, 사과, 연어 등을 올린 밀푀유를 판매한다. 테이크아웃만 가능하니 포장해 가서 호수 앞 벤치에서 맛볼 것을 추천한다. 두 가지 맛으로 구성된 믹스 케이크가 인기 있다.

운영 11:00~19:00 **홈페이지** smille.com.tw

⑤ 카마 커피 로스터스
Cama Coffee Roasters

타이완을 대표하는 커피 프랜차이즈 카마 커피의 플래그십 스토어. 다른 매장과 비교해 더 다양한 음료와 베이커리, 브런치, 식사 메뉴를 갖추고 있다. 과거 보일러실이었던 건물 전체를 사용해 층고가 높고 실내가 탁 트여 있다. 자리를 잡고 테이블에서 QR코드로 주문한 뒤 카운터에 가서 계산하면 된다.

운영 11:30~20:00
홈페이지 camacoffeeroasters.com

⑥ 청핀서점 Eslite Bookstore

송산문창원구 광장의 곡선형 건물에는 청핀생활과 청핀서점, 에슬라이트 호텔Eslite Hotel이 자리해 있다. 이 건물의 하이라이트인 3층의 청핀서점은 따스한 조명에 은은한 음악이 흘러나와 편안한 분위기다. 청핀서점은 타이완을 대표하는 서점으로 책이 곧 일상인 타이완 문화를 가까이서 살펴볼 수 있는 곳이다. 누군가의 경제적 이익을 위한 공간이 아니라 책과 함께하는 사람들을 위한 공간이라 할 수 있다. 밤늦은 시간이나 이른 아침에 서점을 찾는 사람들을 위해 24시간 운영한다.

운영 24시간 **홈페이지** meet.eslite.com

⑫ 국립국부기념관 🔊 궈리궈푸지녠관
國立國父紀念館 National Dr. Sun Yat-sen Memorial Hall

타이완의 아버지 쑨원을 기리는 곳

타이완의 공식 국명은 중화민국. 국립국부기념관은 중국 본토에 중화민국을 최초로 수립한 초대 총통 쑨원(1866~1925)을 기념하는 공간이다. 쑨원은 장제스와 함께 타이완 역사를 이야기할 때 절대 빼놓을 수 없는 인물로 타이완의 국부로 불린다. 이곳에는 쑨원의 일생과 업적을 살펴볼 수 있는 전시실과 쑨원 좌상이 있고, 매시 정각에 근위병 교대식이 열린다. 국립국부기념관 앞 광장에 서면 타이베이 101 빌딩이 한눈에 담긴다. 따라서 쑨원이나 타이완 역사에 관심이 없는 사람이라도 이곳에서 타이베이 101 빌딩을 배경으로 멋진 사진을 남기는 것도 좋다. 광장 앞 공원 연못가에 앉아 잔잔한 물을 바라보며 물멍을 즐길 수도 있다. 이곳은 또한 매년 12월 31일 자정, 타이베이 101 빌딩에서 열리는 신년 불꽃 축제를 감상할 수 있는 명당으로 꼽히기도 한다.

구글맵 국부기념관 **가는 방법** MRT 궈푸지녠관역 4번 출구에서 도보 1분
운영 09:00~18:00 **홈페이지** www.yatsen.gov.tw

⑬ 중산공원 🔊 쭝샨꽁위엔
中山公園 Zhongshan Park

도심 속 초록 쉼터

국립국부기념관 앞 광장과 연결되는 공원으로 쑨원의 가명인 '중산'이라는 이름을 붙였다. 타이베이 시청, 타이베이 101 빌딩을 비롯해 고층 빌딩이 가득한 도심 한가운데 싱그러운 쉼터가 있어 반갑다. 평일 저녁과 주말이면 산책 나온 타이베이 시민들의 행복한 미소가 가득한 곳으로 그들을 바라보는 것만으로 덩달아 행복해지는 곳이다.

구글맵 타이베이 중산공원
가는 방법 MRT 궈푸지녠관역 4번 출구에서 도보 1분

(04)

충태미술관 🔊 쫑타이메이수관
忠泰美術館 *JUT Art Museum*

미래를 바라보는 미술관

건축과 문화예술의 다양한 만남을 시도하는 충태건
축문화예술재단에서 운영하는 미술관으로 일본 건
축가 아오키 준이 실내 건축을 맡았다. '미래의 이
슈', '도시 건축', '현대미술'이라는 세 가지 주제에
관한 작품 위주로 전시하는데, 전시의 큰 주제는 주
로 '더 나은 내일'과 '미래'라는 키워드에 초점이 맞
춰져 있다. 전시 규모는 크지 않지만 창의적이고 색
다른 방식으로 접근한 현대미술을 감상할 수 있어
새롭다. 미술관 1층에 자리한 MOT 카페MOT Cafe의
커피 맛도 훌륭하다.

📍
구글맵 JUT Art Museum
가는 방법 MRT 중샤오푸싱역 4번 출구에서 도보 10분
운영 10:00~18:00 **휴무** 월요일 **요금** NT$150
홈페이지 jam.jutfoundation.org.tw

(05)

보븐 매거진 도서관 🔊 지아즈투수관
雜誌圖書館 *Boven Magazine Library*

비밀스러운 아지트

MRT 중샤오푸싱역 근처의 조용한 골목에 자리
한 매거진 전문 도서관이다. 2015년 개관 당시 세
계 최초의 매거진 도서관이었다. 1층 북카페 옆 계
단으로 내려가면 비밀스러운 공간이 나오는데 유
럽, 일본, 미국 등에서 발간한 2만여 권의 잡지로 빼
곡하게 채워져 있다. 디자인, 미술, 패션, 사진 관련
잡지가 주를 이룬다. 푹 파묻혀 책 읽기 좋은 편안
한 소파와 의자가 넓은 공간에 띄엄띄엄 배치되어
있고 노트북 작업하기 적당한 커다란 테이블도 있
다. 이용 요금은 1일 NT$300. 만약 타이베이에 산
다면 연회비(NT$1500)를 내고 아지트 삼아 자주
찾고 싶은 곳이다.

📍
구글맵 Boven Taipei **가는 방법** MRT 중샤오푸싱역
4·5번 출구에서 도보 5분 **운영** 10:00~21:00
요금 1일 NT$ 300 **페이스북** @boven437

9부

전통 가게와 MZ세대가 좋아하는
우육면 맛집 총출동

40년 전통의 맛
임동방우육면 🔊 린동팡 니우러우미엔
林東芳牛肉麵 *Lin Dong Fang Beef Noodle*

위치	브리즈 센터 근처
유형	로컬 맛집
주메뉴	우육면

☺ → 고기 향이 강한 맑은 국물
☹ → 향이 강해 호불호가 갈림

40여 년 동안 3대에 걸쳐 운영하고 있는 타이베이의 대표적인 우육면 집이다. 간장이나 된장 등 양념을 넣지 않고 채소와 과일, 고기, 내장 등을 푹 우려낸 국물이 특징이다. 국물이 맑고 시원하며 면은 쫄깃하고, 그릇 가득 담긴 두툼한 고기는 부드러우면서도 향이 살아 있다. 작고 허름한 식당에서 지금의 넓은 공간으로 이전한 후에도 전통을 유지해오며 변함없는 인기를 누리고 있다. 〈미슐랭 가이드〉의 빕 구르망에 선정되기도 했다.

📍
구글맵 임동방 우육면
가는 방법 MRT 중샤오푸싱역 5번 출구에서 도보 10분
운영 11:00~03:00 **예산** NT$210~320

맑고 깨끗한 국물이 특징인 임동방우육면

골목에 숨은 로컬 맛집
고웅일품선하편식 🔊 가오슝 이핀시엔샤비엔스
高雄一品鮮蝦扁食

위치	MRT 중샤오푸싱역 근처
유형	로컬 맛집
주메뉴	홍샤오우육면, 새우비빔만두, 닭고기냉채

☺ → 내공이 담긴 맛있는 음식, 친절한 사장님
☹ → 간판이 눈에 띄지 않아 지나치기 쉬움

환상적인 조합의
홍샤오우육면과 새우비빔만두

언뜻 평범해 보이지만 평범하지 않은 내공과 맛을 지닌 로컬 식당이다. SNS를 통해 알려지기 시작해 일부러 찾아가는 한국인이 많아지면서 한국어 메뉴판까지 갖추었다. 대중적인 맛의 홍샤오우육면을 비롯해 이곳에서 꼭 맛봐야 할 음식은 '매콤한 새우비빔만두香辣紅油鮮蝦扁食'다. 새우의 식감이 살아 있는 부드러운 만두를 매콤 새콤 달콤한 소스에 버무려 먹는 인기 메뉴다.

📍
구글맵 2GRW+7M 타이베이 다안구
가는 방법 MRT 중샤오푸싱역 13번 출구에서 도보 2분
운영 10:30~20:15 **휴무** 수요일 **예산** NT$110~300

엄마 손맛 그대로!
노마반면 🔊라오마빤미엔
老媽拌麵 *Lao Ma Ban Mian*

위치	소고 백화점 근처
유형	로컬 맛집
주메뉴	타이완식 도삭면

☺ → 다양한 국수 요리
😐 → 바 테이블 좌석만 있어
일행이 많으면 이용 불편

구글맵 2GVV+HQ 타이베이 다안구
가는 방법 MRT 중샤오푸싱역
5번 출구에서 도보 4분
운영 11:30~21:30
(14:30~17:30 브레이크 타임)
예산 NT$150~250
페이스북 @laomanoodlehouse

타이완 최초의 인스턴트 관먀오몐關廟麵(타이완식 도삭면) 브랜드 '라오마 누들'에서 운영하는 식당이다. 까르푸, PX 마트 등에서 파는 라오마 누들을 이용해 다양한 국수 요리를 만든다. 자리에 앉아 QR코드로 주문하면 오픈 주방에서 바로 만들어 내온다. 대표 메뉴는 고추기름과 참깨 소스, 다진 고기 등을 섞어 만든 소스에 관먀오몐을 버무려 먹는 라오마자단몐老媽炸擔麵. 고소하고 풍부한 맛이 일품이다.

특제 소스에 국수를 비벼 먹는
고소한 맛의 라오마자단몐

MZ세대가 선택한 우육면
소혼면포 🔊샤오헌미엔푸
銷魂麵舖 *The Master Spicy Noodle*

위치	국립국부기념관 근처
유형	로컬 맛집
주메뉴	매운 우육면

☺ → 색다르게 즐기는 우육면
😐 → 다소 비싼 가격

짭조름하게 간이 되어 있는 면발과 얼큰한 쇠고기탕이 따로 나오는 특별한 우육면을 맛볼 수 있다. 최근 타이완 MZ세대에게 사랑받는 식당으로 한국인 여행자들 사이에서도 점점 입소문이 퍼지고 있다. 홍탕과 백탕, 힘줄이 있는 것과 없는 것 중 고르면 개인 트레이에 1인분씩 정갈하게 담아 내온다. 직원이 추천하는 맛있게 먹는 방법은 면과 탕을 따로 먹는 것. 면발을 비법 소스로 간해서 그 자체로 맛있을 뿐 아니라 면발이 국물과 섞이면 국물 맛이 변하기 때문이다. MRT 중산역 부근에 지점이 하나 더 있다.

구글맵 The Master Spicy Noodle Zhongxiao **가는 방법** MRT 궈푸지녠관역
1번 출구에서 도보 2분 **운영** 11:30~21:00(14:30~17:30 브레이크 타임)
예산 NT$300~390 **홈페이지** www.masterspicy.com

우육탕과 면을 따로 제공하는 독특한 우육면

현지 맛을 오롯이!
훠궈 먹는 재미

훠궈 육수에 곰돌이가 쏘옥
호식다제제 ◀)하오스뚜어슈안슈안궈
好食多涮涮鍋

위치	소고 백화점 근처
유형	로컬 맛집
주메뉴	곰돌이 우유 훠궈

☺→ 질 좋은 고기 사용
☹→ 채소와 어묵 등이 다소 부실

우유탕 국물을
곰돌이 모양으로
얼린 곰돌이 훠궈

하얀 육수 안에 귀여운 곰돌이가 앉아 있는 사진으로 SNS
에서 유명해진 훠궈 전문점이다. 탕 종류와 고기를 고르면
채소와 면 또는 밥이 함께 나온다. 기본 육수, 일본식 스키
야키, 쓰촨식 마라탕을 비롯한 다양한 종류의 탕 중에서 가
장 인기 있는 것은 우유탕이다. 우유를 넣어 고소하고 부드
러운 육수와 귀여운 곰돌이 모양의 우유 얼음이 같이 나온
다. 이곳은 채소보다 고기에 힘을 준 식당으로 고기 질이
좋은 편이다. 식사 시간에는 줄을 서야 하는 경우가 많으니
구글맵을 통해 예약하고 방문하는 것이 좋다.

📍
구글맵 2GVW+PJ 타이베이
가는 방법 MRT 중샤오푸싱역 14번 출구에서 도보 4분
운영 11:00~22:00(15:00~17:30 브레이크 타임)
예산 NT$600~1000
페이스북 @ShabuShabuDaan

고급스러운 훠궈를 찾는다면
딩왕마라궈
鼎王麻辣鍋 Dingwang Mala Guo

위치	MRT 중샤오둔화역 바로 앞
유형	대표 맛집
주메뉴	훠궈

☺ → 고급스러운 분위기와 식재료
☹ → 가격이 비싼 편

📍
구글맵 2HR2+P7 타이베이
가는 방법 MRT 중샤오둔화역
1번 출구에서 도보 1분
운영 11:30~02:00
예산 NT$800~1000
홈페이지
www.tripodking.com.tw

타이완 중부 타이중의 야시장에서 시작한 식당으로 타이완 전역은 물론 홍콩까지 진출한 훠궈 전문점이다. 맑은 탕과 홍탕 두 가지 맛 중 하나를 선택할 수 있고, 두 가지 맛을 모두 원한다면 위안양궈鴛鴦鍋를 주문하면 된다. 고기, 채소, 어묵, 면 등은 하나하나 따로 주문해야 하며, 고기 질이 특히 훌륭하고 부가 재료의 종류도 많다. 매장 분위기와 서비스 모두 고급스러워 어르신을 모시고 식사하기에도 부족함이 없다. 타이베이에는 동취와 시먼 2개 매장이 있다. 단, 테이블당 최소 이용 금액(NT$560)이 있다.

제대로 만든 쓰촨 요리
황성노마 ◀황청라오마
皇城老媽

위치	송산문창원구 근처
유형	로컬 맛집
주메뉴	부추꽃볶음, 달걀두부튀김

☺ → 제대로 만든 쓰촨 요리
☹ → 간이 세고 매운 편

1988년에 영업을 시작한 쓰촨식 가정 요리 전문 식당이다. 마파두부, 어향가지, 궁보계정 등 대표적인 쓰촨 요리를 맛볼 수 있다. 가장 인기 있는 메뉴는 '파리 머리 볶음'이라는 별명으로도 불리는 부추꽃볶음蒼蠅頭과 부드러운 식감의 달걀두부튀김老皮嫩肉, 한 마리를 통째로 쪄서 후추 소스를 곁들인 생선 요리 텅자오위藤椒魚도 추천할 만하다. 현지인에게도 인기가 좋은 식당이라 예약은 필수. 구글맵을 통해 어렵지 않게 예약할 수 있다. 한국어 메뉴도 있으며 인기 메뉴를 따로 모아놓아 주문이 편리하다.

📍
구글맵 황성노마
가는 방법 MRT 궈푸지녠관역 1번 출구에서 도보 4분
운영 11:30~21:30(14:00~17:30 브레이크 타임)
휴무 일요일 **예산** NT$700~1200 **홈페이지** www.laomataipei.com

한국인이 좋아하는 달걀두부튀김

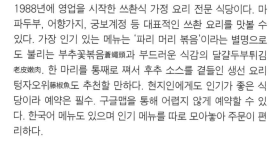

마파두부

부추꽃볶음

고소한 버터 냄새에 퐁당
트렌디한 이색 메뉴

호호 불며 먹어야 제맛
호호미 🔊하오하오웨이
好好味 Hohomei

위치	소고 백화점 근처
유형	로컬 맛집
주메뉴	파인애플 버터 번

😊→ 극강의 고소함
😑→ 식으면 느끼해지는 맛

따뜻한 빵 사이에 차갑고 신선한 가염 버터를 끼워 만드는 파인애플 버터 번Pineapple Bun with Butter 가게. 버터 종류에 따라 가격이 다르지만 기본 버터인 앵커 버터Anchor Butter를 사용한 것도 충분히 맛있다. 뜨겁고 바삭한 빵과 차갑고 부드러운 버터의 조합이 일품이다.

📍 **구글맵** 호호미소보루 중샤오푸싱점 **가는 방법** MRT 중샤오푸싱역 4번 출구에서 도보 4분 **운영** 11:00~20:00 **예산** NT$40~65 **홈페이지** www.hohomei.com.tw

---

이게 바로 '맛없없'
카리 도넛 🔊췌이피시엔나이티엔티엔취엔
脆皮鮮奶甜甜圈 Kari Donut

위치	MRT 중샤오푸싱역 근처
유형	로컬 맛집
주메뉴	크리스피 밀크 도넛

😊→ 달콤하고 쫄깃한 도넛
😑→ 대기 줄이 긴 편

갓 튀겨낸 뜨거운 도넛에 고소하고 달콤한 우유 가루를 얹어낸 도넛을 맛볼 수 있는 곳이다. 쫄깃한 식감의 도넛과 과하게 달지 않으면서 고소한 우유 가루의 조합은 그야말로 '맛없없(맛없을 수 없는 맛)'이다. 한꺼번에 10~20개씩 사 가는 사람도 많아 언제나 줄이 긴 편이다. 방금 튀겨내 바삭하고 따뜻할 때 먹어야 가장 맛있으니 욕심 내지 말고 1~2개만 사서 맛보는 것이 좋다.

📍 **구글맵** 카리도넛 중샤오점 **가는 방법** MRT 중샤오푸싱역 2번 출구에서 도보 6분 **운영** 12:30~16:30 **예산** 개당 NT$ 25 **페이스북** @twdonut

---

피넛버터와 버거의 만남
어섬 버거
Awesome Burger

위치	송산문창원구 근처
유형	로컬 맛집
주메뉴	피넛버터 베이컨 치즈버거

😊→ 저렴하고 푸짐한 수제 버거
😑→ 좌석이 부족함

송산문창원구 근처의 수제 버거 전문점으로 식사 시간이면 어김없이 줄을 서야 하는 곳이다. 좌석 수가 30개도 안 되는 작은 식당이지만 구글맵에서 2000여 개의 리뷰와 함께 높은 평점을 기록하고 있는 숨은 맛집이다. 가장 유명한 메뉴는 피넛버터 베이컨 치즈버거. 고소한 땅콩버터와 짭조름한 베이컨 치즈버거의 조화가 훌륭하다.

📍 **구글맵** Awesome Burger Taipei **가는 방법** MRT 스정푸역 1번 출구에서 도보 4분 **운영** 11:30~20:30(14:00~17:00 브레이크 타임) **휴무** 월요일 **예산** NT$200~270 **페이스북** @100054478870572

땅콩버터가
신의 한 수!
피넛버터 베이컨 치즈버거

栗區

건강하고 가벼운 한 끼
비건 식당

〈미슐랭 가이드〉가 인정한 채식
리틀 트리 푸드 ◀) 샤오샤오슈시
小小樹食 *Little Tree Food*

위치	소고 백화점 근처
유형	로컬 맛집
주메뉴	샐러드, 파스타, 리소토 등

😊 → 맛있는 채식 요리
🙁 → 가격이 비싼 편

신선한 채소와
과일만 사용한 샐러드

피자, 파스타, 라사냐 등 친근한 이탈리아 메뉴를 채식으로 즐길 수 있는 식당이다. 재료 본연의 맛을

최대한 살린 신선한 음식으로 2024 〈미슐랭 가이드〉에 선정되기도 했다. MRT 신이안허信義安和역 근처에도 매장이 있다.

구글맵 Little Tree Food Da'an
가는 방법 MRT 중샤오푸싱역 3번 출구에서 도보 4분
운영 12:00~21:00 **휴무** 매월 마지막 월요일 **예산** NT$250~380
홈페이지 www.littletreefood.com

채식으로 즐기는 중화 요리
하이 라이 베지테리언 푸드
◀) 한라이슈시
漢來蔬食 *Hai Lai Vegetarian Food*

위치	소고 백화점 중샤오관 11층
유형	대표 맛집
주메뉴	비건 창편, 볶음밥 등

😊 → 채식으로 즐기는 중화요리
😐 → 식사 시간 제한 있음(90분)

딤섬, 튀김, 볶음 요리, 국수, 볶음밥, 탕 등의 중화요리를 채식으로 즐길 수 있는 곳이다. 재료 본연의 맛과 특징을 최대한 살린 건강한 음식을 먹을 수 있다. 타이완의 소규모 농장과 협력해 생산한 유기농 채소만 사용하며 테이블에 올리는 모든 음식에 건강과 정성을 담는다. 예약이 금방 마감되는 곳이니 구글맵을 통해 서둘러 예약하는 것이 좋다.

구글맵 hai lai zhongxiao
가는 방법 MRT 중샤오푸싱역 4번 출구에서 바로
운영 11:00~21:30(16:00~17:00
브레이크 타임) **예산** NT$400~1000
홈페이지 www.hilai-foods.com

비건 창편과
두부볶음

세련되고 건강한 루웨이
베지 크리크
Vege Creek

위치	송산문창원구, 국립국부기념관 근처
유형	로컬 맛집
주메뉴	채식 루웨이

😊 → 위생적이고 건강한 루웨이
😐 → 일반 루웨이집보다 비싼 가격

육류, 채소, 어묵, 면 등의 재료를 간장 베이스의 국물에 끓인 루웨이滷味는 타이완 사람들이 즐겨 먹는 국민 간식이다. 이곳만의 특별한 점은 루웨이를 채식으로 즐길 수 있다는 점이다. 다양한 종류의 채소, 콩과 두부로 만든 햄과 완자, 면 등을 직접 고를 수 있다. 각각의 재료는 1인분씩 개별 포장되어 있어 매우 위생적이다. 타이베이 곳곳에 지점이 있다.

채소를 오래 끓여 달큰한
감칠맛이 나는 채식 루웨이

 구글맵 vege creek yanji
 가는 방법 MRT 궈푸지녠관역 1번 출구에서
도보 4분 **운영** 11:30~20:00(14:00~17:00
브레이크 타임) **예산** NT$200~400

향긋한 차부터 이색 맥줏집까지
동취의 마실 거리

차를 음미하는 시간
삼경취황 🔊 싼징저우황
三徑就荒 *Hermit's Hut*

'삼경취황'은 세 갈래 길에 놓인 은둔자의 오두막으로 해석할 수 있다. 중국 시인 도연명이 '3개의 길은 버려져 있지만 소나무와 국화는 여전히 존재한다'고 말한 데서 따온 이름이다. 이곳이 실제로 세 갈래 길의 모퉁이에 자리하고 있는 것도 재미있다. 시적인 이름만큼 세련되고 감각적인 공간에서 여유로운 티타임을 즐길 수 있는 찻집이다. 아리산 우롱차, 철관음 등 타이완에서 생산한 우롱차뿐 아니라 중국과 일본에서 들여온 녹차, 흑차 등도 있다. 처음에는 직원이 마주 앉아 차에 대한 설명과 함께 첫 번째 잔을 우려 시음할 수 있도록 도와준다. 두 번째 잔부터는 오롯이 나를 위한 시간을 갖는다. 차에 대해 잘 몰라도, 우려내는 방법을 잘 몰라도 괜찮다. 선택한 차에 대한 설명과 우려내는 방법이 종이에 친절하게 적힌 것을 보고 그대로 따라 하면 되니까. 휴대폰을 잠시 내려놓고 아름다운 공간에서 티타임을 최대한 만끽하길 바란다. 단, 1인당 최소 이용 금액(NTS350)이 있다.

위치 송산문창원구 근처
유형 차 전문점
주메뉴 타이완 우롱차

😊 → 아름다운 공간과 친절한 설명
😟 → 1인당 최소 이용 금액 있음

📍
구글맵 hermit's hut taipei
가는 방법 MRT 스정푸역 1번 출구에서 도보 8분
운영 월~금·일요일 12:00~20:00, 토요일 09:00~17:00
예산 NT$450~700
홈페이지 www.hermits-hut.com

도심의 작은 커피 숲
커피 로
Coffee Law

위치	MRT 중샤오둔화역 근처
유형	로컬 카페
주메뉴	스페셜 블렌드 커피

😊→ 질 좋은 원두와 풍부한 커피 맛
😐→ 좌석이 많지 않음

커피나무잎의 짙은 녹색으로 '도심 속 커피밭'을 재현한 세련된 카페다. 우드 컬러 가구와 녹색 방석, 숲 풍경이 담긴 액자, 캠핑용품으로 장식한 실내가 조화로우면서 편안한 분위기다. 하지만 이곳에서 분위기보다 강조하고 싶은 것이 커피다. 엄선한 원두를 전문가의 손길로 완성한 스페셜 블렌드 커피를 만날 수 있다. 가장 인기 있는 메뉴는 스페셜 블렌딩 원두로 내린 아메리카노와 카페라테, 시칠리아 라임 커피西里青檸咖啡, 사과·파인애플 등 과일 향을 더한 콜드브루 커피도 인기가 좋다.

📍
구글맵 coffee law da'an
가는 방법 MRT 중샤오둔화역
7번 출구에서 도보 4분
운영 08:00~20:00
예산 NT$75~180
인스타그램 @mycoffeelaw

스페셜 블렌딩 원두로 내린 깊고 진한 향의
아메리카노와 달콤한 모카 푸딩

챔피언의 밀크티
오드 원 아웃
Odd One Out

밀크티 축제에서
챔피언을 차지한
챔피언 밀크티

위치	MRT 중샤오둔화역 근처
유형	로컬 카페
주메뉴	챔피언 밀크티

😊→ 세계 챔피언이 만든 밀크티와 차
😐→ 명성만큼 비싼 가격

2022년 타이완 밀크티 축제에서 챔피언을 획득한 곳으로 녹차·우롱차를 비롯한 차와 밀크티, 젤라토 등의 메뉴를 갖추고 있다. 이곳에서는 토핑과 시럽을 원하는 것으로 골라 나만의 차를 주문할 수 있다. 차에 위스키, 진 등 술을 섞은 티 칵테일도 특별하다. 밀크티 축제에서 수상한 밀크티는 '챔피언 밀크티Champion Milk Tea'라는 이름으로 판매하고 있다. 카운터 뒤편 계단으로 올라가면 의자와 테이블이 있는 공간이 나온다.

📍
구글맵 odd one out dunnan
가는 방법 MRT 중샤오둔화역 2번 출구에서 도보 2분
운영 월~목요일 11:00~21:30, 금요일 11:00~22:30,
토요일 12:00~22:30, 일요일 12:00~22:00
예산 NT$60~120
인스타그램 @oootea.tw

스타벅스에서 맥주를 마신다고?

스타벅스 리저브 롱먼
Starbucks Reserve Longmen

위치 MRT 중샤오둔화역 바로 앞
유형 프랜차이즈
주메뉴 커피

😊→ 스타벅스에서 즐기는 특별한 술
😞→ 메뉴 구성이 단순

어디에서나 눈에 띄는 것이 스타벅스지만 이곳의 스타벅스는 특별하다. '스타벅스 이브닝'이라는 콘셉트로 오후 4시부터 마감 시간까지 맥주와 와인을 판매하기 때문이다. 타이완의 대표적인 브루잉 브랜드 타이후 크래프트 브루잉Taihu Craft Brewing과 협업한 에일 맥주, 흑맥주, IPA 등의 수제 맥주와 레드·화이트·스파클링 와인을 즐길 수 있다. 스타벅스에서 마시는 맥주와 와인이라니, 우리나라에서 즐길 수 없는 특별한 경험이다.

📍
구글맵 starbucks reserve longmen
가는 방법 MRT 중샤오둔화역 10번 출구에서 도보 1분
운영 07:00~10:00(금·토요일은 11:00까지)
예산 맥주 NT$170~195

타이후 크래프드
브루잉과 협업한 흑맥주

타이완 최고 인기 맥주

타이후 브루잉 다안 🔊타이후징니앙 다안
臺虎精釀 大安 *Taihu Brewing Da'an*

위치 소고 백화점 푸싱관 근처
유형 펍
주메뉴 수제 맥주

😊→ 맛있는 맥주와 안주
😞→ 펍이나 바에 비해 메뉴가 단순

독창적인 맛과 감각적인 MD 제품, 글로벌 브랜드와의 재미있고 다양한 협업으로 인기를 끌고 있는 수제 맥주 전문점이다. 자체 양조장에서 직접 제조한 맥주, 다른 브랜드와 협업한 맥주, 과일·위스키 등과 섞은 칵테일 맥주 등 선택의 폭이 매우 넓다. 무엇을 선택하든 신선하고 풍부한 맛의 맥주가 일품이다. 버거, 치킨, 맥앤치즈 등의 안주도 맛있다. 1호점은 이곳이고 타이베이의 시먼딩과 신이, 타이완 남부 타이중에 분점이 있다.

📍
구글맵 taihu brewing da'an
가는 방법 MRT 중샤오푸싱역 3번 출구에서 도보 2분
운영 월~목요일 16:00~23:30, 금·토요일 12:00~00:30,
일요일 12:00~23:30 **예산** NT$200~500 **인스타그램** @cysdaan

≪ 🛍 ≫

취향껏 골라 사는 재미
동취 로컬 쇼핑

타이완 최고의 백화점
소고 백화점 🔊소고바이후어
SOGO百貨 *SOGO Department Store*

위치	MRT 중샤오푸싱역 · 중샤오둔화역 근처
유형	백화점
특징	유명 맛집이 모여 있는 알찬 식당가

일본 소고SOGO 그룹이 타이완에 진출해 세운 백화점으로 소고 그룹이 타이완에서 철수한 뒤에도 그 이름을 그대로 사용하고 있다. MRT 중샤오푸싱역 근처의 푸싱관復興館과 중샤오관忠孝館, MRT 중샤오둔화역 부근의 둔화관敦化館 등 동취에만 3개 지점이 있다. 타이완 로컬 브랜드는 물론 글로벌 브랜드와 해외 명품 브랜드까지 모두 입점해 있으며, 타이완에서 가장 큰 규모의 백화점이다. 특별할 것 없는 일반 백화점이지만 타이완의 다양한 로컬 브랜드를 구경하고 싶다면 한번 가볼 것을 추천한다. 푸싱관 지하 1층의 딘타이펑과 지하 2층의 카렌 데판야키Karen Teppanyaki, 중샤오관 11층의 하이 라이 베지테리언 푸드와 쥐훠궈聚火鍋 등 식당가 구성도 알차다.

📍
구글맵 sogo taipei
가는 방법 푸싱관: MRT 중샤오푸싱역 2번 출구 연결
중샤오관: MRT 중샤오푸싱역 4번 출구 연결
둔화관: MRT 중샤오둔화역 10번 출구에서 도보 2분
운영 11:00~21:30(금 · 토요일은 22:00까지)
홈페이지 www.sogo.com.tw

나를 위한 특별한 선물
큐모모
Qmomo

위치	소고 백화점 중샤오관 근처
유형	란제리 숍
특징	세심한 일대일 서비스

얼핏 보면 파스텔 핑크로 장식한 예쁜 카페 같지만 여성 속옷을 판매하는 란제리 숍이다. 내 몸에 잘 맞는 예쁜 속옷은 나에게 선물하는 행복 중 하나. 여행 중 나에게 특별한 선물을 하고 싶다면 한번 방문해보자. 속옷 선택과 사이즈 체크, 피팅까지 세심한 일대일 서비스를 받으며 나에게 가장 잘 맞는 속옷을 구입할 수 있다. 구글맵에서 무려 4000개가 넘는 리뷰와 평점 5점 만점을 기록한 곳으로 시먼딩西門町, 반차오板橋에도 지점이 있다.

구글맵 qmomo zhongxiao
가는 방법 MRT 중샤오푸싱역 16번 출구에서 도보 2분 **운영** 13:30~21:30
홈페이지 www.qmomo.com.tw

질 좋은 옷과 잡화
그루비
Groovy

위치	MRT 중샤오둔화역 근처
유형	편집숍
특징	간결하고 세련된 아이템 구비

10년 이상 동취를 지켜온 의류 및 잡화 편집숍. 주로 스트리트 캐주얼, 레트로 패션, 워크웨어 등 남녀 모두 편하게 착용할 수 있는 의류를 판매한다. 타이완 디자이너 제품은 물론 일본, 미국, 유럽 등에서 수입한 아이템도 많아 구경하는 재미가 있다. 10년 이상 자리를 지켜온 주인장의 안목이 훌륭할 뿐 아니라 좋은 소재와 꼼꼼한 바느질 등 옷의 퀄리티가 높아 단골이 많다.

구글맵 groovy taipei
가는 방법 MRT 중샤오둔화역 3번 출구에서 도보 3분
운영 14:00~20:00 **홈페이지** shop.groovystore.com.tw

일본 감성 가득한 잡화점

니코앤드 중샤오점
Niko and Zhongxiao Store

위치	MRT 중샤오둔화역 근처
유형	잡화점
특징	아기자기한 물건이 가득한 일본 브랜드

일본의 잡화 브랜드 니코앤드에서 오픈한 잡화 및 소품점. 이곳은 타이완 최초의 매장이자 플래그십 스토어로 운영해 규모가 가장 크며 타이베이 시청, 시먼딩, 반차오 부근에도 매장이 있다. 일본 감성의 의류와 잡화, 소품을 좋아한다면 지갑 여는 것을 조심할 것. 패션, 문구, 리빙 등 다양한 물건을 구경하는 것만으로도 재미있다. 매장 안쪽으로는 커피, 차, 샌드위치 등을 파는 작은 카페가 있다.

구글맵 niko and zhongxiao **가는 방법** MRT 중샤오둔화역 6번 출구에서 도보 2분
운영 11:00~22:00(토 · 일요일은 22:20까지) **홈페이지** www.qmomo.com.tw

56년 전통의 빵집

캐럴 베이커리
Carol Bakery

위치	MRT 중샤오푸싱역 근처
유형	베이커리
특징	선물하기 좋은 누가 크래커

1958년부터 운영해온 전통 있는 빵집이다. 이곳에서 놓치지 말아야 할 것은 빵도 쿠키도 아닌 누가 크래커. 대파와 소금이 들어간 짭조름한 크래커 사이에 부드럽고 달콤한 누가를 넣어 만든 것으로 한국인의 쇼핑 목록에 빠지지 않는 품목이다. 단맛과 짠맛의 완벽한 조합으로 자꾸만 손이 가는 매력을 지녔다. 이곳에서는 누가 크래커를 하나씩 개별 포장해 선물용으로도 좋다.

구글맵 캐롤베이커리
가는 방법 MRT 중샤오푸싱역
5번 출구에서 도보 4분
운영 월~금요일 07:00~22:00,
토 · 일요일 11:00~21:00
홈페이지 www.clfood.com.tw/tw

신이 지구

AREA 03

타이베이 최고의 번화가
신이지구 信義區 🔊 신이취

MRT 타이베이 101역, 쑹산역, 샹산역, 스정푸역, 난강역 등이 이어지는 타이베이 동쪽을 아우르는 지역이다. 특히 가장 번화한 타이베이 101역과 스정푸역, 샹산역 부근은 금융, 무역, 경제 등의 굵직한 기업과 고급 아파트가 모여 있어 타이베이의 노른자 땅이라 불린다. 글로벌 브랜드와 명품 브랜드, 로컬 브랜드 매장과 10개 이상의 쇼핑몰과 백화점이 밀집한 쇼핑 타운이기도 하며, 한국인이 좋아하는 유명 식당이 모여 있는 미식 타운이기도 하다. 신이 지구에서 조금 더 동쪽에 자리한 난강, 쑹산 등으로 이동하면 신이 지구의 번화함과는 사뭇 다르게 한적하다. 고급 아파트와 문화 시설, 넓은 공원 등이 자리하고 있는 쾌적하고 세련된 동네다.

Access

MRT 역과 연결되는 주요 관광 명소

- **MRT 스정푸市政府역**
  신이 지구 쇼핑몰
- **MRT 타이베이 101台北101/스마오世貿역**
  타이베이 101, 쓰쓰난춘, 신이 지구 쇼핑몰
- **MRT 샹산象山역**
  샹산 전망대
- **MRT 쑹산松山역**
  라오허제 야시장
- **MRT 쿤양昆陽역**
  타이베이 음악 센터
- **MRT 난징싼민南京三民역**
  치아더(펑리수 상점)

Course A

신이 지구 핵심 도보 코스

타이베이 101 ➡ 도보 7분 ➡ 쓰쓰난춘
➡ MRT+도보 7분 ➡ 신이 지구 쇼핑몰 ➡
MRT+도보 10분 ➡ 샹산 전망대(야경)

Course B

신이 지구 문화 & 야경 코스

타이베이 음악 센터 ➡ MRT+도보 20분 ➡
신이 지구 쇼핑몰 ➡ MRT+도보 15분 ➡ 쓰쓰난춘 ➡
도보 7분 ➡ 타이베이 101 전망대(야경)

Course C

신이 지구 오후 반일 코스

타이베이 101 ➡ 도보 7분 ➡ 쓰쓰난춘 ➡ MRT+도보 7분 ➡
신이 지구 쇼핑몰 ➡ MRT+도보 20분 ➡ 타이베이 음악 센터
➡ MRT+도보 18분 ➡ 라오허제 야시장

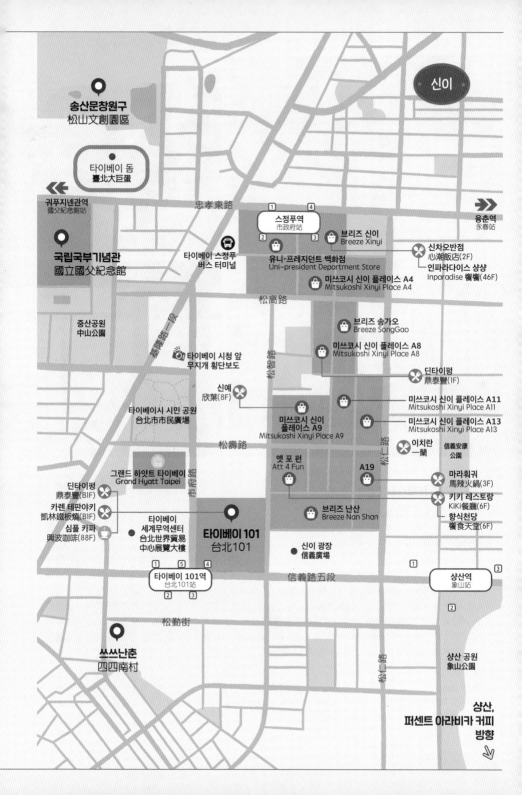

신이

송산문창원구
松山文創園區

타이베이 돔
臺北大巨蛋

귀푸지녠관역
國父紀念館站

국립국부기념관
國立國父紀念館

忠孝東路

스정푸역
市政府站

용춘역
永春站

타이베이 스정푸
버스 터미널

브리즈 신이
Breeze Xinyi

신차오반점
心潮飯店(2F)

유니·프레지던트 백화점
Uni-president Department Store

인파라다이스 샹샹
Inparadise 饗饗(46F)

중산공원
中山公園

松高路

미쓰코시 신이 플레이스 A4
Mitsukoshi Xinyi Place A4

브리즈 송가오
Breeze SongGao

타이베이 시청 앞
무지개 횡단보도

신예
欣葉(8F)

미쓰코시 신이 플레이스 A8
Mitsukoshi Xinyi Place A8

딘타이펑
鼎泰豐(1F)

타이베이시 시민 공원
台北市市民廣場

松智路

미쓰코시 신이 플레이스 A9
Mitsukoshi Xinyi Place A9

미쓰코시 신이 플레이스 A11
Mitsukoshi Xinyi Place A11

미쓰코시 신이 플레이스 A13
Mitsukoshi Xinyi Place A13

이치란
一蘭

信義安康
公園

松壽路

그랜드 하얏트 타이베이
Grand Hyatt Taipei

딘타이펑
鼎泰豐(B1F)

카렌 테판야키
凱林鐵板燒(B1F)

심플 카파
興波咖啡(88F)

타이베이
세계무역센터
台北世界貿易
中心展覽大樓

타이베이 101
台北101

앳 포 펀
Att 4 Fun

A19

마라훠궈
馬辣火鍋(3F)

키키 레스토랑
KiKi餐廳(6F)

향식천당
饗食天堂(6F)

브리즈 난산
Breeze Nan Shan

타이베이 101역
台北101站

신이 광장
信義廣場

샹산역
象山站

松勤街

쓰쓰난춘
四四南村

松仁路

샹산 공원
象山公園

샹산,
퍼센트 아라비카 커피
방향

01 **타이베이 101** 🔊 타이베이 이링이
台北101 *Taipei 101*

타이베이의 자존심

타이베이의 상징과도 같은 건물. 지하부터 최고층까지의 높이는 총 508m이다. 활짝 핀 연꽃과 대나무 마디를 모티프로 하여, 8단의 마디가 있는 형태로 지었다. 처음 건축할 당시 세계에서 가장 높은 건물로 명성이 자자했지만, 그 뒤로 다른 나라에서 더 높은 건물들을 지으면서 순위가 차츰 밀려났다. 그러나 지진 위험이 있는 나라에서 지은 최초의 초고층 빌딩이라는 점에서 여전히 명성이 높다. 지하 1층부터 지상 5층까지는 쇼핑몰과 식당이 있고 89층과 91층은 타이베이 시내 전경을 내려다볼 수 있는 전망대로 운영한다. 88층에는 타이베이에서 가장 높은 카페, 심플 카파가 있다. 5층부터 89층까지 37초 만에 주파하는 엘리베이터는 세계에서 가장 빠른 엘리베이터로 〈기네스북〉에 등재되기도 했다.

ⓘ
구글맵 taipei 101
가는 방법 MRT 타이베이 101/스마오역 4번 출구와 연결, 또는 MRT 스정푸역 3번 출구에서 도보 15분
운영 쇼핑몰 11:00~21:30(금 · 토요일은 22:00까지), 전망대 10:00~21:00
요금 전망대 일반 NT$600, 학생 NT$540
홈페이지 www.taipei-101.com.tw

놓치면 안 되는
타이베이 101 층별 즐길 거리

89 · 91층 ▶ 전망대

89층의 실내 전망대는 항상 개방하고 91층의 야외 전망대는 날씨가 좋을 때만 개방한다. 전망대 입장 티켓은 케이케이데이, 클룩 등의 앱을 통해 구매하는 것이 현장 구매보다 더 저렴하다.

91F 실외 전망대
89F 실내 전망대
88F 레스토랑, 심플 카파

87F 윈드 댐퍼

6-86F 오피스

5F 전망대 엘리베이터 및 식당, 카페 등
4F 식당, 카페 등
1~3F 패션 · 잡화 매장
B1F 푸드 코트, 슈퍼, 카페, 식당 등
B2~B5F 지하 주차장

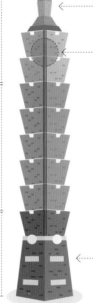

87층 ▶ 타이베이 101을 지키는 거대한 윈드 댐퍼

약 660톤에 달하는 윈드 댐퍼wind damper는 평상시에는 건물 자체의 미세한 진동을 흡수하며 지진이나 강풍이 발생할 때는 건물의 흔들림을 억제해 건물을 지키는 역할을 한다. 87~92층 중앙에 위치하며 89층 전망대에서 계단을 이용해 87층으로 내려가면 볼 수 있다.

1~5층 ▶ 쇼핑몰

글로벌 브랜드 매장과 명품 브랜드 매장이 입점해 있다. 연말연시나 건국기념일(10월 10일) 등을 맞아 세일 행사를 하기도 하니 이 기간에 여행한다면 미리 홈페이지를 확인하고 갈 것. 면세 혜택을 받으려면 지하 1층 인포메이션 센터를 이용한다.

지하 1층 ▶
푸드 코트 & 기념품점

800석 규모의 넓은 공간에서 세계의 다양한 음식을 만날 수 있다. 한국 음식이 그리울 때 찾아가기 좋은 식당도 있고 딘타이펑, 카렌 데판야키, 위스키 숍 카발란 위스키Kavalan Whisky, 펑리수 브랜드 서니힐스 등 한국인이 좋아하는 매장이 모두 지하 1층에 있다.

⑫ 쓰쓰난춘
四四南村 *44 South Military Village*

화려한 도심 속 오래된 군부 마을

여행자들 사이에서는 '쓰쓰난춘'이라 불리지만 정식 명칭은 신이공민회관信義公民會館이다. 1948년 장제스와 함께 중국에서 타이완으로 이주한 장교와 군인, 청년들이 살던 군부촌이었는데, 무기를 만들던 제44 병공창 남쪽에 있다 하여 '쓰쓰난춘'이라 불렀다. 땅값 비싸기로 유명한 신이 지구 한복판의 오래된 마을을 보존하는 것은 쉽지 않은 일이었을 터. 이곳 출신 문화계 인사들의 노력과 투쟁으로 마을을 지켜낼 수 있었다고 한다. 당시 생활상을 둘러볼 수 있는 전시관과 카페, 상점 등으로 이루어져 있으며 매월 둘째 · 넷째 주 토요일에는 플리마켓이 열린다.

구글맵 44 South Military Village
가는 방법 MRT 타이베이 101/
스마오역 2번 출구에서 도보 3분
운영 09:00~17:00
휴무 월요일

⑬
타이베이 음악 센터 🔊타이베이루이씽잉웨쭝신
臺北流行音樂中心 *Taipei Music Center*

전 세계 대중음악을 위한 장

타이베이 도심과 다소 떨어져 있으며 꼭 가봐야 하는 곳은 아니지만 대중음악에 관심이 많은 사람에게는 흥미를 끌 만한 곳이다. 타이완의 대중음악과 문화 산업 발전을 위해 2020년 8월에 설립했으며 시민들을 위한 무료 공연, 전 세계의 팝 뮤직 아티스트 공연, 거리 공연 등이 꾸준히 열린다. 이준호, 슈퍼 주니어, FT아일랜드 등 케이팝 아티스트의 공연도 여러 차례 열렸다. 공연이 없는 날에는 건물 투어가 가능하니 방문 전 공연 일정을 확인할 것. 남쪽과 북쪽의 2개 건물로 나뉘어 있으며 두 건물은 원형의 육교로 연결된다.

구글맵 타이베이 음악센터
가는 방법 MRT 쿤양역 3번 출구에서 도보 12분
운영 10:00~18:00
휴무 월요일
홈페이지 www.tmc.taipei

⑭ 라오허제 야시장 🔊 라오허지에이예스
饒河街夜市 Raohe St. Night Market

단 하나의 야시장만 꼽으라면 바로 이곳!

지룽강 근처에 자리한 라오허제는 화물을 나르던 선박이 모여들며 상권이 형성된 곳으로 한때 꽤 번화한 지역이었다. 시간이 흘러 이곳을 이용하는 선박이 줄어들며 상권이 쇠락하자 정부가 직접 나서 노점상을 끌어모으기 시작했고, 거리에 다시 상인과 시민이 모여들면서 커다란 시장이 형성되었다.

현재 라오허제 야시장은 타이베이에서 스린 야시장 다음으로 규모가 크다. 라오허제 야시장의 가장 큰 장점은 편리함과 쾌적함이다. 일자로 쭉 뻗은 길에 먹거리, 놀거리 등이 정렬되어 있어 길 잃을 염려 없이 안심하고 둘러볼 수 있다. 주말이나 명절, 휴일에는 다른 야시장과 마찬가지로 인파가 몰린다.

구글맵 라오허제 야시장
가는 방법 MRT 쏭산역 5번 출구에서 도보 1분
운영 17:00~23:00

⑮ 샹산
象山 Xiangshan

달밤의 하이킹

타이베이의 야경을 가장 잘 볼 수 있는 곳으로 꼽히는 전망대 역할을 하는 산이다. 탁 트인 타이베이 전경뿐 아니라 타이베이 101의 매끈한 모습까지 제대로 감상할 수 있다. MRT 샹산역 2번 출구로 나와 '샹산 하이킹 트레일 Xiangshan Hiking Trail'이라고 쓰인 안내표지를 따라가면 샹산으로 오르는 계단 입구가 나오는데, 여기부터 만만치 않은 길이 시작된다. 셀 수 없이 많은 계단으로 이루어져 있어 체력을 요하며, 편한 신발과 물은 필수다. 타이베이 101은 밤 11시에 외부 조명을 소등하므로 그 전에 도착할 수 있게 시간을 조절한다. 늦은 오후에 올라가면 타이베이의 파란 하늘과 붉은 저녁 노을, 반짝이는 야경을 차례로 감상할 수 있다.

구글맵 xiangshan trail /
전망대 xiangshan six boulders observation deck
가는 방법 MRT 샹산역 2번 출구에서 도보 10분

신이 지구에서 즐기는

미식 가이드

MRT 스정푸역에서 타이베이 101역에 이르는 약 1km 반경에 타이베이 101 몰을 포함해 14개의 쇼핑몰과 백화점이 밀집해 있다. 그만큼 신이 지구는 쇼핑과 외식 등에 특화된 지역이다. 1년 내내 활기찬 곳이며 세일 기간에 가면 국내보다 저렴한 가격에 의외의 물건을 득템하는 행운을 잡을 수도 있다.

① 신차오반점 🔊신차오판디엔
心潮飯店 *Sinchao Rice Shoppe*

새우로 만든 쿠키를 올려 감칠맛을 더한 새우해물볶음밥

위치	브리즈 신이 2층
유형	로컬 맛집
주메뉴	볶음밥, 새우 스크램블드에그 등

😊 → 고급스러운 분위기와 음식
😑 → 일반 볶음밥에 비해 비싼 가격

타이완의 전통 조리법과 현대의 조리법을 조합해 새로운 타이완 음식을 선보이는 식당이다. 많은 메뉴가 있지만 대표적인 것을 꼽자면 다양한 종류의 볶음밥. '감정의 물결'이라는 의미가 담긴 '신차오'는 '새로운 볶음밥'이라는 뜻도 있다. 립아이 스테이크, 랍스터, 트러플 버섯, 성게알 등 고급 식재료를 사용해 창의적으로 재해석한 볶음밥부터 돼지고기, 달걀, 새우 등을 넣은 볶음밥까지 볶음밥의 화려한 변신을 기대해도 좋다.

📍
구글맵 sinchao rice shoppe
가는 방법 MRT 스정푸역 3번 출구에서 도보 2분
운영 11:00~21:30(목~토요일은 22:00까지)
예산 NT$350~1300 **페이스북** @sinchaoriceshoppe

② 키키 레스토랑 🔊 키키 찬팅
KiKi餐廳 *KiKi Restaurant*

위치 앳 포 펀 6층
유형 대표 맛집
주메뉴 달걀두부튀김, 부추꽃볶음 등

☺ → 한국인 입맛에 잘 맞는 쓰촨 요리
☹ → 인기 식당인 만큼 대기는 필수

깔끔하고 모던한 분위기에서 쓰촨 요리를 즐길 수 있는 식당이다. 타이베이에 7개의 지점이 있었으나 현재는 앳 포 펀Att 4 Fun 쇼핑몰 6층에 자리한 매장만 운영한다. 가장 인기 있는 메뉴는 보들보들한 연두부에 달걀 옷을 입혀 튀겨낸 달걀두부튀김과 매콤하고 짭짤한 부추꽃볶음. 이곳을 방문하는 한국인 여행자라면 필수로 주문하는 메뉴. 농어 한 마리를 통째로 튀겨 양념을 듬뿍 올린 생선조림, 마늘 소스와 함께 내는 수육, 쓰촨식 오징어튀김, 마파두부 등 대부분의 음식이 한국인 입맛에 잘 맞는다. 한국어 메뉴판이 있어 주문 걱정은 하지 않아도 된다. 언제나 대기 시간이 긴 식당이니 구글맵을 이용한 예약 필수.

📍
구글맵 키키레스토랑 앳 포 펀 지점
가는 방법 MRT 타이베이 101/스마오역 4번 출구에서 도보 7분, 또는 타이베이 101에서 도보 3분
운영 11:00~22:00(15:00~17:15 브레이크 타임)
예산 NT$200~800
홈페이지 www.kiki1991.com

입맛을 돋우는
부추꽃볶음

③ 향식천당 ◀)샹쓰티엔탕
饗食天堂

위치	앳 포 펀 6층
유형	대표 맛집
주메뉴	뷔페

☺ → 다양한 종류의 신선한 음식
☹ → 사람이 많고 예약이 어려움

구글맵 향식천당
가는 방법 MRT 타이베이 101/ 스마오역
4번 출구에서 도보 7분, 또는 타이베이
101에서 도보 3분
운영 점심 11:30~14:00, 오후
14:30~16:30, 저녁 17:30~21:30
예산 NT$950~1200
홈페이지 www.eatogether.com.tw

갓 요리한 정통 타이완 음식과 중식, 일식, 양식 등 다양한 음식을 맛볼 수 있어 언제나 인기가 많은 뷔페 레스토랑이다. 삼겹살구이, 김치, 한국식 볶음국수 등 한국 음식도 있어 부모님과 함께 가기에도 좋다. 이곳에는 점심 식사와 저녁 식사 사이에 오후 식사 시간이 있는 것이 특이하다. 점심이나 저녁 시간보다 음식 가짓수가 적은 만큼 가격이 더 저렴하다. MRT 타이베이 메인 스테이션 근처의 큐 스퀘어와 신베이시新北市 반차오에도 지점이 있다. 구글맵에서 예약 가능하다.

④ 이치란 ◀)이란
一蘭 Ichiran

위치	앳 포 펀 근처
유형	대표 맛집
주메뉴	돈코쓰 라멘

☺ → 깊고 진한 국물
☹ → 익숙한 라멘 맛

구글맵 ichiran Taipei
가는 방법 MRT 스정푸역 4번 출구에서
도보 10분
운영 월~목요일 00:00~05:00,
10:00~24:00,
금~일요일 · 공휴일 24시간
예산 NT$300~400

돼지 뼈를 오랜 시간 우려내 녹진하고 깊은 육수 맛을 자랑하는 일본 후쿠오카의 이치란이 타이베이에 최초로 오픈한 매장이자 타이완 본점이다. 메뉴와 주문 방식, 실내 인테리어 등이 일본 매장과 거의 같다. 입구에 있는 모니터에서 빈자리를 확인하고 자리에 앉은 뒤 메뉴가 적힌 종이에 체크해서 직원에게 주문한다. 칸막이로 나누어진 독립된 좌석에서 식사할 수 있어 나 홀로 여행자도 부담 없이 이용하기 좋다.

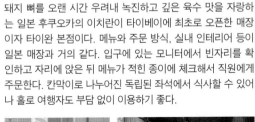

깊고 진한 국물의
돈코쓰라멘

⑤ 신예 타이차이

欣葉台菜 *Shin Yeh Taiwan Cusine*

위치	미쓰코시 신이 플레이스 A9 8층
유형	대표 맛집
주메뉴	생선찜, 바지락볶음, 두부조림 등

☺ → 자극적이지 않은 부드러운 음식
☹ → 가격이 다소 비싼 편

고소한 두부조림 슈에차이도푸바오와
생강을 곁들인 농어찜 슈즈쩽롱후반

전통 타이완 가정식을 맛볼 수 있는 식당으로 〈미슐랭 가이드〉에 선정된 곳이다. 신선한 재료를 엄선해 재료의 맛을 최대한 살린 정갈한 요리를 낸다. 타이완 가정에서 즐겨 먹는 음식, 손님에게 대접하는 음식, 엄마나 할머니가 만들어주는 진짜 가정식이 궁금하다면 가볼 만하다. 현지인이 워낙 많이 찾는 식당이라 예약은 필수다.

구글맵 shin yeh mitsukoshi
가는 방법 MRT 스정푸역 3번 출구에서 도보 8분, 또는 MRT 샹산역 1번 출구에서 도보 10분
운영 11:00~21:30(14:30~17:00 브레이크 타임)
예산 NT$400~900

⑥ 마라훠궈

馬辣火鍋 *Mala Hot Pot*

위치	A19 백화점 3층
유형	대표 맛집
주메뉴	마라훠궈

☺ → 모든 재료가 무제한
☹ → 시간 제한 있음(2시간), 가격이 비싼 편

여행자뿐 아니라 현지인에게도 매우 인기가 좋은 훠궈 전문점으로 타이베이 시내에 9개 지점이 있다. 먹을수록 당기는 알싸한 맛의 마라훠궈를 맛볼 수 있는 곳이다. 최대 장점은 고기와 채소·어묵·완자·면 등의 부재료, 음료, 주류, 디저트 등 모든 음식을 무제한으로 제공한다는 것. 디저트 코너에 종류별로 구비된 하겐다즈 아이스크림은 안 먹으면 손해다. 한국어 메뉴를 QR코드로 주문할 수 있어 이용도 편리하다. 주말이나 평일 식사 시간에는 대기가 긴 편이니 구글맵으로 예약 후 방문하는 것이 좋다. 혼자 이용할 경우 NT$100의 추가 요금이 있다.

구글맵 마라훠궈 신이점
가는 방법 MRT 샹산역 1번 출구에서 도보 7분, 또는 타이베이 101에서 도보 5분
운영 11:30~24:00
예산 NT$770~1100
페이스북 @mala.hotpot

모든 재료를 무제한으로
즐길 수 있는 마라훠궈

— 🍴 —

타이베이에서 놓치면 안 될
뷰 맛집

하늘 위의 카페

심플 카파 🔊 씽보카페이
興波咖啡 Simple Kaffa

위치 타이베이 101 88층
유형 인기 카페
주메뉴 커피, 베이커리

😊 → 고층에서 즐기는 1등 바리스타의 커피
😫 → 예약 방법과 입장 절차가 번거로움

2013년부터 타이완 바리스타 대회에서 3년 연속 우승, 2016년 세계 바리스타 대회에서 우승을 차지한 바리스타가 문을 연 카페다. 타이베이가 한눈에 내려다보이는 타이베이 101의 88층에 자리해 탁 트인 뷰를 감상할 수 있다. 89층 전망대에 오를 계획이라면 긴 줄을 서야 하는 전망대 대신 이곳을 이용하는 것도 좋다. 좌석마다 최소 이용 금액이 정해져 있으며 창가 좌석은 꽤 비싼 편이다.

📍
구글맵 simple kaffa sola **가는 방법** MRT 타이베이 101/ 스마오역
4번 출구와 연결, 또는 MRT 스정푸역 3번 출구에서 도보 15분
운영 10:00~20:00 **예산** 방문 인원에 따라 다름 **홈페이지** simplekaffa.com

☑ 예약 방법

❶ 구글맵에서 'simple kaffa' 검색, 업소 정보에서 'inline.app' 클릭
❷ 방문 인원Party Size 선택: 1~8명(성인, 어린이 포함 최대 8명 선택 가능)
❸ 테이블 타입Type of Table 선택: 테이블 타입에 따라 최소 이용 금액이 달라짐
 – 2~8인용 소파석Bay Sofa(no by window): 최소 이용 금액 NT$3000
 – 2~4인용 창가석Window Seat: 최소 이용 금액 NT$2000
 – 2인용 창가석Compact Window Seat: 최소 이용 금액 NT$1500
 – 일반 테이블석General Seat(no by window): 1인 최소 이용 금액 NT$300
 ※일반 테이블석은 예약 없이 현장 대기 가능하나 예약 권장
❹ 날짜Dining Date 선택: 일주일 이내 범위에서 선택
❺ 시간Time 선택: 아침부터 저녁까지 10개로 구분한 시간 중 선택
❻ 예약자 이름, 휴대폰 번호, 이메일, 방문 목적 등 입력 후 결제하면 예약 완료

☑ 88층 심플 카파 입장 방법

❶ 1층 심플 카파 안내 데스크에서 예약 확인 후 입장권 발급(타이베이 101 앞 LOVE 조형물 뒤편 출입문 이용)
❷ 안내 데스트 옆 에스컬레이터를 타고 2층으로 올라가 직원 안내에 따라 엘리베이터 탑승
❸ 60층에서 내려 고층용 엘리베이터로 환승해 88층 하차

타이베이 101을 바라보며 즐기는 뷔페

인파라다이스 상샹
Inparadise 饗饗

위치 브리즈 신이 46층
유형 대표 맛집
주메뉴 뷔페

😊→ 훌륭한 전망과 함께 즐기는 맛있는 요리
☹→ 예약이 어려운 편

쇼핑몰 브리즈 신이 46층에 자리한 뷔페 레스토랑이다. 신이 지구와 타이베이 101, 지롱강까지 바라다보이는 훌륭한 전망을 자랑한다. 향식천당 뷔페와 같은 계열의 회사에서 운영하는 뷔페 레스토랑으로 향식천당의 고급 버전이라 할 수 있다. 트러플 스테이크, 베이징 덕, 전복, 랍스터 등 좀 더 고급스러운 메뉴를 내며 향식천당과 마찬가지로 오후 식사 시간에는 가격이 조금 저렴하다. 여행자뿐 아니라 현지인도 많이 찾는 곳이라 1년 내내 예약이 쉽지 않다. 따라서 여행 일정이 확정되면 서둘러 예약하는 것이 좋다. 이메일이나 전화 또는 현장 방문으로도 예약할 수 있다.

📍
구글맵 인파라다이스 타이베이
가는 방법 MRT 스정푸역 3번 출구에서 도보 2분
운영 점심 11:30~14:00, 오후 14:30~16:30, 저녁 17:30~21:30
예산 NT$1100~2200
홈페이지 www.inparadise.com.tw
예약 (886)02-8780-9988, service@eatogether.tw

책과 음악, 커피가 있는
매력적인 공간

서점의 뉴 웨이브

츠타야 서점 난강점 ◀니아우슈디엔난강디엔
蔦屋書店南港店 *Tsutaya Bookstore Nangang*

위치	시티 링크City Link 쇼핑몰 2층
유형	서점
특징	책은 물론 감각적인 문구, 소품, 잡화 등 구비

책을 진열하고 판매하는 서점의 개념을 넘어 책을 통해 사람과 사람을 연결하고, 새로운 라이프스타일을 제안하며 세계의 서점 문화를 바꾸고 있는 일본의 츠타야 서점. 타이베이에는 총 6개의 츠타야 서점이 있다. 문구, 생활용품, 디자인 소품, 잡화, 간식, 음식 등 책뿐 아니라 일상에 필요한 다양한 물건을 엄선하여 선보인다. 따라서 꼭 책이 아니더라도 문구나 디자인 소품, 잡화 등 아기자기한 아이템을 구경하는 재미가 쏠쏠하다.

구글맵 tsutaya nangang
가는 방법 MRT 난강역에서 시티 링크 쇼핑몰과 바로 연결
운영 08:30~21:30(금 · 토요일은 22:00까지)
홈페이지 www. tsutaya.com.tw

타이베이 내 츠타야 서점

● **신이점**
구글맵 tsutaya xinyi
가는 방법 MRT 스정푸역 2번 출구와 연결되는 유니 프레지던트 백화점Uni-President Department Store 5층

● **쑹산점**
구글맵 tsutaya songshan
가는 방법 MRT 쑹산역 4A번 출구와 연결되는 시티 링크 쇼핑몰 3층

● **노케NOKE점**
구글맵 tsutaya NOKE
가는 방법 MRT 젠난루劍南路역 부근 노케 쇼핑몰 4층

음악의 숲

다타오 바이닐 레코드 스토어 다타오헤이지아오 얼지주안마이
大韜黑膠耳機專賣 *DaTao Vinyl Record Store*

15년 동안 LP를 수집해온 주인장이 타이베이 음악 센터 개관에 맞춰 오픈한 곳으로, 타이베이에서 가장 큰 음반 판매점이다. 주인장이 수집한 3만여 장의 음반과 함께 새로 들여온 음반을 선보인다. 높이 7m에 달하는 벽면 전체가 LP로 장식되어 있다. 수많은 LP 속에서 내가 좋아하는 뮤지션의 앨범이나 좋아하는 영화의 OST 음반을 발견하는 재미가 있는 곳이다.

위치	타이베이 음악 센터 건너편
유형	음반 판매점
특징	타이베이에서 가장 큰 음반 판매점

구글맵 datao Vinyl record store
가는 방법 MRT 쿤양역 3번 출구에서 도보 12분
운영 12:00~20:00 **휴무** 월 · 화요일
페이스북 @DaTaoVinyl

'응 커피' 타이베이 1호점

퍼센트 아라비카 커피
% Araboca Coffee

위치	샹산 하이킹 트레일 코스 시작점
유형	카페
주메뉴	교토 라테, 오리지널 라테

☺ → 진하고 고소한 카페라테
☹ → 테이블이 없어 불편함

국내에도 마니아층이 있으며 일명 '응 커피'라고 하는 교토의 커피 브랜드다. 신이 지구에 있는 매장은 타이베이 1호점으로 오픈 초기에는 이곳의 커피를 마시기 위해 1시간씩 줄을 서기도 했다. 샹산 트레일 코스 시작점에 위치해 샹산 하이킹을 하기 위해 오가며 들르기 좋다. 단, 테이블이 없고 테이크아웃만 가능하다. % 로고는 커피나무에 커피 열매가 맺힌 모습을 표현한 것이다. 이곳에서 꼭 맛봐야 할 커피는 진하고 고소한 맛의 오리지널 라테와 교토 라테다.

구글맵 %arabica taipei elephant mountain
가는 방법 MRT 샹산역 2번 출구에서 도보 10분
운영 09:00~18:30 **예산** NT$150~
페이스북 @arabicataiwan.1

시먼&디화제

AREA 04

전통과 현대가 공존하는 곳

시먼 西門 & 디화제 迪化街

🔊 시먼 & 디화지에

타이베이 서쪽에 자리한 시먼과 디화제는 다이내믹한 타이베이를 느낄 수 있는 곳이다.
시먼이 젊은 층이 모이는 활기차고 시끌벅쩍한 곳이라면, 디화제는 오랫동안 보존해온 전통과
고즈넉함이 살아 있는 곳이다. 오래된 것과 새로운 것의 만남과 전통과 현대의 공존 등 상반된
분위기가 교체하는 두 동네가 서로 멀지 않은 곳에 위치해 있다. 개성 있는 상점과 맛있는 식당,
머물고 싶은 카페가 넘쳐나 하루를 온전히 투자해도 부족한 곳이다.

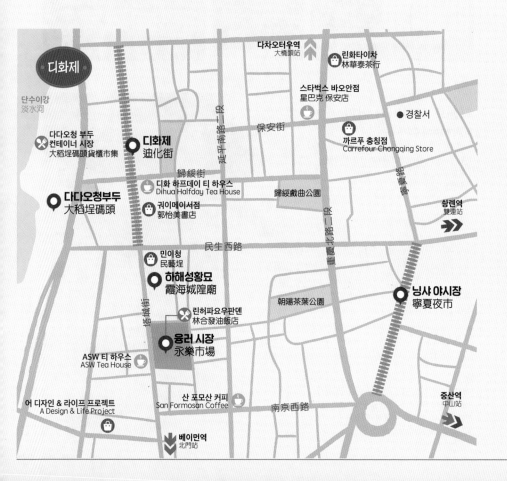

Access

MRT 역과 연결되는 주요 관광 명소

◇ **MRT 시먼西門역** 시먼딩, 시먼홍러우
◇ **MRT 베이먼北門역** 디화제, 다다오청부두
◇ **MRT 룽산쓰龍山寺역**
　룽산쓰, 보피랴오 역사 거리, 화시제 야시장

시먼

Course A

룽산쓰 & 시먼딩 오전 코스
룽산쓰 ➡ 도보 4분 ➡ 보피랴오 역사 거리 ➡ MRT+도보
13분 ➡ 시먼딩 ➡ 도보 2분 ➡ 시먼홍러우

Course B

디화제 & 다다오청부두 오후 코스
디화제 ➡ 도보 8분 ➡ 다다오청부두 ➡
MRT+도보 30분 ➡ 까르푸 쇼핑

베이먼역
北門站

MKCR

洛陽街

푸홍우육면
富宏牛肉麵

尾明街74

루이탕
如邑堂

갓 궈 핫팟
尬鍋台式潮鍋

武昌街二段

저스트 슬립 시먼딩
Just Sleep Ximending

峨眉街

시먼딩
西門町

수신방
手信坊

아종면선
阿宗麵線

행복당
幸福堂

成都路

시먼딩 무지개
횡단보도

시먼역
西門站

펑다카페이
蜂大咖啡

5

6

4

1

시먼홍러우
西門紅樓

3

선메리
sunmerry

2

長沙街二段

일갑자찬음
一甲子餐飲

팔십팔차
八拾捌茶

貴陽街二段

삼미식당
三味食堂

화시제 야시장
華西街夜市

왕스 브로스
小王煮瓜

桂林路

까르푸 구이린점
家樂福 桂林店

룽산쓰
龍山寺

보피랴오 역사 거리
剝皮寮歷史街區

하이디라오
Haidilao

샤오난먼역
小南門站

1　　　3
　룽산쓰역
2　龍山寺站

① 시먼딩 🔊 시먼띵
西門町 *Ximending*

젊음이 쏟아지는 거리

타이베이 젊은이들이 사랑하는 동네 시먼딩은 MRT 시먼역 6번 출구에서 시작한다. MRT에서 내리자마자 느껴지는 젊은이들의 활기에 마음이 들썩거리는 곳이다. 타이완 로컬 브랜드와 글로벌 브랜드의 대형 매장, 영화관, 쇼핑몰, 식당, 카페, 잡화점 등 없는 게 없는 동네다. 학생들이 많이 찾는 곳이라 저렴한 물건을 파는 상점이 많은 것도 특징이다. 각종 행사와 촬영, 퍼레이드 등의 이벤트가 자주 열려 1년 중 북적거리지 않는 날을 꼽기가 어려울 정도다. 주말이나 명절에는 버스킹, 비보잉, 마술 쇼 등 다양한 거리 공연이 열려 더더욱 발 디딜 틈이 없다. 메인 로드를 중심으로 크고 작은 골목이 연결되어 있으니 길을 잃지 않도록 주의해야 한다.

구글맵 시먼딩 **가는 방법** MRT 시먼역 6번 출구

⑫ 시먼훙러우
西門紅樓 *The Red House*

과거와 현재가 교차하는 곳

시먼딩 거리 건너편에 붉은 벽돌의 팔각형 건물이 있
습니다. 1908년 타이완 최초의 공영 시장으로 지어
경극 공연장과 오페라하우스로 사용하던 유서 깊은 건
물이에요. 현재는 라이브 하우스, 카페, 디자인 소품
숍 등으로 운영하고 있으며 주말에는 건물 앞에서 플
리마켓이 열립니다.

📍 **가는 방법** MRT 시먼역 1번 출구 앞

TRAVEL TALK

**시먼딩
무지개 횡단보도**

MRT 시먼역 6번 출구 앞에 여섯 가지 색으로 칠한 횡단보도가 있습니다. 여섯 가지 색을 바탕으로
'TAIPEI' 여섯 글자가 새겨져 있어 사진을 찍으면 예쁘게 나오는 곳이에요. 하지만 기념 촬영 명소이기
이전에 횡단보도임을 기억해야 합니다. 차량이 다니는 도로에서 사진을 찍는 사람들 때문에 교통
체증이 빈번히 발생하는 것은 물론, 그 자체가 위험한 행동이니 주의해야 합니다.

⓪③

룽산쓰
龍山寺 *Longshan Temple*

타이완에서 가장 오래된 사원

불교, 도교, 유교부터 토속신앙의 신까지 다양한 신을 모시는 사원이다. 1740년에 지어 타이완에서 현존하는 가장 오래된 사원으로 2018년에 국가 사적지로 등록되었다. 태풍과 지진 그리고 제2차 세계대전 등으로 파손되었으나 1957년에 재건해 현재와 같은 모습이 되었다. 종교가 곧 일상인 타이완 사람들은 수시로 가까운 사원에 가서 소원을 빌고 기도를 드린다. 특히 룽산쓰는 본당에 모신 관세음보살이 영험하기로 유명해 멀리서 찾아오는 사람이 더 많다. 이곳에서 간절히 기도하는 사람들을 보는 것만으로도 마음이 차분해진다. 다만 우리의 여행이 그들의 기도에 방해가 되지 않도록 조심하면서 관람하기 바란다.

⑨
구글맵 용산사
가는 방법 MRT 룽산쓰역 1번 출구에서 도보 3분 **운영** 07:00~22:00

간절한 마음으로 소원 빌기
룽산쓰에서 점괘 보는 방법

룽산쓰 관람의 포인트 중 하나는 나무 조각을 이용해 점을 보는 것이다.
소원을 빌고 난 후 반달 모양의 나무 조각 한 쌍을 던져서 두 조각이 서로 다른 면이 나오면
소원이 이루어진다고 한다. 같은 면이 나오면 간절함이 부족했으니 다시 빌어야 한다는 뜻이다.

"OO에서 온 OOO라고 합니다"
라고 본인의 신분을 밝히고
마음속으로 소원을 빈다.

반달 모양의
나무 조각 한 쌍을
바닥에 던진다.

두 조각이 같은 면이 나오면
서로 다른 면이 나오도록
한두 번 더 반복한다.

나무 조각 옆에 꽂힌
긴 막대를 하나 뽑아
번호를 확인한다.

좌측의 나무 서랍장에서
막대에 쓰인 번호의 서랍을 열어
맨 위의 종이를 한 장 꺼낸다.

입구 왼쪽의 창구에 종이를
보여주면 점괘에 대한 간단한
영문 해석을 들을 수 있다.
해석이 어려울 경우
구글 번역기나 파파고 앱을
이용한다.

⑭ 디화제 ◀ 디화지에
迪化街 Dihuajie

오래된 것의 가치

각 지방에서 올라오는 다양한 식재료와 음식, 말린 과일, 말린 버섯, 약재 등을 판매하는 상점이 모여 있는 거리로 '타이완의 주방'이라 불린다. 이곳의 건축물은 대부분 100년 이상 되어 거리 전체가 커다란 문화재이자 박물관이라 할 수 있다. 정부가 관리하기 때문에 마음대로 헐거나 고칠 수 없어 타이베이의 옛 모습이 그대로 간직되어 있다. 오래된 것을 아끼고 살피는 타이베이의 노력이 엿보이는 곳이다.

1850년대부터 1970년대까지 디화제의 상업 발전은 곧 타이베이의 상업 발전이라 할 수 있을 정도로 디화제는 타이베이의 핵심 상권이었다. 교역을 위해 타이완 전역과 외국에서 상인들이 몰려들면서 상권은 날로 번성했고 이로 인해 동양 문화와 서양 문화가 혼재된 고유한 문화가 생겨났다. 디화제의 건물들이 동양과 서양의 건축양식이 섞인 독특한 모습을 하고 있는 이유다. 현재는 동취, 시먼, 신이 등 핵심 상권이 다른 동네로 옮겨갔지만 디화제는 여전히 타이베이에서 가장 특별하고 가치 있는 곳이다.

구글맵 디화제 **가는 방법** MRT 베이먼역 3번 출구에서 도보 8분

TIP
디화제 건물의 독특한 구조

디화제 메인 거리의 건물들은 여느 지역과는 다른 독특한 구조로 이루어져 있다. 이는 상업이 번성했던 디화제의 역사를 엿볼 수 있는 구조다. 당시 대부분의 주택은 거리 앞쪽 1층에 가게, 뒤쪽에 창고가 자리하고 2층과 3층에 거주하는 집이 있었다. 한 건물에 일터와 주거 공간이 함께 있었던 것이다. 디화제 메인 로드에, 바깥쪽 상점을 지나 안뜰을 지나면 카페나 찻집으로 연결되는 이중 구조로 된 건물이 많은 이유다.

TRAVEL TALK

**평생 단짝을
만나고 싶다면**

디화제를 걷다 보면 작고 허름한 도교 사원을 만나게 되는데 이곳은
하해성황묘霞海城隍廟입니다. 부부의 인연을 맺어준다는 중매의 신
월하노인月下老人을 모시는 사원이라 1년 내내 젊은 남녀의 발길이
끊이지 않지요. 특히 견우와 직녀가 만나는 음력 7월 7일, 그리고
월하노인 생일인 음력 8월 15일은 소원을 빌기에 더 좋은 날이라
알려져 전국에서 몰려든 젊은 남녀들로 북새통을 이룹니다. 이곳에서
소원을 빌고 짝을 만나게 되면 반드시 다시 찾아와 감사 인사를
드려야 헤어지지 않는다고 해요.

---

(05)

다다오청부두 🔊 따다오청마터우
大稻埕碼頭 *Dadaocheng Wharf*

타이베이 최고의 노을 맛집

석양으로 유명한 단수이까지 가지 않더라도 아름
다운 황금빛 노을을 만날 수 있는 곳이다. 다다오청
부두는 날씨가 맑은 날, 선명하게 빛나는 노을을 볼
수 있는 타이베이 최고의 노을 맛집으로 통한다. 디
화제 일대가 번성하던 시절 상인들을 태운 배가 드
나들던 부두였으며, 지금은 단수이강을 한 바퀴 돌
아보는 유람선과 단수이항을 오가는 페리 선착장이
되었다. 부두 앞에는 컨테이너를 개조해 음식과 음
료, 맥주 등을 파는 마켓이 형성되어 있어, 불어오
는 강바람을 맞으며 노을 아래서 저녁 식사를 할 수
있다.

ℹ
구글맵 대도정마두
가는 방법 MRT 베이먼역 3번 출구에서 도보 15분,
또는 디화제에서 도보 8분
운영 컨테이너 마켓 16:00~22:00
(목~일요일은 12:00부터)

날씨가 흐리거나 비가 오는 날에는
일몰을 보기 힘드니
굳이 방문할 필요 없어요.

⑥ 보피랴오 역사 거리 뽀피랴오라스지에
剝皮寮歷史街區 *Bopiliao Historic Block*

청나라로 떠나는 시간 여행

청나라 초기에 형성된 마을로 복원 사업을 마치고 2009년 대중에 공개했다. 청나라 지배와 일제강점기를 거쳐 중화민국(타이완)에 이르기까지의 건축양식과 문화가 혼합된 고유한 특성을 간직한 거리가 되었다. 당시 모습을 거의 그대로 복원해 수많은 영화, 드라마의 배경이 되기도 했으며 2010년 타이베이 시 정부의 관리를 받는 역사 건축물로 등록되었다. 빈티지한 분위기 때문에 포토 포인트로 찾는 사람들이 많다. 이곳만 방문하기보다는 근처의 룽산쓰, 화시제 야시장과 함께 묶어 둘러보는 것을 추천한다.

📍
구글맵 보피랴오 역사 거리
가는 방법 MRT 룽산쓰역 1번 출구에서 도보 6분
운영 09:00~18:00 **휴무** 월요일
홈페이지 www.bopiliao.taipei

⑦
화시제 야시장 화시지에이예스
華西街夜市 *Huaxi St. Night Market*

위안팡과바오의
과바오

룽산쓰 근처의 야시장

뱀, 자라, 제비집 등 보양식 재료나 보양식을 파는 상점, 발 마사지 숍이 대거 모여 있는 야시장이다. 관광객보다는 현지인이 훨씬 많이 찾는다. 메인 통로에 지붕을 설치해 비가 와도 다니기 불편하지 않으며, 룽산쓰와 가까워 함께 둘러보기 좋다. 다른 야시장에 비해 규모가 작고 먹거리도 적은 편이지만 〈미슐랭 가이드〉에 선정된 위안팡과바오源芳刈包 또는 왕스 브로스를 일부러 찾아오는 사람이 많다.

📍
구글맵 화시지에 야시장 **가는 방법** MRT 룽산쓰역 1번 출구에서 도보 7분 **운영** 16:00~24:00

가성비 최고
전설의 맛집

NT$100의 행복
푸훙우육면 🔊 푸훙니우러우미엔
富宏牛肉麵 *Fuhong Beef Noodle*

위치	MRT 베이먼역 근처
유형	로컬 맛집
주메뉴	우육면

😊 → 가성비 좋은 우육면과 무료 음료
🙁 → 좌석이 좁고 합석이 많음

오래된 간판에 실내장식도 없는 허름한 식당이지만 우육면 맛은 뛰어나다. 간장 베이스의 진한 국물에 두툼한 쇠고기가 듬뿍 들어 있는데, 소짜가 NT$100, 한화로 5000원도 안 되는 가격에 푸짐하고 맛있는 우육면을 먹을 수 있다니 감사할 따름이다. 오이무침, 두부 등 반찬도 저렴하며 음료는 모두 무료다. 24시간 영업해 아무 때나 가서 먹을 수 있다는 것도 장점이다.

📍
구글맵 푸훙뉴러우멘
가는 방법 MRT 베이먼역 1번 출구에서 도보 6분
운영 24시간
예산 NT$100~150
페이스북 @519285271483011

푸짐한
우육면 한 그릇

전설의 곱창국수
아종면선 🔊 아쫑미엔시엔
阿宗麵線 *Ay Chung Flour Rice Noodle*

위치	시먼딩 근처
유형	대표 맛집
주메뉴	곱창국수

😊 → 저렴하고 간편한 한 끼
🙁 → 맛과 향이 강한 편

걸쭉하고 진한
국물의 곱창국수

1975년부터 영업해온 시먼딩의 대표 맛집이다. 주메뉴는 곱창, 가다랑어 포, 죽순을 넣어 끓인 진하고 걸쭉한 국물에 가느다란 면발이 가득 들어 있는 곱창국수. 곱창국수 하나만으로 50년 가까이 인기를 이어온 곳이다. 카운터 뒤편에 놓인 칠리, 마늘, 흑초를 조금씩 첨가하면 풍미가 더욱 살아난다. 단, 테이블이 없어 서서 먹거나 간이 의자에 앉아 먹어야 한다.

📍
구글맵 아종면선 시먼 **가는 방법** MRT 시먼역 6번 출구에서 도보 2분
운영 08:30~22:30(금~일요일은 23:00까지)
예산 소짜 NT$60, 대짜 NT$75

곱창국수에 고수가
기본으로 들어가요. 고수를
원치 않는다면 주문할 때
"뿌야오샹차이不需要香菜"라고
말하면 돼요.

<미슐랭 가이드>의 동파육덮밥

일갑자찬음 🔊 이지아즈찬인
一甲子餐飲

위치	롱산쓰 근처
유형	로컬 맛집
주메뉴	콩러우판, 타이완식 버거

☺ → 한국인 입맛에 잘 맞음
☹ → 적은 좌석 수, 긴 대기 줄

타이완 남부의 타이난 요리를 정통으로 재현하는 식당으로 3대를 이어 가족이 운영한다. 영업시간 내내 긴 줄을 서야 하는 인기 맛집이기도 하다. 꼭 맛봐야 할 음식은 단맛과 짠맛이 완벽한 조화를 이루는 동파육덮밥인 콩러우판控肉飯. 타이난에서 들여온 쌀로 지은 밥에 동파육과 오이절임, 두부를 푸짐하게 올려내는데, 거의 모든 손님이 주문하는 인기 메뉴다. 동파육을 찐빵 속에 넣은 꽈바오刈包도 인기 있다.

📍
구글맵 일갑자찬음
가는 방법 MRT 시먼역 1번 출구에서 도보 10분, 또는 MRT 룽산쓰역 3번 출구에서 도보 9분
운영 09:00~19:00
휴무 일요일 **예산** NT$100~200
페이스북 @Yi.Jia.Zi.Snack

단짠단짠 완벽한 조합의 콩러우판

부지런해야 맛볼 수 있는 요우판

린허파요우판뎬

林合發油飯店 *Lin He Fa Oily Rice Shop*

위치	용러 시장 1층
유형	로컬 맛집
주메뉴	요우판

☺ → 저렴하고 든든한 한 끼
☹ → 오전에만 영업

타이완 전통 가정식 중 쌀밥에 참기름, 간장 양념을 넣어 볶은 요우판油飯이 있다. 매년 정월대보름에 밥에 양념을 섞어 가족, 이웃과 나누던 풍습에서 비롯된 음식이다. 디화제 용러 시장 1층에 자리한 이 집은 전통 방식의 요우판을 파는데 아침 일찍부터 손님들이 긴 줄을 선다. 큼직한 닭다리구이와 버섯조림 등을 얹어 든든한 아침 식사로도 손색없다. 짭짤하고 고소한 맛으로 현지인은 물론 여행자 사이에서도 인기가 매우 좋다.

큼직한 닭다리구이와 버섯조림을 얹힌 요우판

📍
구글맵 Lin He Fa Oily Rice Shop
가는 방법 MRT 베이먼역 3번 출구에서 도보 8분, 용러 시장 1층
운영 07:30~12:00 **휴무** 월요일 **예산** NT$80~120
페이스북 @187015171323506

줄 서서 먹는 대왕 연어초밥

삼미식당 ◀️쌴웨이스탕

三味食堂 San Wei Restaurant

위치	룽산쓰 근처
유형	로컬 맛집
주메뉴	연어초밥

😊 → 뛰어난 가성비의 연어초밥
😩 → 긴 대기 줄과 아쉬운 서비스

현지인뿐 아니라 한국인과 일본인 여행자 사이에서 꼭 가봐야 할 식당으로 꼽히는 일식당이다. 꼬치구이, 초밥, 생선구이, 사시미 등 다양한 일식을 내는데 이곳의 대표 메뉴이자 긴 줄을 서게 만드는 것은 손바닥만 한 크기의 대왕 연어초밥이다. 연어가 두툼하고 품질이 좋다. 한국어 메뉴판도 준비되어 있어 메뉴 고르기가 쉽다.

📍
구글맵 삼미식당 타이베이
가는 방법 MRT 시먼역 1번 출구에서 도보 10분, 또는 MRT 룽산쓰역 3번 출구에서 도보 9분
운영 11:20~21:00
(14:30~17:10 브레이크 타임)
휴무 월 · 화요일
예산 NT$200~500
페이스북 @100064691076595

노릇하게 구운 닭꼬치와 대왕 연어초밥

화시제 야시장의 간판스타

왕스 브로스 ◀️샤오왕주과

小王煮瓜 Wang's Broth

위치	화시제 야시장 내
유형	로컬 맛집
주메뉴	콩러우판, 루러우판

😊 → 한국인 입맛에 잘 맞는 편
😩 → 내부가 시끄럽고 복잡함

일갑자찬음과 더불어 콩러우판의 양대 산맥이라 불리는 곳이다. 〈미슐랭 가이드〉의 빕 구르망에 선정된 것도 일갑자찬음과 같다. 꼭 맛봐야 할 음식은 역시 콩러우판. 잘게 자른 돼지고기조림을 올린 루러우판油肉飯도 맛있다. 대기 줄이 긴 편이지만 테이블 회전이 워낙 빨라 그리 오래 기다리지 않아도 된다.

📍
구글맵 wang's broth
가는 방법 MRT 룽산쓰역 1번 출구에서 도보 7분
운영 09:30~20:00 **휴무** 화요일 **예산** NT$65~120
홈페이지 www.wangsbroth.com

큼직한 돼지고기조림을 올린
콩러우판

타이완식 볶음 훠궈

갓 궈 핫팟 가꿔타이스차꿔
灶鍋台式潮鍋 *God Guo Hot Pot*

특별하게 즐기는
타이완식 볶음 훠궈

위치	시먼딩 근처
유형	대표 맛집
주메뉴	훠궈

😊→ 현지인에게 인기 만점인 타이완식 훠궈
😞→ 예약 필수

닭고기를 돌솥에 볶다가 주문할 때 선택한 탕(마라탕, 백탕, 청탕 등)을 부어 닭 육수를 우려내는 타이완식 볶음 훠궈를 맛볼 수 있는 곳이다. 원하는 탕을 골라 개인 냄비에 끓여 먹는 방식이라 각자 입맛에 맞는 훠궈를 즐길 수 있다. 탕과 고기를 주문하면 채소, 완자, 어묵, 면 등의 부재료는 뷔페식으로 제공하는데 모두 무제한이다. 음식이 맛있고 푸짐한 것은 물론 직원들이 친절해 기분 좋은 식사를 하게 되는 곳이다. 현지인들이 특히 좋아하는 식당이라 예약은 필수다. 구글맵을 통해 예약 가능하며, 예약 없이 갔다면 매장 앞에서 QR코드를 찍어 대기 명단에 등록 후 차례를 기다린다.

📍
구글맵 god guo ximen
가는 방법 MRT 시먼역 6번 출구에서 도보 1분,
또는 MRT 베이먼역 1번 출구에서 도보 8분
운영 11:00~22:00(금 · 토요일은 02:00까지) **예산** NT$400~600
홈페이지 www.godguo.com.tw

오랜 전통의
감성 찻집과 카페

안온한 휴식처
팔십팔차 🔊빠시바차
八拾捌茶 *Eighty-Eightea*

일제강점기에 사찰의 주지 스님이 거주하던 건물을 개조해 사용하는 찻집으로 타이완에서 재배하고 로스팅한 차를 전문으로 한다. 현재는 찻집 건물을 비롯한 일부 건물과 사찰 터, 종탑만 남아있다. 버려진 건물을 타이베이 시 정부가 역사 건축물로 지정해 고택 문화 운동을 통해 복원했고, 2013년 찻집과 사찰 음식 전문점으로 문을 열었다. 차분하고 조용한 휴식이 필요한 여행자에게 안성맞춤인 곳이다.

위치 시먼홍러우 근처
유형 대표 찻집
주메뉴 타이완 차(우롱차)

😊→ 조용하고 편안한 공간
😞→ 여럿이 방문해 수다 떨기는 부적합

구글맵 eighty eightea taipei
가는 방법 MRT 시먼역 1번 출구에서 도보 4분
운영 11:30~18:00
(금~일요일은 20:00까지)
예산 NT$190~880
페이스북 @rinbansyo

평온한 티타임에 다과와 함께 즐기는 차

타이베이에서 가장 오래된 카페
펑다카페이
蜂大咖啡 *Fong Da Coffee*

1956년부터 같은 자리를 지켜온, 타이베이에서 가장 오래된 카페다. 나이가 지긋한 어르신부터 엄마와 함께 토스트를 먹으러 온 어린아이까지 남녀노소 모두에게 사랑받는 곳이다. 오랫동안 원두를 직접 로스팅하고 블렌딩하며 쌓은 기술과 노하우가 커피 맛에 그대로 드러난다. 특히 코피 루왁, 파나마 게이샤, 블루마운틴, 예가체프 등 좋은 원두로 내린 사이폰 커피는 꼭 맛보길 바란다. 오랜 전통과 커피 맛 덕분에 매장은 언제나 만석이지만 테이블 회전이 빠른 편이라 대기 시간은 그리 길지 않다.

위치 시먼홍러우 근처
유형 대표 카페
주메뉴 커피

😊→ 커피 맛이 좋고 가격이 저렴
😞→ 대기 줄이 길고 좀 시끄러운 편

구글맵 펑다카페이
가는 방법 MRT 시먼역 1·6번 출구에서 도보 2분
운영 08:00~22:00 **예산** NT$80~300
페이스북 @100057294976533

오랜 전통과 노하우가 담긴 펑다카페이의 커피

북문을 바라보며 커피 한잔

MKCR ◀ 산샤오하이카페이
山小孩咖啡 *Mountain Kids Coffee Roaster*

위치 베이먼광장 바로 앞
유형 로컬 카페
주메뉴 커피, 시나몬롤

☺ → 멋진 전망과 친절한 서비스
☹ → 매장이 협소해 좌석이 적음

베이먼광장北門廣場이 한눈에 보이는 산뜻한 분위기의 카페다. 창문으로 보이는 싱그러운 나무와 붉은색 북문이 마치 액자 속 풍경처럼 느껴진다. 제대로 된 전망을 즐기려면 2층 창가석을 추천한다. 날씨가 좋은 날은 1층 야외 테이블에 앉는 것도 좋다. 원두를 직접 로스팅하고 블렌딩하는 곳이라 커피 맛도 좋다. 특히 산미 있는 가벼운 커피를 좋아한다면 추천하고 싶은 곳이다. 테이크아웃을 하면 NT$50~60 할인된다.

📍
구글맵 mkcr coffee **가는 방법** MRT 베이먼역 1번 출구에서 도보 6분, 또는 MRT 타이베이 메인 스테이션 Z10번 출구에서 도보 7분
운영 08:00~22:00 **예산** NT$180~400 **페이스북** @mkcrtw

밀크티 한잔의 행복

행복당 ◀ 씽푸탕
幸福堂 *Xing Fu Tang*

위치 시먼딩
유형 로컬 카페
주메뉴 흑당 버블티

☺ → 직접 만든 흑당 타피오카 펄
☹ → 타피오카 펄을 싫어한다면 비추

시판하는 타피오카 펄을 사용하는 곳과 달리, 이곳에서는 직접 만들어 흑당에 조린 수제 타피오카 펄을 넣은 밀크티를 맛볼 수 있다. 뜨거운 솥에서 부글부글 끓고 있는 흑당 타피오카 펄을 크게 한 국자 떠서 컵에 담은 뒤 얼음과 신선한 우유를 부어 내준다. 이렇게 만드는 과정을 모두 지켜볼 수 있는 것도 특징이다. 말랑말랑한 타피오카 펄과 흑당 특유의 진한 향이 살아 있는 밀크티 한잔에 절로 미소가 지어진다. 이름 그대로 행복을 파는 집이다.

📍
구글맵 씽푸탕 시먼
가는 방법 MRT 시먼역 6번 출구에서 도보 1분
운영 08:30~00:30 **예산** NT$120 **홈페이지** xingfutang.com.tw

스타벅스의 특별함
스타벅스 바오안점
Starbucks Baoan Store

위치 MRT 다차오터우역 근처
유형 대표 카페
주메뉴 커피, 디저트 등

☺ → 고풍스러운 분위기와 한정판 굿즈
☹ → 어디 지점에서나 먹을 수 있는 메뉴

디화제 메인 거리에서 조금 벗어난 곳에 자리한 커다란 규모의 스타벅스. 외관부터 심상치 않은 이곳은 디화제가 번성하던 시절 차 무역을 하던 사업가의 호화 저택이었다. 우아한 바로크 양식의 붉은 벽돌 건물 안에서 즐기는 커피 맛은 조금 더 특별하지 않을까. 타이베이 스타벅스 중에서 MD(머그컵, 텀블러, 가방 등) 종류가 다양하고 많기로 유명해 여행자의 발길이 이어진다. 특히 스타벅스 마니아라면 이 지점에서만 판매하는 한정판 MD를 놓치지 말 것.

구글맵 3G57+P7 타이베이 **가는 방법** MRT 다차오터우大橋頭역 1번 출구에서 도보 5분 **운영** 07:00~21:30
예산 NT$120~200 **홈페이지** www.starbucks.com.tw

타이완의 커피
산 포모산 커피 🔊썬까오샤카페이관
森高砂咖啡館 *San Formosan Coffee*

위치 디화제 근처
유형 로컬 카페
주메뉴 푸어 오버 커피

☺ → 타이완에서 생산한 다양한 커피 맛 경험
☹ → 가격이 비싼 편

난터우, 화롄, 자이, 타이난, 가오슝 등 타이완 각지에서 생산한 원두를 핸드 드립으로 내려주는 카페. 원하는 원두와 핫, 아이스 중 선택하면 정성껏 커피를 내려주는데, 따뜻한 커피를 선택할 경우 같은 원두의 커피를 차갑게도 맛볼 수 있도록 별도의 잔에 조금 담아준다. 세심한 서비스에 커피를 마시기 전부터 기분이 좋아지는 곳이다. 커피 만드는 과정을 모두 지켜볼 수 있으며 홍차, 우롱차 등도 판매한다.

따뜻한 커피와 시원한 커피를 모두 맛볼 수 있는 세심한 서비스

구글맵 sanformosan coffee dadaocheng main shop
가는 방법 MRT 베이먼역 3번 출구에서 도보 10분
운영 12:00~20:00 **예산** NT$220~450 **홈페이지** sancoffee.shop

가볍게 즐기는 타이완 차

디화 하프데이 티 하우스 🔊디화반르차우
迪化半日茶屋 *Dihua Halfday Tea House*

위치 디화제
유형 대표 찻집
주메뉴 타이완 차

😊 → 가벼운 분위기와 저렴한 차
☹ → 차를 직접 우려 마셔야 함

디화제 메인 거리 중간쯤, 다기 세트와 차를 파는 상점으로 들어가면 작은 정원을 지나 비밀스러운 찻집이 나타난다. 디화제의 오래된 건물을 개조한 상점의 특징인 이중 구조의 찻집이다. 현지인과 일본인 여행자 사이에서 잘 알려진 곳으로 아리산 고산차阿里山高山烏龍, 재스민茉莉四季春, 일월담 홍차日月潭紅玉 등 타이완의 대표적인 차를 여기서 판매하는 다기에 즐길 수 있다. 다른 오래된 고택을 개조한 찻집이나 감성적인 콘셉트의 찻집에 비하면 가격이 저렴하고 분위기가 캐주얼한 편이다. 차를 우려내주는 서비스는 없어도 직접 우려 마시는 과정에 대한 설명서를 제공하니 걱정할 것 없다.

📍
구글맵 dihua halfday tea house
가는 방법 MRT 베이먼역 3번 출구에서 도보 13분
운영 10:00~18:30 **휴무** 화요일 **예산** NT$140~300
홈페이지 www.dihua-halfday.com

타이베이에서 만나는 영국식 찻집

ASW 티 하우스
ASW Tea House

💬 저녁 7시 30분 이후에는 칵테일, 위스키 등 주류를 판매하는 바로 운영해요.

디화제 메인 거리에 'A S WATSON & CO'라는 큼지막한 글씨가 쓰인 건물이 있다. 1917년에 지어 왓슨Watson이라는 타이완 최초의 서양식 약국으로 사용하던 건물이다. 화재로 내부가 모두 소실되었으나 정부 허락 없이는 철거와 재건축이 불가능해 내부를 리모델링해 사용하고 있다. 2층에 자리한 ASW 티 하우스는 우롱차, 홍차, 밀크티, 스콘, 샌드위치 등을 파는 영국식 찻집이다. 디화제에서 쉽게 구할 수 있는 어란을 넣은 어란 샌드위치Wild Mullet Roe & Cream Toasted Sandwich가 이곳의 시그너처로 비린 맛이 전혀 없고 고소한 풍미가 살아 있다.

위치 디화제 왓슨 건물 2층
유형 대표 찻집
주메뉴 홍차, 스콘, 어란 샌드위치

😊 → 특별한 샌드위치 맛
☹ → 가격이 비싼 편

어란을 넣어 짭짤하면서 고소한 어란 샌드위치

📍
구글맵 asw tea house **가는 방법** MRT 베이먼역 3번 출구에서 도보 8분
운영 11:30~19:00, 19:30~00:30 **예산** NT$250~600
페이스북 @aswbywosom

🛍️

시먼 & 디화제 주변
필수 쇼핑 스폿

타이베이 쇼핑의 성지

까르푸 구이린점 🔊찌아러푸꾸이린디엔
家樂福 桂林店 *Carrefour Kwei Ling Store*

위치	시먼훙러우 근처
유형	대형 마트
특징	타이베이 필수 먹거리 쇼핑 코스

시장이나 마트 구경하기는 여행의 즐거움 중 하나다. 특히 타이완에서는 캐리어 한가득 간식으로만 채우는 여행자가 있을 정도로 간식 쇼핑이 인기가 좋다. 타이베이의 대표적 마트인 까르푸 구이린점은 한국인 여행자 사이에서 반드시 들러야 할 쇼핑 스폿으로 꼽힌다. 타이베이에 까르푸 지점이 여러 곳 있지만 유독 이곳이 유명한 이유는 24시간 운영해 언제든 쇼핑이 가능하기 때문이다. 망고 젤리, 펑리수, 과자, 밀크티, 위스키, 고량주 등 다양한 품목이 갖춰져 있다. 여행자들이 많이 구입하는 제품만 따로 모아놓은 코너도 있으며, NT$2000 이상 구입 시 이곳 6층으로 가면 면세 혜택도 받을 수 있다.

📍 **구글맵** 까르푸 구이린점 **가는 방법** MRT 시먼역 1번 출구에서 도보 9분 **운영** 24시간 **홈페이지** www.carrefour.com.tw

TIP

까르푸 등 마트나 편의점에 가면 '7折', '8折', '9折' 등의 글씨가 쓰여 있는 것을 볼 수 있다. '저折'는 할인의 의미로 '7折'는 정가의 70%에 판매한다는, 즉 30% 할인이라는 뜻이다.

공간이 주는 힐링
궈이메이서점 🔊꿔이메이슈디엔
郭怡美書店 *Kuo's Astral Bookshop*

위치	디화제
유형	서점 겸 문화 공간
특징	다양한 문화를 즐길 수 있는 공간

1922년에 지은 4층짜리 주택을 개조한 서점 겸 문화 공간이다. 1층은 서점과 카페, 2층은 도서관과 살롱, 3층과 4층은 조용히 책을 읽을 수 있는 공간과 비정기적으로 전시가 열리는 갤러리로 이루어져 있다. 오래된 건물을 그대로 살려 건물 전체에서 세월의 멋이 짙게 배어나는 아름다운 곳이다. 중국어를 몰라 책을 읽지 못해도 꼭 가볼 것을 추천한다. 책이 가득한 공간 특유의 차분함과 편안함 덕분에 공간이 주는 힐링을 경험하게 될 테니 말이다.

📍 **구글맵** kuo's astral bookshop **가는 방법** MRT 베이먼역 3번 출구에서 도보 7분
운영 14:00~22:00(토·일요일은 11:00부터)
페이스북 @100087042986727

구경만으로도 즐거운 곳
민이청
民藝埕 *Minyicheng*

위치	하해성황묘 옆
유형	소품 가게
특징	도자기로 만든 다양한 소품

하해성황묘 옆에 자리한 소품 가게로, 도자기로 만든 다양한 소품을 판매한다. 이곳의 시그너처는 도자기로 빚은 샤오룽바오. 샤오룽바오 모양의 도자기 그릇이 실제 딤섬을 찔 때 쓰는 대나무 찜기에 들어 있는 모습이 무척 귀엽다. 그 밖에도 다기 세트, 머그잔, 주전자, 접시 등 기성품부터 핸드메이드 도자기 소품까지 제품이 다양하다. 타이베이에 거주한다면 여러 번 방문해 지갑을 열었을 테지만 구경만으로도 즐거운 곳이다.

📍 **구글맵** 민이청 **가는 방법** MRT 베이먼역 3번 출구에서 도보 8분
운영 10:00~19:00 **페이스북** @artyard67

질 좋은 차를 저렴하게

린화타이차 린화타이차씽

林華泰茶行 Lin Hua Tai Cha

위치	MRT 다차오터우역 근처
유형	차 전문점
특징	시중보다 저렴한 가격

1883년부터 5대째 이어오는 차 전문점이다. 품질 좋은 차를 시중보다 저렴하게 판매해 현지인뿐 아니라 외국인도 일부러 찾아오는 곳이다. 손님이 많아 시음은 어렵지만 품질이 좋아 다들 믿고 구매하는 분위기다. 간혹 손님이 없는 한가한 시간에는 원하는 차를 시음할 수 있게 해준다. 150g, 300g, 600g 등 무게 단위로 차를 판매하며, 투박한 봉투에 담아주기 때문에 선물용보다는 차를 즐겨 마시는 사람에게 추천한다.

구글맵 린화타이차
가는 방법 디화제 메인 거리에서 도보 15분,
또는 MRT 다차오터우역 지하도 D5번 출구에서 도보 4분
운영 07:30~21:00 **홈페이지** linhuatai.okgo.tw

아름다운 삶을 위한 물건

어 디자인 & 라이프 프로젝트

A Design & Life Project

위치	디화제 근처
유형	라이프스타일 숍
특징	공간 전체가 작은 박물관

타이완의 온라인 매거진 〈디자인 & 라이프Design & Life〉에서 운영하는 라이프스타일 숍이다. 유럽, 일본, 미국, 중국 등 전 세계에서 수입한 클래식 가구와 조명, 소품과 직접 디자인하고 제작한 트렌디한 소품과 문구류 등을 판매한다. 제품 진열과 음악, 조명 등 공간을 채운 모든 것이 조화로워 마치 작은 박물관에 온 듯하다. 구경하다 보면 빈손으로 나오기 힘든 곳이니 지갑을 잘 지킬 것. 지인에게 선물할 특별한 아이템을 구입하기에도 좋다. 트와투티아 커피 & 코Twatutia Coffee & Co.라는 카페 2층에 위치해 있는데, 별도의 출입구가 없고 카페 안쪽 계단을 이용해야 한다.

구글맵 a design & life project
가는 방법 MRT 베이먼역 3번 출구에서 도보 7분
운영 월~금요일 09:30~17:30, 토 · 일요일 10:30~18:30
홈페이지 www.designandlife.com

융캉제&궁관 주변

AREA 05

감성 충만, 매력적인 골목 산책

융캉제 永康街 & 궁관 公館 주변

🔊 융캉지에 & 꽁관

타이베이 중남부 지역에는 타이베이 여행에서 빼놓을 수 없는 융캉제와 중정기념당이 있다.
유명한 식당과 상점이 모여 있는 융캉제, 장제스를 기념하며 사진 찍기 좋은 중정기념당과 함께 활기찬
분위기의 국립타이완대학교 부근까지, 맛보고 싶은 음식, 사고 싶은 것, 가보고 싶은 곳, 멍때리고 싶은
카페 등 가볼 만한 곳이 넘쳐나는 곳이다. 이 동네의 매력을 온전히 느끼려면 반나절 이상 투자해 여유 있게
둘러볼 것을 권한다. 산책하기 좋은 골목과 공원도 있으니 날씨 좋은 날 가면 더욱 좋다.

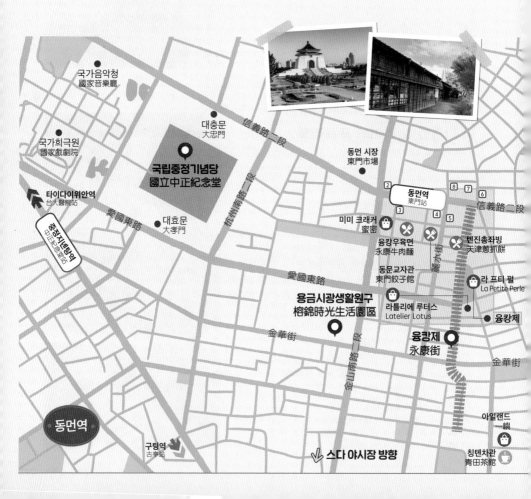

국가음악청
國家音樂廳

대충문
大忠門

信義路二段

동먼 시장
東門市場

국가희극원
國家戲劇院

국립중정기념당
國立中正紀念堂

타이다이위안역
台大醫院站

2 동먼역
東門站

미미 크래커
蜜密

텐진총좌빙
天津蔥抓餅

8 7 6
信義路二段

대효문
大孝門

융캉우육면
永康牛肉麵

愛國東路

동문교자관
東門餃子館

라 프티 펄
La Petite Perle

愛國東路

용금시광생활원구
榕錦時光生活園區

라틀리에 루터스
L'atelier Lotus

융캉제

金華街

융캉제
永康街

金華街

동먼역

아일랜드
嶼

구팅역
古亭站

스다 야시장 방향

칭톈차관
青田茶館

Access

MRT 역과 연결되는 주요 관광 명소

- **MRT 동먼東門역**
  융캉제, 용금시광생활원구
- **MRT 중정지녠탕中正紀念堂역**
  국립중정기념당
- **MRT 궁관公館역**
  보장암국제예술촌, 국립타이완대학교
- **MRT 다안쎤린궁위안大安森林公園역**
  다안삼림공원
- **MRT 타이뎬다러우台電大樓역**
  스다 야시장
- **MRT 커지다러우科技大樓역**
  쿠첸푸기념도서관

Course A

융캉제 핵심 코스

국립중정기념당 ➡ MRT 11분 ➡
융캉제 ➡ 도보 9분 ➡ 다안삼림공원 ➡
버스 13분 ➡ 스다 야시장

Course B

융캉제 주변 반나절 코스

보장암국제예술촌 ➡ 도보 22분 ➡
국립타이완대학교 ➡ 도보 8분 ➡ 쿠첸푸기념도서관

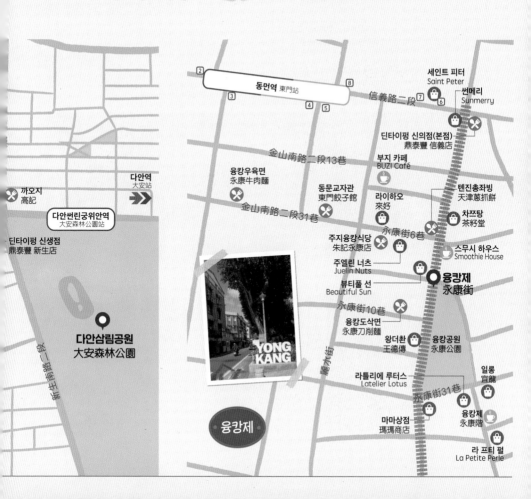

01 융캉제 🔊 융캉지에
永康街 Yongkangjie

오래 머물수록 좋은 동네

〈뉴욕 타임스〉가 선정한 세계 10대 레스토랑에 꼽힌 딘타이펑 본점과 75년 전통의 까오지, 망고 빙수의 절대 강자 스무시 하우스, 줄 서서 먹는 융캉우육면 등 손꼽히는 타이베이 맛집이 모여 있는 동네다. 소문난 맛집에 비하면 볼거리는 많지 않지만, 큰길 옆으로 가지처럼 뻗은 골목을 탐험하는 재미가 쏠쏠하다. 골목을 누비며 작은 상점들을 구경하는 재미, 다양한 거리 음식을 맛보는 재미, 공원에 앉아 여유를 만끽하는 재미 등 융캉제의 진짜 매력은 오래 머물며 구석구석 천천히 들여다볼 때 배가된다.

📍 **구글맵** Yongkang Street **가는 방법** MRT 동먼역 4 · 5 · 6 · 7번 출구 일대

02 용금시광생활원구 🔊 롱진시광셩훠위엔취
榕錦時光生活園區 Rongjin Gorgeous Time

타이베이 속 작은 일본

일제강점기에 타이베이의 감옥을 관리 · 감독하던 일본인 교도관의 숙소로 사용하던 곳이다. 버려진 채 방치되었던 건물에 다시 생명을 불어넣은 것은 '고택 문화 운동 프로젝트'였다. 3년에 걸친 복원 공사를 마치고 2022년 9월에 문을 열었다. 당시 모습을 간직한 전시관과 카페, 베이커리, 소품 가게, 펍, 식당 등으로 이루어져 있으며, '타이베이 속 작은 일본'이라는 별명 덕분에 타이베이 시민과 여행자들에게 인기가 좋다.

📍 **구글맵** rongjin gorgeous time **가는 방법** MRT 동먼역 3번 출구에서 도보 8분
운영 전시관 11:00~20:00, 카페 · 펍은 각각 다름 **홈페이지** www.rongjinchoice.com

⑬ 국립중정기념당 🔊 궈리중정지녠탕
國立中正紀念堂 *Chiang Kai-Shek Memorial Hall*

장제스를 기념하는 공간

장제스장개석蔣介石(1887-1975)는 타이완 역사에서 절대 빠질 수 없는 인물
이다. 1949년 중국에서 건너와 타이완 초대 총통을 지내며 20여 년에
걸쳐 큰 발전을 이룬 업적으로 존경을 받는 한편, 독재에 가까운 통치와
국민 탄압 등으로 최악의 독재자라는 극과 극의 평가를 받는다. 1980년
에 완공한 국립중정기념당은 그를 존경하는 타이완 국민과 화교들이 십
시일반 기금을 모아 지은 것이다. '중정'은 장제스의 본명 장중정蔣中正에
서 따왔으며, 광장에서 2층으로 바로 이어지는 계단은 그가 서거한 당시
나이와 같은 숫자 89개로 만들었다. 1층에는 그의 생애와 업적을 둘러
볼 수 있는 전시관이 있고, 2층에는 의자에 앉아 광장을 내려다보는 모
습의 장제스 동상이 있다. 매일 오전 9시부터 오후 5시까지 매시 정각에
2층에서 동상을 지키는 근위병의 교대식이 열린다.

일자로 쭉 뻗은 광장과 순백색의 중국식 건축물, 광장 양쪽에 자리한 국
가희극원과 국가음악청, 연못이 있는 작은 공원까지, 장제스에 대한 역
사적 평가는 엇갈릴지라도 이곳을 방문해야 할 이유는 충분하다.

📍
구글맵 중정기념당
가는 방법 MRT 중정지녠탕역 5번 출구 바로 앞
운영 09:00~18:00
요금 무료
홈페이지 www.cksmh.gov.tw

⑭ 쿠첸푸기념도서관 🔊 쿠첸푸시엔셩지녠투슈관
辜振甫先生紀念圖書館 *Koo Chen-Fu Memorial Library*

이토록 아름다운 도서관이라니

국립타이완대학교 사회과학원 도서관으로 일본 건축가 이토 도요가 설계한 아름다운 건축물이다. 서가 사이사이에 솟아난 나무 형태의 새하얀 기둥은 책을 읽고 공부하는 학생들에게 그늘이 되어주면서 동시에 햇빛을 부드럽게 반사해 눈부심 없는 햇살을 비춰준다. 또 옥상에서부터 내려오는 대낮의 뜨거운 열기를 막아주고 실내 온도를 바깥에 빼앗기지 않도록 막아주는 역할도 한다. 책 사이에 피어나 도서관을 가득 채우며 거대한 숲을 이룬 88그루의 나무에는 여기서 지식과 지혜를 쌓은 학생들이 사회로 나가 큰 숲이 되기를 바라는 마음이 담겨 있다.

> 국립타이완대학교 학생이 아니더라도 여권을 보여주면 등록 후 누구나 입장할 수 있어요.

📍

구글맵 koo chen fu library
가는 방법 MRT 커지다러우역 1번 출구에서 도보 10분
운영 월~토요일 08:30~20:00, 일요일 09:00~17:00

스다 야시장 🔊 스따이예스
師大夜市 Shida Night Market

활기 넘치는 젊은 야시장

국립타이완사범대학교 근처에 자리한 야시장으로,
이 학교 학생들에게 참새 방앗간 같은 곳이다. 학생
들이 많이 찾는 곳이라 야시장 분위기가 더 활기차
고 젊은 느낌이다. 다른 야시장의 가판이 주로 먹거
리에 치중된 데 반해 의류, 잡화, 소품을 파는 가판
대와 옷 가게, 미용실 등 상점이 다양한 것도 특징이
다. 스다 야시장의 대표 먹거리는 짭조름한 국물에
채소와 어묵, 면 등을 넣어 조린 루웨이다. 저렴하고
푸짐하게 스테이크를 즐길 수 있는 우마왕 스테이크
牛魔王牛排도 유명하다.

⑨
구글맵 스따야시장
가는 방법 MRT 타이멘다러우역 3번 출구에서 도보 5분
운영 12:00~24:00

---

06 다안삼림공원 🔊 다안썬린궁위안
大安森林公園 Daan Forest Park

타이베이의 센트럴파크

타이베이 도심 한가운데에 자리한 약 26만 헥타르 규모의 넓은 공원이다. 울창한 숲과
녹지가 열섬 현상을 방지하고 공기를 정화해 '타이베이의 허파'라 불린다. 놀이터, 롤러
스케이트장, 산책로, 호수 등이 있어 타이베이 시민들이 놀고 쉬어 가기에 부족함이 없다. 진달래, 벚꽃, 수국
등 철마다 다른 꽃이 피어나고, 4월과 5월 반딧불이 시즌에는 빛을 내며 날아다니는 반딧불이를 관찰할 수 있
다. 온화한 기후 덕분에 1년 내내 싱그러운 초록 풍경을 볼 수 있는 것도 특징이다. 벤치에 앉아 산책 나온 사
람들을 구경하고, 바람결에 흔들리는 나뭇잎을 바라보는 것만으로도 힐링이 되는 곳이다.

⑨
구글맵 다안 삼림공원 **가는 방법** MRT 다안썬린궁위안역 2 · 3 · 4 · 5번 출구 바로 앞 **운영** 24시간

(07) 국립타이완대학교 🔊 궈리타이완따쉐
國立臺灣大學 National Taiwan University

타이완 최고의 명문 대학교

1928년에 설립한 타이완 최초의 고등교육기관이자 최고의 명문 대학교다. 일제강점기에 지은 건물을 그대로 사용해 역사적 의미가 있으며, 타이베이 시민에게는 잘 가꾼 공원 역할도 한다. 길 양쪽에 야자수가 줄지어 있는 정문 앞 큰길은 예쁜 사진을 남길 수 있는 명소로 유명하며, 넓고 예쁜 캠퍼스에서 산책을 하거나 자전거를 타는 사람도 많다. 캠퍼스 곳곳에 유바이크 대여소가 있으니 자전거를 타고 교정을 한 바퀴 둘러보는 것도 좋다.

➡ 유바이크 이용 방법 P.014

> 야자수가 줄지어 있는 정문 앞 큰길로 가려면 구글맵에서 'Fu Bell'을 검색하면 됩니다.

구글맵 타이완 국립대학
가는 방법 MRT 궁관역 3번 출구에서 도보 12분

(08) 보장암국제예술촌 🔊 바오창옌궈지이수촌
寶藏巖國際藝術村 Treasure Hill Artist Village

보장암국제예술촌이 한눈에 보이는 포토 스폿,
구글맵 2G5J+VQ2 타이베이 중정구

예술로 되살아난 낡은 골목

1960~1970년대에 지은 불법 건축물이 모여 있던 오래된 동네가 타이베이 시 정부와 사회운동가, 문화 · 역사 단체의 노력 끝에 예술 마을로 다시 태어난 곳이다. 구불구불한 골목길에 자리한 건물들은 예술가의 작업실이나 상점, 스튜디오 등으로 사용하고, 일부는 옛사람들이 살던 모습을 재현한 박물관으로 보존하고 있으며, 일부는 여전히 주민들이 거주한다. '보장암'은 보물 바위라는 뜻으로, 보물처럼 반짝이는 예술이 모여 있는 동네다.

구글맵 보장암국제예술촌
가는 방법 MRT 궁관역 1번 출구에서 도보 12분
운영 11:00~22:00
휴무 월요일

전통이 살아남는다
융캉제의 소문난 맛집

최고의 인기 스타
딘타이펑 신생점 🔊 딘타이펑 신성디엔
鼎泰豐 新生店 Din Tai Fung Xinsheng Branch

딘타이펑은 한국인 여행자는 물론 전 세계 여행자들에게 가장 인기 있는 식당으로 거의 매년 〈미슐랭 가이드〉에 선정되는 곳이다. 타이베이를 비롯해 타이완 전역에 지점이 있으며 한국, 미국, 영국, 일본, 싱가포르, 호주 등 세계 곳곳에 진출한 글로벌 브랜드다. 타이베이 시민들에게도 매우 인기가 많아 하루 종일 긴 대기 행렬이 이어진다. 대표적인 인기 메뉴는 뜨거운 육수를 품은 딤섬 샤오룽바오와 새우 한 마리를 통째로 넣은 샤런샤오마이, 튀긴 돼지갈비를 올린 계란볶음밥, 개운하고 시원한 오이무침 라웨이황과 등이다. 케이케이데이, 클룩 등의 앱에서 예약 가능하지만 예약하고 가더라도 바로 이용할 수 없고 어느 정도 기다려야 한다.

📍
구글맵 Din Tai Fung Xinsheng Branch
가는 방법 MRT 동먼역 6번 출구에서 도보 3분 **운영** 11:00~20:30
예산 NT$400~800 **홈페이지** www.dintaifung.com.tw

위치 MRT 동먼역 근처
유형 대표 맛집
주메뉴 샤오룽바오

😊 → 대중적인 맛의 딤섬과 다양한 메뉴
😣 → 예약하고 가도 대기해야 함

타이베이 시내 주요 매장

● **본점 信義店** ※테이크아웃만 가능
위치 MRT 동먼역 5번 출구에서 도보 2분
운영 11:00~20:30(토 · 일요일은
10:30부터) **구글맵** 딘타이펑 본점

● **난시점 南西店**
위치 MRT 중산역 미쓰코시 백화점 지하 2층
운영 11:00~20:30(금 · 토요일은
21:00까지)
구글맵 Din Tai Fung Taipei Nanxi

● **타이베이 101점**
위치 타이베이 101 지하 1층
운영 11:00~20:30
구글맵 딘타이펑 101점

● **푸싱점 復興店**
위치 MRT 중샤오푸싱역 소고 백화점 푸싱관
지하 2층 **운영** 10:00~20:30
(금 · 토요일은 21:00까지)
구글맵 딘타이펑 타이베이 소고 푸싱점

● **신이 A4점**
위치 MRT 스정푸역 미쓰코시 백화점 A4관
지하 2층 **운영** 11:00~20:30(금 · 토요일은
21:00까지) **구글맵** 딘타이펑 신의A4점

● **신이 A13점**
위치 MRT 스정푸역 미쓰코시 백화점 A13관
1층 **운영** 11:00~21:30
구글맵 Din Tai Fung Taipei A13

● **반차오점 板橋店**
위치 MRT 반차오역 메가시티 쇼핑몰 지하 1층
운영 11:00~20:30(금 · 토요일은
21:00까지)
구글맵 딘타이펑 반차오

70년 전통의 상하이 요리
까오지
高記 *Kao Chi*

타이베이 최고의 동파육

위치	딘타이펑 신생점 건너편
유형	로컬 맛집
주메뉴	상하이식 군만두, 동파육

😊 → 상하이 전통 요리를 맛볼 기회
😣 → 가격이 비싼 편

1949년에 영업을 시작해 75년 전통을 자랑하는 상하이 요리 전문점이다. 샤오룽바오, 사오마이, 동파육, 볶음밥 등 일반 메뉴는 물론 정통 상하이 요리도 낸다. 특히 두꺼운 무쇠 팬에 구운 상하이식 군만두上海鐵鍋生煎包와 최상급 삼겹살로 조리한 동파육富貴東坡肉의 인기가 좋다. 팬데믹으로 매장 운영이 축소되면서 지금의 자리로 이전했으며 다른 지점은 모두 문을 닫았다.

📍
구글맵 kao chi xinsheng **가는 방법** MRT 동먼역 6번 출구에서 도보 5분
운영 10:00~21:30(토 · 일요일은 08:30부터) **예산** NT$250~800 **홈페이지** www.kao-chi.com

실패 없는 군만두 맛집
동문교자관 동먼자오즈관
東門餃子館 *Dongmen Dumpling House*

만두, 볶음밥, 탕, 훠궈 등 대중적인 중화요리를 맛볼 수 있는 곳이다. 현지인들도 좋아하는 식당이라 평일 식사 시간과 주말에는 대기가 있는 편이다. 가장 인기 있는 메뉴는 아랫부분은 기름에 튀기듯 바삭하게 굽고 윗부분은 촉촉하게 조리한 돼지고기 군만두. 새우볶음밥과 쇠고기볶음밥도 짜지 않고 맛있다. 양배추 김치, 채소볶음, 피클 등 밑반찬은 카운터 옆 진열대에서 직접 가져오면 된다. 한국어 메뉴를 QR코드를 통해 제공해 주문하기 수월하다.

위치	융캉제
유형	로컬 맛집
주메뉴	돼지고기 군만두

😊 → 호불호가 적은 대중적 음식
😣 → 평범하고 보편적인 음식

📍
구글맵 동문교자관 **가는 방법** MRT 동먼역 5번 출구에서 도보 4분
운영 월~금요일 11:00~20:40(14:00~17:00 브레이크 타임),
토 · 일요일 11:00~21:00(14:30~17:00 브레이크 타임)
예산 NT$300~800 **홈페이지** www.dongmen.com.tw

바삭하면서 촉촉한 식감이 느껴지는 돼지고기 군만두

우육면 대표 맛집

융캉우육면 🔊융캉니우러우미엔
永康牛肉麵 *Yongkang Beef Noodle*

위치	융캉제
유형	대표 맛집
주메뉴	매운 우육면

😊 → 매콤한 맛의 우육면
☹ → 친절한 서비스는 기대하기 어려움

📍
구글맵 융캉우육면
가는 방법 MRT 동먼역 3번 출구에서
도보 3분 **운영** 11:00~20:50
예산 NT$280~400

1963년부터 우육면 하나로 영업을 이어온 융캉제의 대표 맛집 중 하나다. 매장에서 식사하는 손님 대부분이 외국 여행자다. 식사 시간에는 어김없이 줄을 서고, 주말이나 명절에는 꽤 긴 시간 대기해야 할 정도로 명성이 자자하다. 짜장면, 탄탄면, 만두 등 여러 메뉴가 있지만 대표 메뉴는 당연히 우육면이다. 힘줄이 있는 것과 없는 것, 매운 것과 안 매운 것, 큰 사이즈와 작은 사이즈 중 선택한다. 한국인 여행자가 가장 좋아하는 메뉴는 매운 우육면인 홍샤오우육면紅燒牛肉麵. 매콤하고 진한 국물이 육개장 국물과 비슷하다. 한국어 메뉴판이 있어 주문하기 편리하다.

한국인이 좋아하는
얼큰한 홍샤오우육면

토마토와 우육면의 만남

융캉도삭면 🔊융캉따오샤오미엔
永康刀削麵 *Yongkang Sliced Noodle*

위치	융캉공원 근처
유형	로컬 맛집
주메뉴	토마토 우육면

😊 → 담백하고 깔끔한 국물 맛
☹ → 호불호가 나뉘는 두꺼운 면

📍
구글맵 Yongkang sliced noodle
가는 방법 MRT 동먼역 5번 출구에서
도보 4분 **운영** 11:00~20:30
(14:00~17:00 브레이크 타임)
휴무 목요일 **예산** NT$160~200

토마토를 넣은 우육면은 토마토 특유의 감칠맛 덕분에 국물이 훨씬 풍부하고 맛있다. 향신료 대신 토마토와 고기에서 우러나는 재료 본연의 맛을 내 담백하고 깔끔한 국물 맛이 난다. 대표 메뉴는 토마토 우육탕에 칼로 뚝뚝 썰어낸 도삭면을 넣은 토마토 우육면番茄牛肉麵. 두툼하고 쫄깃쫄깃한 면발과 담백한 국물의 조화가 훌륭하다. 보통 굵기의 면을 원한다면 가는 면細麵으로 주문하면 된다. 유난히 친절한 사장님 덕분에 식사가 더욱 즐겁다.

두툼한 면발과 담백한
국물의 토마토 우육면

줄 서서 먹는 총좌빙
톈진총좌빙
天津蔥抓餅

위치	융캉제
유형	로컬 맛집
주메뉴	총좌빙

☺ → 저렴하고 맛있는 음식
☹ → 대기 줄이 길어도 너무 김

총좌빙은 얇은 밀가루 반죽에 대파를 듬뿍 넣고 돌돌 말아 구운 전병을 말한다. 타이완 사람들이 아침 식사나 간식으로 즐겨 먹는데, 취향에 따라 달걀, 햄, 치즈 등을 추가해 짭짤한 소스를 곁들여 먹는다. 이곳은 타이완에서 총좌빙을 파는 가게 중 가장 유명한 곳이다. 톈진총좌빙을 먹기 위해 융캉제에 온다는 말이 있을 정도이며 언제나 줄이 길게 늘어서 있다. 반죽 자체가 맛있어서 무엇을 추가해도 좋지만 개인적으로 옥수수, 치즈, 달걀이 다 들어간 8번 메뉴玉米起司蛋가 제일 맛있었다.

📍
구글맵 천진총좌빙 **가는 방법** MRT 동먼역 5번 출구에서 도보 2분
운영 08:00~22:00 **예산** NT$30~60

옥수수, 치즈, 달걀을 넣은
8번 메뉴

가성비 좋은 식당
주지융캉식당 🔊주지융캉디엔
朱記永康店 *Zhu Ji YongKang Restaurant*

딘타이펑이나 까오지에서 파는 것과 비슷한 메뉴를 좀 더 저렴하게 즐길 수 있는 곳이다. 여행자에게 잘 알려지진 않았지만 1973년부터 운영해온 전통 있는 식당이다. 현지인들에게 인기 있는 곳이라 갈 때마다 빈자리 찾기가 쉽지 않고 포장해 가는 손님도 많다. 주메뉴는 딤섬, 볶음밥, 국수, 완탕 등 타이완 사람들이 즐겨 먹는 음식이다. 향이나 간이 세지 않아 한국인 입맛에도 잘 맞는 편이다.

📍
구글맵 zhu ji yongkang **가는 방법** MRT 동먼역 5번 출구에서 도보 3분
운영 11:00~21:00(14:00~16:30 브레이크 타임)
예산 NT$150~400 **홈페이지** www.zhuji.com.tw

위치	톈진총좌빙 근처
유형	로컬 맛집
주메뉴	갈비볶음밥, 샤오룽바오

☺ → 딘타이펑, 까오지보다 저렴하고 맛도 좋음
☹ → 음식이 늦게 나오는 편

실패 확률이 적은
갈비볶음밥과 완탕

작지만 알찬 카페

고택에서 즐기는 티타임
칭톈차관
青田茶館 **Qingtian Tea House**

위치	다안삼림공원 근처
유형	로컬 찻집
주메뉴	우롱차

☺ → 분위기 좋은 고택
😐 → 1인당 NT$200의 봉사료 별도

📍
구글맵 qingtain tea house
가는 방법 MRT 동먼역 5번 출구에서
도보 12분, 또는 구팅古亭역 4번
출구에서 도보 15분
운영 10:00~18:00
휴무 월요일
예산 NT$650~1800
페이스북 @aota812teahouse

일제강점기에 지은 오래된 고택을 개조한 찻집이자 예술 공간이다. 나무로 둘러싸인 목조 건축물과 이따금 들려오는 새소리에 마음이 편안해지는 곳이다. 타이완, 일본, 중국 등 차로 유명한 나라의 차를 맛볼 수 있으며 첫 잔은 직원이 마주 앉아 천천히 내려준다. 방부제와 인공 색소를 넣지 않은 다식도 주문할 수 있다. 향긋하고 따뜻한 차, 창밖으로 보이는 단아한 정원, 목소리를 낮추어 대화하는 사람들, 조용하게 흐르는 차분한 음악 등 공간을 채우는 모든 것이 완벽하게 느껴지는 곳이다.

날씨 좋은 날 가기 딱인
융캉제
永康階 **Yongkang Stairs**

위치	융캉공원 근처
유형	로컬 카페
주메뉴	커피

☺ → 분위기 좋은 야외 테이블
😐 → 가격이 다소 비싼 편

융캉제永康街와 발음은 같지만 뜻이 다른 이름의 카페다. 이 카페의 이름은 '융캉 계단'이라는 뜻이며 실제로 매장 중앙에 계단이 있다. 포근한 분위기의 실내 공간도 좋지만 나무로 둘러싸인 야외 테이블을 추천한다. 테이블이 2개밖에 없는 작은 공간이지만 나뭇잎이 드리워져 싱그럽고 아늑하다. 야외에 앉으면 샌드플라이(흡혈 곤충) 기피제와 연고를 챙겨주는 세심한 서비스에 저절로 미소가 지어진다. 매장 1층에는 이곳에서 키우는 큰 개가 있으니 개를 피하고 싶은 사람은 2층이나 야외 테이블 좌석을 이용한다.

📍
구글맵 Yongkang stairs
가는 방법 MRT 동먼역 5번 출구에서 도보 5분
운영 12:00~18:30(토 · 일요일은 19:00까지)
예산 NT$200~500
페이스북 @thegreensteps1997

망고 빙수의 절대 강자

스무시 하우스

思慕昔 Smoothie House

위치	융캉제
유형	대표 맛집
주메뉴	망고 빙수

😊 → 생망고를 아낌없이 넣은 푸짐한 빙수
😞 → 항상 긴 대기 줄

타이베이의 망고 빙수 전문점 중 가장 인기 있고 손님이 많은 곳이다. 매장 앞은 언제나 손님들로 복작대는데 그중 한국인 여행자도 무척 많다. 그냥 먹어도 맛있는 망고를 숭덩숭덩 아낌없이 썰어 우유 얼음, 망고 푸딩, 망고 아이스크림 등과 함께 그릇 가득 담아준다. 입안에 퍼지는 달콤함과 시원함은 여행의 피로도 금세 잊게 만든다. 망고의 달콤함이 절정을 맞는 4월 말부터 9월 초까지는 생망고를, 그 외 기간에는 냉동 망고를 사용한다.

📍
구글맵 스무시하우스
가는 방법 MRT 둥먼역 5번 출구에서 도보 2분
운영 10:30~22:00
예산 NT$220~260
홈페이지 www.smoothiehouse.com

제철 망고의 달콤함이 가득한
망고 빙수

운치 있는 감성 카페

부지 카페 🔊 부즈 카페이

布子咖啡 Buzi Café

위치	융캉제
유형	로컬 카페
주메뉴	핸드 드립 커피

😊 → 정성껏 내린 맛있는 커피
😞 → 화장실이 없음

융캉제 메인 거리 오른쪽 골목에 자리한 작고 조용한 카페다. 내부에는 테이블이 단 한 개뿐이며, 창문을 사이에 두고 긴 테이블이 하나 더 있다. 규모는 작지만 직접 로스팅하고 블렌딩해서 커피를 내려준다. 산미가 강한 편이라 산미 있는 커피를 좋아하는 사람에게 특히 추천하고 싶다. 창가에 앉아 거리를 오가는 사람들을 구경하며 마시는 맛있는 커피 한잔은 여행 중 누리는 작지만 확실한 행복이다.

📍
구글맵 buzi cafe
가는 방법 MRT 둥먼역 5번 출구에서 도보 2분
운영 10:00~18:00(토·일요일은 21:00까지)
예산 NT$140~280 **인스타그램** @buzicafe

타이베이에서 누구나 하나쯤!
누가 크래커 & 에그롤

한국인이 사랑하는 간식
누가 크래커 牛軋餅 Nougat Cracker 🔊누가빙

짭조름한 파 크래커 사이에 달콤하고 부드러운 누가 크림을 넣은 누가 크래커는 최근 몇 년 사이 한국인 여행자들 사이에서 큰 인기를 얻고 있는 타이완 간식이다. 한국인이라면 누구나 좋아하는 '단짠단짠'의 완벽한 조합으로, 한 번도 안 먹어본 사람은 있어도 한 번만 먹어본 사람은 없을 정도도. 누가 크래커를 사기 위해 새벽부터 줄을 서는 사람부터 누가 크래커만 별도로 담아 갈 트렁크를 준비하는 사람까지 인기가 대단하다. 수제 누가 크래커 판매점이 모여 있는 융캉제는 누가 크래커 쇼핑이 목적이 되기에 충분하다. 가게마다 맛은 조금씩 다르지만 대체로 다 맛있다. 누가 크래커로 손꼽히는 맛집을 정리해보았다.

> **융캉제의 누가 크래커 맛집** ▶

미미 크래커 🔊미미
蜜密 Mimi Cracker

오늘날 누가 크래커 열풍의 원조라 할 수 있는 곳이다. 2015년 MRT 동먼역 근처 노점에서 팔기 시작하다가 많은 인기를 얻으면서 정식 매장을 오픈했다. 9년 넘게 꾸준한 인기를 이어오고 있는 수제 누가 크래커를 맛볼 수 있으며, 달콤하고 부드러운 맛이 특징이다.

❶
구글맵 미미크래커 **가는 방법** MRT 동먼역 3번 출구 근처
운영 09:00~13:00 **휴무** 월요일 **예산** 1박스(16개) NT$220
페이스북 @lesecret.tw

라틀리에 루터스 🔊티엔만
甜滿 Latelier Lotus

현재 타이베이에서 가장 구하기 힘든 누가 크래커를 파는 집이다. 하루 1시간만 영업하는 데다 이마저도 30분이면 동이 나버려 오픈 2~3시간 전부터 매장 앞에 긴 줄을 서는 진풍경이 펼쳐진다. 재료를 아낌없이 꽉꽉 채워 넣어 식감이 좋고, 부드러운 맛이 특징이다.

❶
구글맵 라뜰리에루터스 **가는 방법** MRT 동먼역 5번 출구에서 도보 5분, 융캉공원 앞 **운영** 09:00~10:00 **휴무** 수요일
예산 1박스(16개) NT$200 **페이스북** @100063825619165

라 프티 펄 샤오쩐주홍베이팡
小珍珠烘焙坊 *La Petite Perle*

새롭게 떠오르는 신흥 강자로 라틀리에 루터스와 비슷한 맛의 누가 크 래커를 판매한다. 라틀리에 루터스에서 구입하지 못했거나 새벽부터 줄 설 자신이 없을 때 훌륭한 대안이 된다. 가벼운 선물로 좋은 5개입 미니 포장 제품을 판매하는 것도 장점이다. 다른 곳보다 가격도 저렴하다.

구글맵 la petite perle
가는 방법 MRT 동먼역 5번 출구에서 도보 5분, 융캉공원 근처
운영 09:00~22:30 **휴무** 토요일 **예산** 1박스(16개) NT$180

세인트 피터 성비더
聖比德 *Saint Peter*

오리지널 파 맛 누가 크래커 외에 커피, 우롱차, 말차, 딸기 등 다양한 맛의 누가 크래커를 판매한다. 커피, 우롱차 맛 누가 크래커는 한 입 크 기의 작은 사이즈다. 줄을 서지 않고 바로 구입할 수 있고, 손잡이가 달 린 박스 안에 하나씩 낱개 포장되어 있어 선물용으로도 좋다.

구글맵 세인트피터 동먼점
가는 방법 MRT 동먼역 6번 출구 바로 앞 **운영** 09:00~19:00
예산 파 맛 1박스(10개) NT$180, 커피 맛 1박스(20개) NT$180
홈페이지 www.sp-nougat.com.tw

국민 간식 에그롤
주엘린 너츠 주엔린지엔구어
爵林堅果 *Juelin Nuts*

위치	융캉제 거리 옆 골목
유형	과자점
특징	고급스러운 에그롤

달걀과 밀가루로 만든 반죽을 밀대로 아주 얇게 밀어 구운 뒤 돌 돌 말아 식힌 과자 에그롤蛋捲은 타이완 사람들이 즐겨 먹는 간식 이다. 이곳의 에그롤은 중앙에 땅콩, 잣, 흑임자 등의 견과류로 만든 버터를 채워 한 입 크기로 만든다. 말차, 초코, 얼그레이, 우 유 등으로 만든 크림을 채운 에그롤도 인기다. 과하지 않게 달면 서도 맛이 고급스러워 선물용으로도 좋다.

구글맵 juelin nuts yongkang
가는 방법 MRT 동먼역 5번 출구에서 도보 3분
운영 12:00~19:00(금 · 토요일은 20:00까지)
휴무 월요일 **홈페이지** www.juelin.tw

≪ 🛍 ≫

예쁜 디자인 고르는 재미
우산 전문 숍

튼튼하고 예쁜 우산을 찾는다면
마마상점 ◀)마마샹디엔
瑪瑪商店 Mama

위치	융캉공원 앞
유형	잡화점
특징	다양한 디자인과 튼튼한 우산

타이완에 가면 꼭 사 와야 하는 것으로 꼽히는 것 중 하나가 우산이다. 태풍과 비가 잦은 기후 탓에 자연스럽게 우산 제조업이 발달해 시내 곳곳에 우산만 전문으로 파는 상점이 많다. 마마상점은 타이베이에서 우산으로 유명한 가게로 가볍고 튼튼하면서도 예쁜 우산이 가득하다. 열쇠고리, 스티커, 마그넷, 텀블러 홀더 등 다양한 기념품도 판매한다.

📍
구글맵 2GJH+FR 타이베이 **가는 방법** MRT 둥먼역 5번 출구에서 도보 5분
운영 09:00~22:00 **페이스북** @100070084036058

다양한 스타일의 우산
뷰티풀 선 ◀)메이싼딩
美傘町 Beautiful Sun

위치	융캉제
유형	우산 전문점
특징	선택의 폭이 매우 넓음

오직 우산만 전문으로 파는 매장으로, 선물하기 좋은 귀엽고 예쁜 우산이 많다. 타이완에서 생산한 우산뿐 아니라 유럽·일본 등에서 수입한 우산, 디즈니·헬로 키티 등 오랫동안 사랑받아온 캐릭터 우산 등 다양한 우산이 진열되어 있다. 또 이곳에서 자체 제작한 우산도 있어 선택의 폭이 매우 넓다. 가볍고 튼튼함은 기본이고 가격은 1만 원대부터 3만 원대까지 다양하다.

📍
구글맵 2GJH+WV 타이베이 **가는 방법** MRT 둥먼역 5번 출구에서 도보 3분
운영 10:15~21:30

나만의 아이템 찾아
이색 아이템 쇼핑

디자인 대회를 휩쓴 도자기
일롱
宜龍 *Eilong*

위치	융캉공원 근처
유형	다기 전문점
특징	유리공예가 어우러진 도자기 제품

일롱은 타이베이 근교의 도자기 마을 잉거鶯歌에서 시작된 도자기 전문 기업이다. 1987년에 설립해 독일의 레드닷 디자인 어워드, 일본의 굿 디자인 어워드 등에서 여러 차례 수상하며 타이완 최고의 도자기 브랜드로 성장했다. 일롱 다기의 특징은 동양의 도자기와 서양의 유리공예가 만난 독창적 디자인과 높은 품질이다. 가격대는 높은 편이지만 그만큼 가치 있는 제품이다. 잉거 본점과 지우펀九份, 이란宜蘭 등 신베이시에 매장이 있으며 타이베이에는 융캉제 매장이 유일하다.

구글맵 일롱 타이베이
가는 방법 MRT 동먼역 5번 출구에서 도보 5분
운영 10:00~19:00
홈페이지 www.eilongshop.com.tw

100년 전통의 차
왕더촨
王德傳 *Wang De Chuan*

위치	융캉공원 앞
유형	차 전문점
특징	품질 좋은 차

100년이 넘는 시간 동안 차를 생산하고 판매해온 차 전문 기업에서 운영하는 매장이다. 벽면을 가득 채운 빨간색 틴 케이스는 이곳의 트레이드마크. 패키지가 고급스러워 선물하기에도 좋다. 종자, 토양, 기후 조건 등 차 맛에 영향을 주는 요소를 연구하고 관리하며, 까다롭게 고른 찻잎으로 품질 좋은 차를 생산하는 것으로 유명하다. 마음에 드는 차는 직원에게 부탁해 시음할 수도 있다.

구글맵 왕덕전 융캉제
가는 방법 MRT 동먼역 5번 출구에서 도보 4분
운영 12:00~20:00
홈페이지 www.dechuantea.com

지갑이 열리는 마법
라이하오
來好 Lai Hao

위치	융캉제 근처
유형	잡화점
특징	타이완에서 만든 예쁜 물건 총집합

타이완에서 만든 예쁘고 실용적인 물건을 찾는다면 이곳이 제격이다. 모든 물건이 타이완에서 생산한 것으로 품질이 좋은 편이다. 펑리수, 쿠키, 기념품, 문구, 패션·잡화, 주방 소품, 리빙용품, 디자인 소품 등 창의적이고 예쁜 물건이 1층과 지하층에 가득하다. 귀여운 물건에 정신이 팔려 한참을 구경하다 보면 나도 모르게 이것저것 장바구니에 담게 되는 신기한 곳이다. 재미있고 소소한 기념품이나 아기자기한 선물을 구입하기에 좋다. 제품명과 설명이 한국어로 적혀 있어 편리하게 쇼핑할 수 있는 것도 장점이다.

구글맵 lai hao taipei
가는 방법 MRT 둥먼역 5번 출구에서 도보 2분
운영 09:30~21:30
홈페이지 www.laihao.com.tw

문구 덕후의 천국
툴스 투 리브바이
Tools to Liveby

위치	MRT 류장리六張犁역 근처
유형	문구점
특징	소장하고 싶은 문구류

연필, 펜, 노트, 가위, 파우치 등 흔한 아이템이지만 예쁘고 창의적인 디자인 덕분에 소장하고 싶은 마음이 절로 생기는 곳이다. 자체 생산한 제품과 일본, 유럽 등에서 수입한 제품을 함께 판매하며 한국을 비롯한 세계 각국으로 수출하는 제품도 많다. 문구 덕후들에게는 타이베이에 갈 때 꼭 들러야 하는 곳으로 꼽힌다. 여행자들이 많이 찾는 동네와 다소 떨어져 있음에도 끊임없이 손님이 찾아오는 이유다. 타이완 남부 가오슝高雄에 매장이 하나 더 있다.

구글맵 tools to liveby taipei
가는 방법 MRT 류장리역에서 도보 6분
운영 12:00~21:00(일요일은 19:00까지) **휴무** 월요일
홈페이지 www.toolstoliveby.com.tw

감도 높은 라이프스타일 숍
아일랜드 🔊이위에
一嶼 *Island*

위치	다안삼림공원 근처
유형	갤러리 겸 라이프스타일 숍
특징	공간 자체가 작품

조용한 주택가에 자리한 갤러리 겸 라이프스타일 숍이다. 인테리어 소품부터 그릇, 문구류, 패션·잡화 등 품질 좋고 감도 높은 제품을 갤러리처럼 멋지게 진열해 판매한다. 모든 제품이 타이완 아티스트와 디자이너의 작품이다. 지하층에서는 타이완 아티스트들의 전시가 비정기적으로 열린다. 1층은 숍, 2층은 커피와 차, 와인 등을 즐길 수 있는 카페. 공간 자체가 우아하고 아름다워 시간 여유가 된다면 쉬어 가는 것도 좋다.

구글맵 2GHJ+6C 타이베이
가는 방법 MRT 동먼역 5번 출구에서 도보 11분
운영 12:00~19:00
휴무 월~수요일
홈페이지 www.is-land.tw

자연에서 온 보디용품
차쯔탕
茶籽堂 *Cha Tzu Tang*

위치	융캉제
유형	보디용품 전문점
특징	유기농 재료로 만든 다양한 보디 제품

멀베리, 히비스커스, 로터스, 마로니에 등 타이완에서 재배한 식물로 만든 보디용품 전문점이다. 샴푸, 보디 워시, 보디 로션, 핸드크림, 손 세정제 등 실용적인 제품을 판매하며 모든 제품은 매장에서 테스트해볼 수 있다. 작은 용기에 담긴 세트 상품도 있어 선물용으로 구입하기에도 좋다. 천연의 향을 사용해 인공적이지 않고 부드러우면서 자연스러운 향이 특징이다. 마음을 편안하게 해주는 자연의 향 덕분에 샤워 시간이 힐링의 순간이 된다.

구글맵 2GMH+4X 타이베이
가는 방법 MRT 동먼역 5번 출구에서 도보 2분
운영 10:30~21:00(금·토요일은 21:30까지)
홈페이지 www.chatzutang.com

타이베이 북부

타이베이 여행의 필수 코스

타이베이 북부 台北 北部

타이베이 북부에는 국립고궁박물원, 스린 야시장, 타이베이시립미술관 등의 명소가 모여 있다.
특히 국립고궁박물원과 스린 야시장은 타이베이를 처음 찾는 여행자라면 누구나 들르는 명소로 꼽힌다.
사람이 많이 모이는 번잡한 곳이 싫다면 북부의 숨은 보석, 푸진제를 추천한다.
조용하고 한적한 거리에 예쁜 카페와 상점이 모여 있는 근사한 동네다. 타이베이 근교의 노을 맛집 단수이,
온천 마을 베이터우 등과 타이베이 북부를 함께 묶어 알찬 하루를 보낼 수 있다.

즈산역
芝山站

고궁박물관
방향

타이베이어린이공원
臺北市立兒童新樂園

메이룬궁위안
美崙公園

국립타이완과학교육관
國立臺灣科學教育館

타이베이시립
천문과학교육관
臺北市立天文科學教育館

스린역 임가 총좌빙
九龍粉團豆花

비풀
牛有慶

스린역
士林站

士商路

中正路

基河路

패션 방콕
Fashion Bangkok

하오펑여우량몐
好朋友涼麵

承德路四段

스린 야시장
士林夜市

士林路

지룽강
基隆河

천강공원
前港公園

겔티역
劍潭站

스린역

위안산역
圓山站

타이베이시립미술관,
마지 마지,
임안태 고적
방향

상인수산
방향

民權東路西段

중산궈중
中山國中站

民權東路五段

수진박물관
방향

난징푸싱역
南京復興站

Access

MRT 역과 연결되는 주요 관광 명소

- **MRT 스린士林역**
  국립고궁박물원, 국립타이완과학교육관,
  타이베이어린이공원
- **MRT 젠탄劍潭역**
  스린 야시장, 미라마 엔터테인먼트 파크
- **MRT 위안산捷運圓역**
  타이베이시립미술관, 마지 마지,
  임안태 고적
- **MRT 쑹장난징松江南京역**
  수진박물관
- **MRT 쑹산지창松山機場역**
  푸진제
- **MRT 젠난루劍南路역**
  미라마 엔터테인먼트 파크

Course A

타이베이 북부 핵심 하루 코스

국립고궁박물원 ➡ 버스+도보 30분 ➡
타이베이시립미술관 ➡ 도보 10분 ➡
마지 마지 ➡ 버스 11분 ➡ 임안태 고적 ➡
MRT 또는 버스+도보 32분 ➡
미라마 엔터테인먼트 파크 ➡
버스+도보 24분 ➡ 스린 야시장

Course B

푸진제 반나절 코스

수진박물관 ➡ MRT+도보 21분 ➡ 상인수산 ➡
MRT+도보 21분 ➡ 푸진제 ➡ 도보 7분 ➡ 서니힐스

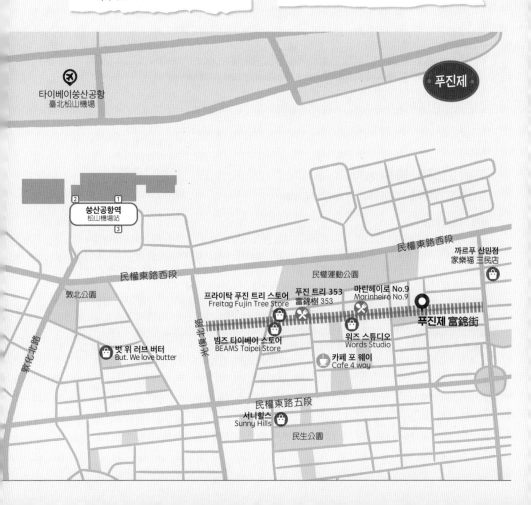

푸진제

 ①

국립고궁박물원 🔊 궈리꾸공보우위엔
國立故宮博物院 *National Palace Museum*

> 모든 유물을 전시할 수
> 없어 1년에 서너 차례 순환
> 전시하는데, 이곳의 소장품을
> 모두 보려면 10년 가까운 세월이
> 걸린다고 해요.

세계 5대 박물관

'국립고궁박물원에 가지 않았다면 타이베이에 가지 않은 것과 같다'는 말이 있다. 타이베이 여행에서 국립고궁박물원이 얼마나 중요한 곳인지 알 수 있는 대목이다. 1965년에 개관해 매년 600만 명 이상의 관람객이 찾아오는 세계 5대 박물관 중 하나다. 신석기시대부터 현재까지 중국과 타이완의 8000년 역사를 집대성한 엄청난 가치를 지닌 박물관으로, 소장하고 있는 유물의 개수만 약 70만 점에 달한다.

국립고궁박물원의 뿌리는 중국 자금성이지만 소장 유물의 중요성과 우수성을 따지면 국립고궁박물원이 자금성을 훨씬 뛰어넘는다. 중국은 1966년부터 10년에 걸친 문화대혁명으로 엄청난 양의 문화재가 손실 또는 파손되었지만, 국립고궁박물원의 유물은 장제스가 애지중지 모신 덕분에 대부분 흠 없이 보존되었다. 게다가 국립고궁박물원 유물은 청나라 황실에서 보유하고 있던 황실 유물이 기반이기에 그 가치는 상상을 초월한다고 할 수 있다. 또한 1940년대 이전에 발견된 유물은 모두 이곳에 있으니 양과 질 모두 국립고궁박물원의 압승이다.

📍
구글맵 국립고궁박물원
가는 방법 MRT 스린역 1번 출구로 나와 큰길로 직진, 고가도로 바로 옆 버스 정류장에서
244 · 255 · 304 · 紅30 · 815번 등의 버스를 타고 국립고궁박물원 정류장 하차(5~10분 소요)
운영 09:00~17:00 **휴무** 월요일 **요금** 일반 NT$350, 국제 학생증 소지자 NT$150, 18세 미만 무료
홈페이지 www.npm.gov.tw

TRAVEL TALK

**장제스가 남긴 걸작,
중국엔 없는
중국의 거대한 역사**

국립고궁박물원은 장제스의 집념이 빚어낸 걸작이라 해도 과언이 아니에요. 타이완 초대 총통인 장제스는 중국 유물에 대한 관심과 욕심이 지대하기로 유명했어요. 전쟁이 길어지자 베이징 자금성(고궁박물원)에 있던 수많은 중국 유물을 안전하게 보관하기 위해 타이완으로 옮기기 시작했어요. 그렇게 옮긴 방대한 양의 유물이 오늘날 국립고궁박물원의 시작이에요. 1931년부터 무려 34년 동안 반복된 지난한 과정이었죠. 이러한 과정 끝에 1965년 국부 쑨원 탄생일 100주년에 맞춰 성대한 개관식과 함께 문을 열었답니다.

중국의 7000년 역사를 아우르다
국립고궁박물원에서 놓치면 안 될 걸작품

3층 옥으로 만든 배추
취옥백채 翠玉白菜

우연히 옥 빛깔이 배추 빛깔을 그대로 닮은 것을 발견하고 배춧잎과 메뚜기 모양을 조각한 것이다. 국립고궁박물원에서 가장 인기 있는 유물로, 이를 보기 위해 3층에서 1층까지 줄이 늘어서기도 한다. 청나라 말기 광쉬光緒 황제의 황비가 혼인할 때 가져온 혼수품으로, 황실 유물로서의 가치는 이루 말할 수 없다. 새하얀 줄기에 푸른 잎의 배추는 신부의 순결과 청렴함을 상징하며, 배춧잎 위에 번식력이 좋은 메뚜기를 조각해 자손의 번성을 기리는 의미를 담았다.

3층

동파육을 쏙 빼닮은 돌
육형석 肉形石

껍질, 살코기, 지방으로 이루어진 삼겹살과 똑 닮은 이것은 놀랍게도 돌이다. 언뜻 봐도, 자세히 들여다봐도 영락없는 삼겹살이다. 조금 더 사실적으로 보이도록 약간의 염색과 가공을 거쳤지만 돌 모양은 천연 그대로의 것이다.

2층 올리브 씨앗으로 만든 배
조감람핵주 雕橄欖核舟

2.5cm 남짓한 길이의 올리브 씨앗에 배에 사람이 8명이나 올라탄 모습을 조각했다. 뱃사공, 노인, 소년, 하인 등 다양한 사람의 표정까지 읽을 수 있으니 그 정교함에 혀를 내두를 정도다. 창가에 앉아 있는 사람은 중국 시인이자 정치가였던 소동파이며, 배 바닥에는 소동파의 적벽부 전문이 빼곡히 새겨져 있다. 청나라 장인이 황실을 위해 제작한 것으로, 유리 부스 앞에 마련한 돋보기를 이용해 감상할 수 있다.

2층

사랑스러운 백자 베개
백자영아침 白瓷嬰兒枕

다복과 다산을 기원하는 마음을 담은 백자 베개. 귀엽고 사랑스러운 아이의 모습을 실감 나게 표현했다. 정교하게 성형해 매끄럽고 따뜻한 색의 유약을 발라 구웠으며, 머리와 몸통을 따로 성형해 접합했다. 바닥 면에 청나라 건륭황제의 어제시御製詩 한 수가 새겨져 있는, 가치가 매우 높은 유물이다.

2층

3대에 걸쳐 완성한 걸작

상아투화운룡문투구 象牙透花雲龍紋套球

상아를 섬세하게 조각한 구 안에 작은 구 17개가 겹겹이 자리해 있다. 더욱 놀라운 점은 구를 하나씩 만들어 합친 것이 아니라 하나의 상아 덩어리를 안쪽으로 계속 파 들어가면서 조각한 것이며, 각각의 구가 모두 분리되어 있다는 것이다. 무려 3대에 걸쳐 완성한 작품이라 하니 이 조각품에 녹아 있는 시간과 노력은 감히 짐작도 하기 어렵다.

©국립고궁박물원

©국립고궁박물원

국립고궁박물원 내 굿즈숍

😊❓ 관람 전 알아두면 좋은 FAQ

사진 촬영이 가능한가요?
플래시와 삼각대를 사용하지 않는 한 가능합니다.

짐을 맡길 수 있나요?
1층 매표소 옆에 무료로 이용할 수 있는 물품 보관함이 있습니다.

한국어 오디오 가이드가 있나요?
1층 매표소 옆에서 NT$150의 요금을 내고 대여할 수 있습니다.

휠체어나 유모차를 대여할 수 있나요?
1층 매표소 옆에서 무료로 대여 가능합니다.

취옥백채와 육형석, 조감람핵주를 볼 수 없었던 이유는 무엇인가요?
취옥백채, 육형석, 조감람핵주 등 대표적인 유물은 이따금 국립고궁박물원 남부 분원이나 해외에서 순회 전시를 합니다. 방문 전 홈페이지에서 관람 가능한지 확인하는 것이 좋습니다.

국립고궁박물원 내에 식당이나 카페가 있나요?
1층에 카페 셴쥐푸閒居賦, 4층에 우육면·딤섬 등을 파는 레스토랑 싼시탕三希堂, 외부 주차장 옆에 광둥 요리 전문점 구궁징화故宮晶華가 있습니다.

⑫ 스린 야시장 🔊 스린이예스
士林夜市 *Shilin Night Market*

타이베이 야시장 대표 선수

1909년부터 이어온 역사를 자랑하는, 타이베이에서 가장 큰 규모의 야시장이다. 처음 타이베이를 여행하는 사람은 누구나 방문하는 곳으로, 지상과 지하 모두 합치면 상점이 무려 320여 개에 달한다. 1년 내내 많은 사람들로 붐비지만 특히 주말과 공휴일, 명절에는 인파에 몰려 제대로 구경하기 힘들 정도다. 이 시기에 방문할 예정이라면 사람이 가장 많은 저녁 8시부터 10시 사이는 피하는 것이 좋다. 또 밤 11시 이후에는 상점이 하나둘 영업을 종료하기 시작한다.

수많은 먹거리를 비롯해 기념품, 캐릭터 상품, 의류, 잡화, 장난감 등 다양한 물건을 파는 상점들이 한곳에 모여 있어 구경하는 재미가 쏠쏠한 곳이다. 야시장이면서 관광지라 타이베이의 다른 야시장에 비하면 가격은 조금 비싼 편이다. 다른 야시장도 방문할 예정이라면 쇼핑은 잠시 미뤄두는 것도 좋다.

📍
구글맵 스린야시장
가는 방법 MRT 젠탄역 1번 출구에서 도보 5분 **운영** 16:00~24:00 **홈페이지** www.shilin-night-market.com

닭튀김 지파이 鷄排

향신료로 양념한 닭고기를 넓적하게 펴서 튀긴 초대형 닭튀김. 혼자서는 다 먹지 못할 만큼 큼직하다. 스린 야시장 입구 바로 왼쪽에 있어 찾기 쉬운 데다 매장 앞에 늘 사람들이 줄을 서 있어 금방 눈에 띈다.

치즈감자 치쓰마링수 起司馬鈴薯

부드럽게 익힌 감자 위에 옥수수, 베이컨, 양파 등을 얹고 따뜻하게 녹인 치즈를 듬뿍 올려준다. 치즈와 함께 쓱쓱 비벼서 숟가락으로 떠먹으면 그야말로 꿀맛. 따뜻할 때 먹어야 가장 맛있다.

소시지 샹창 香腸

야시장과 거리 곳곳에 숯불에 구운 소시지를 파는 노점이 많다. 예로부터 돼지를 직접 잡아서 소시지로 만들어 저장해놓고 먹던 전통에서 비롯된 음식 문화다. 단맛과 짠맛으로 양념이 되어 있어 소스를 더하지 않아도 맛있다. 생마늘을 곁들여 먹으면 별미다.

굴전 어아젠 蚵仔煎

전분에 굴, 달걀, 파 등을 섞어 기름을 두르고 부친 뒤 달콤하고 짭조름한 소스를 붓는다. 전분을 사용해 투명하면서도 쫀득한 식감이 특징이며, 따뜻할 때 바로 먹어야 맛있다.

고구마볼 디과추 地瓜求

고구마 가루, 찹쌀가루, 설탕 등을 섞어 만든 반죽을 동그랗게 빚어 기름에 튀긴다. 자색고구마를 사용해 보라색을 내기도 한다. 겉은 바삭하고 속은 쫄깃한 식감에 고구마 향이 달콤하며, 남녀노소 누구나 좋아하는 대중적인 맛이다.

파파야 우유 무과뉴나이 木瓜牛奶

달콤하고 부드러운 맛의 파파야를 우유와 함께 갈아 만드는 생파파야 우유. 편의점에서 파는 파파야 우유와는 차원이 다른 신선함을 맛볼 수 있다. 주문 즉시 파파야를 썰어 즉석에서 갈아준다. 우리나라에선 보기 힘든 음식이니 꼭 맛볼 것.

⑤ 미라마 엔터테인먼트 파크 ◀) 메이리화바이러위엔
美麗華百樂園 *Miramar Entertainment Park*

옥상 위의 대관람차

타이베이 최초의 복합 쇼핑몰로 쇼핑몰 자체보다 옥상의 대관람차로 유명한 곳이다. 대관람차가 꼭대기에 이르렀을 때 높이가 약 100m에 달해 타이베이 전경이 한눈에 들어오는 훌륭한 야경 스폿이다. 높이가 높은 만큼 속도가 느리기 때문에 운이 좋으면 노을과 야경을 차례로 감상할 수도 있다. 또 바람이 부는 날에는 대롱대롱 매달린 캐빈이 흔들리면서 짜릿하고 아찔한 경험을 하게 될지도 모른다.

구글맵 미라마관람차
가는 방법 MRT 젠난루역 3번 출구에서 도보 2분, 또는 MRT 젠탄역 1번 출구 부근 버스 정류장에서
'MRT Jiantan-Miramar'라고 쓰인 셔틀버스 탑승(요금 무료, 배차 간격 15~20분)
운영 13:00~22:00
요금 대관람차 월~금요일 NT$150, 토 · 일요일 · 공휴일 NT$200
홈페이지 www.miramar.com.tw

> MRT 젠탄역 1번 출구
> 오른편 버스 정류장에서 무료
> 셔틀버스를 탈 수 있어요.

04 수진박물관 시우전보우관
袖珍博物館 *Miniature Museum of Taiwan*

미니어처로 떠나는 세계 여행

아시아 최초의 미니어처 미술품 박물관으로, 전 세계 미니어처 수집가들을 찾아다니며 모은 200여 점의 미니어처를 바탕으로 한다. 2000년 전 로마 제국의 웅장한 풍경, 백설공주 집, 런던 버킹엄궁전 등 미니어처를 통해 떠나는 세계 여행이 가능한 곳이다. 건물은 물론 가구, 벽지, 찻잔, 작은 열쇠까지 모두 실제 재료로 만들었다. 1cm 남짓한 크기의 술병에는 진짜 브랜디가 들어 있으며, 벽면에는 프린트가 아닌 실제 유화 물감으로 그린 그림이 걸려 있다. 작품마다 스토리를 상상하며 감상하다 보면 시간 가는 줄도 모르게 되는 매력적인 곳이다.

구글맵 수진박물관
가는 방법 MRT 쑹장난징역 4 · 5번 출구에서 도보 6분
운영 10:00~18:00
휴무 월요일
요금 일반 NT$250, 13~18세 NT$200, 6~12세 NT$150, 65세 이상 NT$125
홈페이지 www.mmot.com.tw

⑤ 국립타이완과학교육관 🔊 궈리타이완커쉬에자오위관
國立臺灣科學教育館 *National Taiwan Science Education Center*

재미있는 과학 나라

아이와 함께 가기 좋은 곳으로 추천할 만한 타이완 유일의 국립 과학교육 기관이다. 물리, 화학, 지구과학, 수학 등에 관한 내용을 쉽고 재미있게 전시한 상설 전시 외에 다양한 주제의 과학 관련 특별 전시가 수시로 열린다. 이따금 페이스 페인팅, 공연, 만들기 교실 등 어린이를 위한 각종 행사가 열리기도 한다. 규모는 크지 않지만 전시 내용과 체험 프로그램이 알차 만족도가 높다. 내부 식당은 마땅치 않으니 도시락을 준비해 휴게 공간에서 먹거나, MRT 스린역 주변 식당에서 식사하고 방문할 것을 추천한다.

> 근처의 타이베이어린이공원과 함께 묶어 방문하기에 좋아요.

구글맵 National Taiwan Science Education Center
가는 방법 MRT 스린역 1번 출구에서 큰길로 직진해 길 건너 고가도로 옆 버스 정류장에서
206 · 223 · 302 · 304 · 紅15번 등 버스 탑승 후 국립타이완과학교육관에서 하차(5분 소요),
또는 MRT 스린역 1번 출구에서 도보 15분
운영 09:00~17:00(토 · 일요일은 18:00까지)
휴무 월요일
요금 일반 NT$100, 학생 NT$70
홈페이지 www.ntsec.gov.tw

⑯ 타이베이어린이공원 🔊 타이베이스리얼통신위에위엔
臺北市立兒童新樂園 *Taipei Children's Amusement Park*

8000원의 행복

국립타이완과학교육관 바로 옆에 자리한 어린이 놀이공원. 2014년
오픈하자마자 어린이뿐 아니라 청소년과 어른도 좋아하는 곳이 되
었다. 13개의 놀이기구를 무제한으로 탑승할 수 있는 원데이 패스는
NT$200. 한화로 8000원 남짓의 저렴한 가격으로 하루 종일 신나
게 놀 수 있어 아이들과 함께 하는 여행일 때 방문하기 더욱 좋다. 입
장권을 끊고 들어가 놀이기구마다 따로 티켓을 구입하는 것도 가능
하다. 주말과 공휴일에는 각종 공연과 퍼레이드 등 이벤트가 열려
하루가 더욱 풍성해진다.

📍
구글맵 타이페이 어린이공원
가는 방법 MRT 스린역 1번 출구에서 큰길로 직진해 길 건너 고가도로 옆 버스 정류장에서
223 · 302 · 255 · 508 · 536 · 紅30 · 紅12번 등 버스 탑승 후 타이베이어린이공원 정류장 하차(6~7분 소요),
또는 MRT 스린역 1번 출구에서 도보 20분, 국립타이완과학교육관에서 도보 3분
운영 1 · 2 · 7 · 8월(여름 · 겨울 방학 기간) 09:00~20:00, 3~6월 · 9~12월 09:00~17:00(토 · 일요일은 18:00까지)
휴무 월요일
요금 원데이 패스 NT$200, 입장권 일반 NT$30, 7~12세 · 국제 학생증 소지자 NT$15, 6세 이하 · 65세 이상 무료
홈페이지 www.tcap.taipei

⑦ 타이베이시립미술관 🔊 타이베이스리메이수관
臺北市立美術館 *Taipei Fine Art Museum*

건물 자체가 예술 작품

지하 3층, 지상 3층으로 이루어진 타이완 최대 규모의 미술관이다. 타이완의 현대미술 작품과 해외 작품을 전시하며, 우물 정(井) 자를 형상화한 독특한 외관으로 이루어져 있다. 현대미술 발전을 위해 설립했으며, 타이완 작가들의 작품과 더불어 국제 미술 전시회를 통해 해외 작가들의 많은 작품을 감상할 수 있다. 미술관 앞 정원에는 개인 작가들의 조형물도 전시되어 있어 건물 안팎으로 볼거리가 풍성하다. 지하층에는 간단한 식사가 가능한 카페와 어린이 미술교육관, 서점, 휴게 공간 등이 있다.

📍
구글맵 타이베이 시립미술관 **가는 방법** MRT 위안산역 1번 출구에서 도보 10분
운영 09:30~17:30 **휴무** 월요일 **요금** 일반 NT$30, 학생 NT$15
홈페이지 www.tfam.museum

⑧ 마지 마지 🔊 지스싱러
集食行樂 *Maji Maji*

의외의 보물 발견

MRT 위안산역에서 타이베이시립미술관까지 걸어가는 길목, 엑스포 공원 한쪽에 자리한 야외 마켓이다. 다양한 나라의 음식을 파는 푸드 코트와 레스토랑, 수공예품 노점, 식료품점까지, 의외로 구경거리가 넘쳐난다. 주말에는 플리마켓이나 타이완 각 지방의 농산물 직거래 장터가 열려 더욱 활기를 띤다. 일부러 찾아갈 만한 곳은 아니며 타이베이시립미술관을 오가는 길에 들르기에 적당하다.

📍
구글맵 마지스퀘어
가는 방법 MRT 위안산역
1번 출구에서 도보 5분
운영 11:00~21:00(상점마다 다름)
홈페이지 www.majisquare.com

林安泰古厝
Lin An Tai Historical Home

 09

임안태 고적 🔊 린안타이구춰
林安泰古厝 *Lin An Tai Historical House and Museum*

청나라 시대의 아름다운 저택

1783년 청나라 때 지었으며 세 번의 이전을 거쳐 현재의 자리에 재건했다. 타이베이의 고대 건축물 중에서 청나라 시대 주택을 가장 완벽하게 복원해 그 가치를 인정받고 있다. 1998년 민속전시관으로 꾸며 일반에 공개했으며, 잘 가꾼 정원과 고풍스러운 건축물, 사방을 둘러싼 싱그러운 자연 등이 아름답게 조화를 이루어 널리 사랑받고 있다. 웨딩 촬영과 스냅 사진 등 멋지게 차려입고 사진을 찍으러 오는 사람이 특히 많은 곳이기도 하다. 걸어서 10분 거리에 타이베이시립미술관이 있으니 함께 묶어 둘러보는 것도 좋다.

구글맵 린안타이구춰
가는 방법 MRT 위안산역 1번 출구에서 도보 20분, 또는 타이베이시립미술관에서 도보 10분
운영 09:00~17:00
휴무 월요일
홈페이지 linantai.taipei

금강산도 식후경!
MRT 스린역 주변 먹거리

바질 총좌빙
스린역 임가 총좌빙 🔊저우롱펀위엔떠우화
九龍粉圓豆花

위치	MRT 스린역 근처
유형	로컬 맛집
주메뉴	우육면

😊→ 향신료가 강하지 않음
😐→ 좌석이 적음

MRT 스린역 1번 출구 앞에 자리한 유명한 총좌빙집이다. 원래 두부 푸딩인 더우푸豆腐집이었지만 가게 앞 철판에서 지글지글 구워내는 총좌빙이 큰 인기를 얻으며 '스린역 총좌빙'이라는 별칭으로 더 유명해진 곳이다. 2023년 리모델링해 훨씬 쾌적하고 깨끗한 공간으로 재탄생했다. 이곳의 특징은 총좌빙에 들어가는 일반 재료인 달걀, 햄, 치즈 등과 함께 바질잎을 넣어주는 것이다. 바질의 향긋함이 더해져 더욱 특별한 총좌빙을 맛볼 수 있다.

📍
구글맵 스린역 임가 총좌빙
가는 방법 MRT 스린역 1번 출구에서 도보 1분
운영 09:00~22:00
예산 NT$30~50

바질잎을 넣어 더 향긋한 총좌빙

다양한 스타일의 우육면
비풀 🔊니우여우리아오
牛有廖 *Beefull*

위치	MRT 스린역 근처
유형	로컬 맛집
주메뉴	우육면

😊→ 향신료 냄새가 강하지 않은 편
😐→ 좌석이 적음

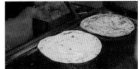

무난하게
즐길 수 있는 우육면

MRT 스린역 1번 출구 바로 앞에 있어 국립고궁박물원에 가기 전이나 관람 후에 식사하기 좋은 우육면집이다. 국물이 있는 것과 없는 것, 백탕과 홍탕, 굵은 면과 가는 면, 힘줄이 있는 것과 없는 것 중에서 취향에 맞게 선택할 수 있다. 향신료 향이 강하지 않아 무난하게 먹을 수 있으며, 얼큰하고 시원한 국물 요리를 좋아하는 한국인이라면 누구나 좋아할 만한 맛이다. 개인적으로 백탕보다는 홍탕, 굵은 면보다는 가는 면을 더 선호한다.

📍
구글맵 3GVG+P7 타이베이 **가는 방법** MRT 스린역 1번 출구에서 도보 1분
운영 11:00~21:00 **예산** NT$160~300 **페이스북** @ beefull.noodles

앉아서 먹고 가는
스린 야시장 맛집

〈미슐랭 가이드〉가 선택한 냉면
하오펑여우량몐
好朋友涼麵 Good Friend Cold Noodle

위치	스린 야시장 내
유형	로컬 맛집
주메뉴	타이완식 냉면

☺ → 더위를 식혀주는 맛있는 냉면
☹ → 일회 용기에 음식 제공

2019년부터 연속으로 〈미슐랭 가이드〉에 선정된 타이완식 참깨냉면집이다. 타이완식 참깨냉면은 참깨 가루, 땅콩버터, 간장, 설탕 등을 섞은 걸쭉한 소스를 차가운 면에 올려 쓱쓱 비벼 먹는 음식이다. 달짝지근하면서도 고소한 맛이 시원한 면과 잘 어우러져 기온이 높은 타이완에서 즐겨 먹는다. 스린 야시장의 작은 노점으로 시작했다가 이곳으로 매장을 확장해 운영하고 있다. 스린 야시장 내에 있는 식당이라 늦은 오후에 문을 연다.

고소하고 달달한 맛의 참깨냉면

📍
구글맵 good friend cold noodle
가는 방법 MRT 젠탄역 1번 출구에서 도보 8분
운영 16:30~22:00 **휴무** 목요일 **예산** NT$50~65

스타일리시한 타이 요리
패션 방콕 🌐FB스샹망구
FB食尚曼谷 Fashion Bangkok

신선한 재료로 만든
타이식 돼지고기볶음

위치	스린 야시장 내
유형	로컬 맛집
주메뉴	타이 요리

☺ → 이국적인 타이 분위기
☹ → 영업시간이 짧음

100년이 넘은 오래된 주택을 개조한 타이 레스토랑이다. 건물 자체의 역사적 가치를 인정해 타이베이 시 정부가 사적으로 지정해 관리하고 있으며 연회장이나 결혼식, 각종 문화 행사장으로 사용하기도 한다. 커리, 팟타이, 꼬치구이 등 일반 타이 요리 중에서 꼭 추천하고 싶은 것은 즉석에서 만들어주는 파파야 샐러드 솜땀이다. 깨끗한 재료로 즉석에서 만들어줘 아주 신선하고 맛있다. 공간 구석구석이 예뻐서 사진 찍기에도 좋은 곳이다.

📍
구글맵 fashion bangkok **가는 방법** MRT 젠탄역 1번 출구에서 도보 10분
운영 17:00~22:30(금~일요일은 23:00까지)
예산 NT$500~800 **페이스북** fa.ba.bistro

구석구석 식당 찾기
타이베이 북부 로컬 맛집

MZ세대가 사랑하는 아침 식사
소프트 파워 ◀ 루안스리
軟食力 Soft Power

위치 싱톈궁行天宮 근처
유형 로컬 맛집
주메뉴 단빙, 버거 등

😊 → 깔끔하고 간편한 아침 식사
😖 → 아침 식사치고 비싼 가격

깔끔한 카페 같은 분위기의 아침 식사 전문 식당이다. 간편하고 든든한 메뉴를 제공하며, 주말 아침에는 줄을 서야 할 정도로 현지인들에게 인기가 좋다. 밀가루 전병에 달걀을 넣어 부친 단빙과 폭신한 빵 사이에 고기·달걀·땅콩 가루·고기 가루·치즈 등을 넣은 타이완식 버거, 밥 속에 유탸오·햄·달걀 등을 넣은 주먹밥 등이 인기 있다.

📍 **구글맵** soft power taipei **가는 방법** MRT 싱톈궁역 3번 출구에서 도보 8분
운영 07:00~14:00 **예산** NT$40~200 **페이스북** @SOFTPOWERbrunch

타이완식 버거를 주문하면
디과추(고구마볼)를 함께 제공

미술관 앞 브런치 카페
카페 아크메
Café Acme

위치 타이베이시립미술관 근처
유형 로컬 카페
주메뉴 브런치

😊 → 사진이 예쁘게 나오는 플레이팅
😖 → 실내가 조금 시끄러운 편

건강한 아침 식사,
닭가슴살 샐러드

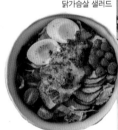

최근 타이베이에서 인기 있는 카페로 타이베이 101, 스린, 젠탄 등에도 매장이 있다. 햇살이 듬뿍 들어오는 밝고 산뜻한 분위기의 이 지점은 평일 낮에도 손님이 많을 만큼 특히 인기가 좋다. 날씨가 좋은 날에는 야외석에 앉을 것을 추천한다. 예술품 그 자체인 타이베이시립미술관 건물이 바라보이는 야외석은 식사 시간에는 언제나 만석이다. 미술관을 둘러본 후 커피에 디저트를 곁들여 여운을 즐기기에도 좋다.

📍 **구글맵** Café Acme Taipei Fine Art Museum
가는 방법 MRT 위안산역 1번 출구에서 도보 10분
운영 10:00~18:00 **예산** NT$200~500 **홈페이지** acmetaipei.com

어머니의 손맛
마이 자오
My 灶 *My Stove*

위치	수진박물관 근처
유형	로컬 맛집
주메뉴	돼지고기덮밥

☺ → 정성을 다한 음식
☹ → 가격이 비싼 편

구글맵 my stove
가는 방법 MRT 쑹장난징역
3번 출구에서 도보 1분
운영 11:30~21:30(14:00~17:30
브레이크 타임) **예산** NT$600~1500
페이스북 @myzhao91

'마이 자오'는 '나의 주방'이라는 뜻이다. 좋은 재료를 사용하고 정성껏 조리해 테이블에 올리는 어머니의 마음이 담긴 이름이다. 시판 제품 사용을 최대한 자제하고 소시지, 치킨롤, 돼지고기조림 등을 모두 직접 만든다. 하루를 꼬박 투자해 만드는 돼지고기덮밥인 루러우판은 이곳의 시그너처 메뉴. 간장 양념을 듬뿍 머금은 탱탱한 돼지고기조림이 밥과 어우러져 내는 맛이 일품이다. 간판이 작아 눈에 잘 띄지 않는 곳이지만 어머니의 손맛을 그리워하는 단골들로 늘 붐빈다.

오랜 시간 정성스럽게 만드는 루러우판

해산물 천국
상인수산 ◀)상인쉐이찬
上引水產

위치	타이베이쑹산공항 근처
유형	로컬 시장
주메뉴	해산물, 스시 등

☺ → 신선한 해산물
☹ → 교통편 불편

상인수산은 타이베이 수산업의 발전을 한눈에 볼 수 있는 세련되고 현대적인 분위기의 수산시장이다. 해산물뿐 아니라 육류와 과일, 디저트, 음료 등을 판매하는 코너도 있다. 1층은 스시, 샐러드, 생선구이, 회 등을 포장해서 진열해놓은 코너와 해산물, 육류, 양념 등 식재료를 판매하는 코너, 스탠딩 바에서 음식을 먹을 수 있는 스시 바와 시푸드 바 등으로 나뉘어 있다. 2층에서는 해산물 샤부샤부, 1층 야외에서는 바비큐와 그릴 메뉴를 즐길 수 있다. 가장 인기가 많은 1층의 스시 바는 대기 시간이 꽤 길기 때문에 포장된 음식을 사서 숙소나 공원에서 먹는 것도 좋은 방법이다. 매장 내에 여유롭게 앉아서 먹을 만한 곳이 없고 다소 복잡한 것이 단점이지만, 신선하고 두툼한 회 한 조각을 입에 넣는 순간 생각이 달라진다. 할 수만 있다면 장바구니 가득 해산물을 채워 한국으로 가져오고 싶으나 그럴 수 없는 안타까움에 쉽게 발걸음이 떨어지지 않는 곳이다.

구글맵 상인수산
가는 방법 MRT 싱톈궁역 3번 출구에서 택시로 5~10분
운영 07:00~22:30
예산 NT$500~1500
홈페이지 www.addiction.com.tw

극강의 신선함,
상인수산의 회

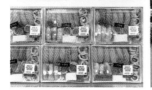

가로수가 예쁜 길
푸진제 산책

타이베이 북부의 푸진제富錦街는 개인적으로 타이베이에서 살아보고 싶은 곳 중 하나다.
한적하고 조용한 거리에 아름드리나무가 드리워져 있고, 예쁜 카페와 감각적인 상점이 들어서 있다.
여행자들에게 잘 알려진 곳이 아닌 데다 높은 빌딩도, 교통 체증도 없어 여유가 흘러넘치는 동네다.
타이베이 시내에서 가는 교통편이 다소 불편하고 특별한 볼거리가 있는 것은 아니지만 거리의
상점을 느긋하게 둘러보고 내 취향에 맞는 보물을 발견하는 것만으로 충분하다. 여행 중 하루쯤
여유를 부리고 싶은 날 방문하면 더없이 좋다. 타이베이쑹산공항과 가깝다.

구글맵 fujin street **가는 방법** MRT 쑹산지창역 3번 출구에서 도보 15분

① 서니힐스 ◀) 웨이러샨치우
微熱山丘 Sunny Hills

직접 운영하는 농장에서 유기농으로 재배한 파인애플과 뉴질
랜드산 버터로 만든 펑리수를 파는 곳이다. '펑리수는 다 거기
서 거기'라고 생각했던 사람들도 이곳의 펑리수를 한 입 먹어
보는 순간 생각이 달라진다. 다른 과일은 절대 섞지 않고 오로
지 파인애플 100%로 만들어 파인애플의 새콤달콤한 맛과 질
감이 살아 있는 고급스러운 맛이다. 패키지도 고급스럽고 예쁜
에코백에 담아줘 선물용으로도 제격이다. 카페처럼 근사하게
꾸민 매장에서는 구입과 상관없이 방문객 모두에게 따뜻한 차
와 함께 펑리수 1개를 제공한다. 단, 인공 첨가물을 넣지 않아
유통기한이 짧다.

구글맵 써니힐 **운영** 10:00~18:00
홈페이지 www.sunnyhills.com.tw

방문객 모두에게
무료로 제공하는
따뜻한 차와 펑리수

오징어를 듬뿍 넣은
오징어 라타투이

② 마린헤이로 No.9
Marinheiro No.9

타이베이에서 포르투갈 음식을 즐길 수 있는 레
스토랑. 파스타, 샐러드, 스테이크, 샌드위치
등 해산물을 주재료로 한 포르투갈식 지중해
요리를 맛볼 수 있다. 아늑한 실내 분위기와
맛있는 음식, 친절하고 세심한 서비스 등으로 입소
문 나면서 푸진제의 인기 레스토랑으로 급부상했다. 평일에도
식사 시간에는 기다리는 사람이 있을 정도로 인기가 좋다. 식사 후
푸진제 거리를 산책하거나 예쁜 상점을 구경하는 것도 좋다.

구글맵 marinheiro no.9
운영 11:30~20:30(15:30~17:30 브레이크 타임)
휴무 월요일 **예산** NT$300~600
페이스북 @marinheirono9

③ 푸진 트리 353
富錦樹353 *Fujin Tree 353*
◀ 푸진슈 싼우싼

여유가 흘러넘치는 푸진제 분위기를 그대로 닮은 카페다. 녹음이
우거진 거리가 최대한 잘 보이도록 매장 전면을 개방했고, 거리가
가장 잘 보이는 자리에 야외 테이블을 배치했다.
다른 카페에 비해 가격이 비싼 것이 흠이지만
편안하고 여유로운 시간을 보내기에 더없이 좋다.
음료는 카페라테, 카푸치노, 시칠리아 레몬 커피가
유명하며 간단한 식사 메뉴도 주문할 수 있다.

말차와 딸기가
조화로운 스트로베리
말차 롤케이크와
카페라테

구글맵 푸진트리353
운영 09:00~18:00
예산 NT$100~400
페이스북 @fujintree353cafe

④ 카페 포 웨이
四維咖啡 *Café 4Way*
◀ 스웨이카페이

푸진제 메인 거리에서 조금 벗어난 조용한 주택가에 있지만 찾아오
는 사람이 많다. 샐러드, 샌드위치 같은 브런치 메뉴를 비롯해 타이
완식 돼지고기조림, 커리, 홈메이드 치킨 등
메뉴 선택의 폭이 넓다. 밝고 따뜻한 분위기의
레스토랑 겸 카페로 혼자만의 시간을
보내기에도 좋은 곳이다.

홈메이드 베이컨과
신선한 채소로 만든
샌드위치

구글맵 cafe4way
운영 월 · 수 · 목요일 11:00~20:00,
금~일요일 09:00~18:00
휴무 화요일 **예산** NT$300~500
페이스북 @cafe4way

⑤ 벗 위 러브 버터
But. We Love Butter

인스타그램에서 큰 인기를 끌고 있는 디저트 숍. 타이완 사람들이 즐겨 먹는 버터 파이, 펑리수, 롤케이크 등을 판매한다. 세련된 디자인의 패키지는 타이완의 여러 디자이너들과 협업해 만들고, 모든 제품에는 타이완 남부 저우난염전洲南鹽場에서 생산한 천일염과 프랑스산 에쉬레 Échiré 버터를 사용한다. 이곳이 인기 있는 데에는 선물하기 좋은 예쁜 패키지뿐 아니라, 디저트 가게라고 생각하기 힘들 만큼 재미있는 매장 구조도 한몫한다. 영화 〈킹스맨〉의 양복점을 옮겨놓은 듯한 로비를 지나 비밀 통로로 들어가면 진짜 매장이 나타난다. 이곳에서 디저트를 구입하고 시식도 가능하다. 사진 찍기 좋아하거나 흔치 않은 디저트를 원한다면 강력 추천하는 곳이다.

구글맵 but we love butter
운영 월~금요일 13:00~20:30,
토 · 일요일 12:30~20:00
홈페이지 www.but.com.tw

⑥ 워즈 스튜디오 ◖워스원촹
我思文創 Words Studio

주인장이 수십 년 동안 수집한 전 세계의 엽서와 카드를 비롯해 연필, 지우개, 펜 등의 문구를 전시, 판매하는 곳이다. 1층 빨간 대문 옆의 초인종을 누르면 주인장이 문을 열어준다. 100년 전에 만든 입체 카드, 희귀한 캐릭터 카드, 한정판 엽서, 스누피 컬렉션 등 박물관을 방불케 하는 수준의 엽서와 카드를 구경할 수 있다. 골동품부터 최신 제품까지 빼곡하게 진열된 연필깎이, 유니크한 형태와 향의 인센스 등 다양한 장르의 아이템이 모여 있는 보물 창고 같은 곳이다.

구글맵 3H65+5M 타이베이 **운영** 월 · 목 · 금요일 15:30~20:00, 토요일 13:00~19:00,
일요일 13:00~18:30 **휴무** 화 · 수요일 **홈페이지** www.words.com.tw

⑦ 빔즈 타이베이 스토어
Beams Taipei Store

전 세계에 마니아층을 두고 있는 일본의 편집숍 브랜드 빔즈. 한국에는 매장이 없지만 타이베이에는 6개의 매장이 있다. 푸진제 매장은 빔즈의 타이베이 1호 직영점으로, 백화점이나 쇼핑몰에 입점한 매장이 아닌 유일한 단독 로드 숍이다. 빔즈 제품에 관심이 많다면 방문해볼 만하다. 가격은 일본보다 약간 비싼 편이다. 청핀생활 중산점, 신이 지구 브리즈 난산 등에도 매장이 있으며 타오위안 기차역 주변의 글로리아 아웃렛Gloria Outlets에 할인 매장이 있다.

구글맵 beams taipei
운영 12:00~20:30(토 · 일요일은 11:30부터)
홈페이지 www.beams.tw

⑧ 프라이탁 푸진 트리 스토어
Freitag Fujin Tree Store

프라이탁은 트럭 회사에서 쓰임을 다한 캔버스 커버로 가방, 파우치, 지갑 등을 만들어 판매하는 스위스의 환경친화적 브랜드다. 튼튼한 트럭 커버로 만들어 비바람에 강하고 내구성도 뛰어나며, 각기 다른 색상과 프린트의 원단을 다양하게 재단해 모든 제품이 세상에 단 하나뿐이다. 프라이탁 마니아들이 전 세계를 돌며 제품을 수집하는 이유다. 이곳은 타이완의 1호 프라이탁 매장으로, 구경하다 보면 국내에 없는 보물을 찾게 될지도 모른다.

구글맵 freitag fujin tree **운영** 11:00~19:30 **페이스북** @freitag.tw

타이베이 남부

AREA 07

여행의 여유를 찾는 시간

타이베이 남부 台北 南部

타이베이 남부에는 타이베이에 처음 와본 사람보다는 두세 번 와본 적 있는 여행자들이 찾는 곳이 많다.
귀여운 판다 가족이 사는 타이베이시립동물원, 타이베이 풍경을 바라보며 차 한잔 즐길 수 있는 마오콩,
인생 사진을 남기기 좋은 은하동, 한산하면서 세련된 동네 반차오 등 느긋하게 하루를 보낼 수 있는 곳이 많다.
시내와 떨어져 있어 이동 시간이 길지만 그만큼 한적하고 여유로운 여행을 할 수 있다.
남들 다 가는 뻔한 코스에서 벗어나 특별한 타이베이를 만나보고 싶다면 타이베이 남쪽으로 향해보자.

Access

MRT 역과 연결되는 주요 관광 명소

◎ **MRT 둥우위안動物園역**
  타이베이시립동물원, 마오콩(곤돌라),
  국립정치대학교 다센도서관

◎ **MRT 반차오板橋역**
  신베이시 시민광장, 소반 베이커리

◎ **MRT 푸중府中역**
  임본원원저(임가화원)

◎ **MRT 신뎬新店역**
  은하동(버스 타는 곳)

◎ **MRT 치장七張역**
  우더풀 랜드 위롱 시티, 청핀생활

Course A

반차오 반일 코스
임본원원저(임가화원) ➡ 도보 15분 ➡
반차오 시내 ➡ 버스 10분 또는 도보 12분 ➡
소반 베이커리 펑리수 쇼핑

Course B

타이베이시립동물원 & 마오콩 하루 코스
국립정치대학교 다센도서관 ➡ 버스+도보 8분 ➡
타이베이시립동물원 ➡ MRT 17분 ➡ 마오콩(일몰)

Course C

타이베이 남동부 반일 코스
은하동 ➡ 버스+도보 50분 ➡ 우더풀 랜드 위롱 시티
➡ 버스+도보 25분 ➡ 국립정치대학교 다센도서관

01 신베이시 시민광장 ◀) 신베이시쩡푸스민쾅창
新北市政府市民廣場 New Taipei City Government Civic Plaza

축제의 광장

반차오는 타이베이 서남부에 자리한 도시로 행정구역으로는 신베이시에 속한다. 하지만 타이베이 도심까지 MRT로 20분도 채 걸리지 않아 실질적으로는 타이베이에 더 가깝다. 반차오板橋라는 이름의 한자를 우리말로 읽으면 '판교'로, 우리나라의 판교처럼 깨끗하고 세련된 신도시다. 연말연시를 맞아 타이베이를 여행할 계획이라면, 반차오 기차역 뒤편 광장의 대형 크리스마스트리와 신베이시 정부 청사의 파사드 미디어를 구경해보자. 해마다 다른 테마와 디자인으로 장식하는 타이베이 최고의 크리스마스 장식이다. 크리스마스이브와 12월 31일 카운트다운 행사에는 인파가 몰리며 축제 분위기가 고조를 이룬다.

구글맵 New Taipei City Government Civic Plaza
가는 방법 MRT 반차오역 2번 출구에서 도보 5분

 ②

임본원원저(임가화원) 🔊 린번위엔위엔띠

林本源園邸(林家花園) *The Lin Family Mansion and Garden*

청나라 대부호의 저택과 정원

청나라 말기에 타이완으로 넘어온 중국 부자 임씨 가문의 대저택이다. 정식 이름은 '임본원원저'이지만 '임가화원'이라는 별칭으로 더 많이 불린다. 총면적이 무려 2만 m²(약 6000평)에 달하는 엄청난 규모의 개인 주택으로 고풍스럽고 화려한 중국식 건축물과 정원으로 이루어져 있다. 중국 쑤저우의 류원留園을 모티프로 막대한 인력과 돈을 들여 건축했으며, 완공까지 40년이 걸렸다고 하니, 당시 임씨 가문이 얼마나 대단한 부호였는지 상상조차 하기 힘들다.

1977년 임씨 가문 후손이 저택 일부를 정부에 기증했으며 신베이시에서 일부를 매입해 복원 공사를 거친 후 일반에 개방했다. 기본적으로는 정원만 공개하며 거주 공간은 가이드 투어 예약 시에만 관람할 수 있다. 아름다운 정원과 건축물을 둘러보며 고즈넉한 산책을 즐길 수 있어 여행자뿐 아니라 현지인들도 많이 찾는다. 사진이 예쁘게 나오니 가능하면 날씨 좋은 날 방문하는 것이 좋다.

📍
구글맵 임가화원
가는 방법 MRT 푸중역 1번 출구에서 도보 10분
운영 09:00~17:00 **휴무** 월요일
요금 NT$80
홈페이지 www.linfamily.ntpc.gov.tw

⓪③ 국립정치대학교 다셴도서관 🔊 궈리쩡쯔따쉐에 따셴투슈관
國立政治大學 達賢圖書館 National Chengchi University Daxian Library

공부하고 싶은 아름다운 도서관

2020년 2월에 개관한 도서관으로 타이완에서 가장
아름다운 대학 도서관 중 하나로 꼽힌다. 잔잔한 호수
와 푸른 잔디밭, 노출 콘크리트 건물이 어우러진 풍경
뿐 아니라 건축미가 돋보이는 실내 공간도 모두 아름
답다. 원래 국방부 소속 부지였으나 타이베이 시 정부
에서 군사 지역을 캠퍼스로 사용할 수 있도록 허가해
도서관을 건설하게 되었다. 도서관 이름은 과거 국립
정치대학교 주임 교수이자 기업 정책을 연구했던 학
자 쓰투다셴司徒達賢의 이름을 따서 지은 것이다. 타이
베이시립동물원, 마오콩 등과 가까워 함께 묶어서 돌
아보기 좋다.

📍
구글맵 XHQH+9H 타이베이
가는 방법 MRT 둥우위안역 건너편에서 택시로 8분
운영 08:00~21:45
휴무 일요일
홈페이지 dhl.lib.nccu.edu.tw

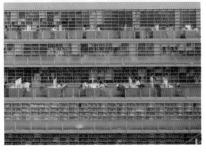

⑭ 마오콩
貓空 MaoKong

초록빛 차밭에서 힐링

타이베이 외곽 거터우산格頭山 자락에 자리한 차밭이다. 오래전에는 차엽고도茶葉古道(차를 담은 자루를 짊어지고 산 아래로 운반했던 좁고 험한 길)만으로 세상과 연결된 외진 곳이었으나, 지금은 곤돌라를 타고 편하게 오를 수 있게 되었다. 연인들의 데이트 코스, 가족 나들이 코스로 타이베이 시민들도 무척 사랑하는 곳이다. 곤돌라 둥우위안역과 마오콩을 연결하는 곤돌라는 타이완에서 가장 긴 길이를 자랑한다. 약 4.3km로 중간에 2개 역을 거쳐 마오콩역까지 총 30분 소요된다. 곤돌라 내부 바닥이 투명해 산과 차밭을 더 실감 나게 감상할 수 있는 크리스털 캐빈도 운행한다. 이곳의 식당과 카페는 마오콩에서 생산한 차, 찻잎을 넣어 만든 요리, 차 아이스크림 등 차를 테마로 한 곳이 대부분이며, 높은 지대에 자리하고 있어 대체로 전망이 좋다.

구글맵 마오콩역
가는 방법 MRT 둥우위안역 2번 출구로 나와 곤돌라 탑승장으로 이동(이정표가 잘 갖춰져 있음) → 둥우위안역 탑승장에서 곤돌라 탑승 → 둥우위안난動物園南역, 즈난궁指南宮역 지나 마오콩역 하차
운영 화~목요일 09:00~21:00, 금요일 09:00~22:00, 토·일요일·공휴일 08:30~22:00 **휴무** 월요일
요금 둥우위안역 – 마오콩역 NT$120
※이지카드 사용 가능, 주중 NT$20 할인
홈페이지 www.gondola.taipei

해가 질 무렵 마오콩에 오르면 타이베이 시내에 저녁 노을이 내리는 풍경과 야경을 차례로 감상할 수 있어요.

쉬어 가기 좋은 마오콩 맛집

자오차우 找茶屋 *Found Your Tea*

찻잎을 넣은 볶음밥, 차 오일로 구운 치킨과 두부, 찻잎에 재운 치킨 요리 등 우롱차를 활용한 요리를 선보이는 식당이다. 차를 활용한 음식 외에 어향가지, 쇠고기조림, 돼지고기덮밥, 새우튀김 등 일반 중식 메뉴도 있다. 유유히 오가는 마오콩 곤돌라와 타이베이 시내를 바라보며 여유롭게 식사할 수 있으며, 식사 시간이 아닌 때에는 차, 커피, 아이스크림 등을 파는 카페로 운영한다.

구글맵 found your tea **가는 방법** 곤돌라 마오콩역을 등지고 도보 5분(아이스 클라이머 바로 옆 하얀 지붕 건물, 나무 데크의 '雙橡園' 표지판 옆 계단으로 내려가 좌회전)
운영 12:00~20:50(토·일요일은 10:30부터)
휴무 월·화요일 **예산** NT$300~900
페이스북 @found.your.tea

아이스 클라이머 *Ice Climber*

마오콩 산책 후 더위를 식히기에 좋은 카페다. 테라스 좌석이나 2층에서는 곤돌라가 오가는 풍경과 타이베이 시내가 바라다보이는 뛰어난 전망도 갖추고 있다. 다양한 종류의 우롱차를 즐길 수 있으며 커피, 디저트, 맥주, 말차 빙수, 망고 빙수 등 메뉴 선택의 폭이 넓은 것도 장점이다. 1인당 최소 이용 금액(NT$150)이 정해져 있고 이용 시간도 2시간으로 제한된다.

구글맵 ice climber maokong
가는 방법 곤돌라 마오콩역을 등지고 도보 5분
운영 11:00~19:00(토요일은 20:00까지)
휴무 월요일
예산 NT$100~400
페이스북 @ice.climber.tp

⑤ 타이베이시립동물원 🔊 타이베이스리둥우위엔
台北市立動物園 *Taipei Zoo*

아시아에서 제일 큰 동물원

180만 m²(약 54만 4000평) 규모를 자랑하는 아시아 최대 규모의 동물원으로 300여 종의 동물이 살고 있다. 타이베이 시 정부에서 운영하는 동물원이라 관리가 잘되어 있고 입장료도 저렴하다. 높은 울타리나 철조망이 없고 최대한 자연과 비슷한 환경으로 꾸민 동물 친화적 동물원으로 평가받는 곳이다. 상상 이상으로 규모가 크기 때문에 이곳을 방문할 때는 편한 신발이 필수다. 또 내부에 식사할 곳이 마땅치 않으니 미리 식사를 하고 가는 것이 좋다.

타이베이시립동물원은 타이완 기후와 잘 맞는 아프리카 · 호주 · 사막 등에서 서식하는 다양한 동물관을 비롯해 조류관, 나비공원 등으로 구분되어 있다. 그중 가장 인기 있는 곳은 남녀노소 모두에게 웃음을 주는 판다가 사는 판다관. 현재 판다관에는 엄마 위안위안, 큰딸 위안자이, 작은딸 위안바오 가족이 살고 있다. 안타깝게도 아빠 투안투안은 2022년에 세상을 떠났다. 판다관은 별도의 입장료를 내야 하고 관람 시간이 제한되어 있지만, 그 짧은 시간이 아주 소중하게 느껴질 만큼 사랑스러운 판다 가족을 만날 수 있다.

📍
구글맵 타이베이 시립동물원
가는 방법 MRT 둥우위안역 1번 출구에서 도보 1분
운영 09:00~17:00(마지막 입장 16:00)
휴무 판다관 월요일
요금 일반 NT$100, 6~11세 NT$50, 5세 이하 · 65세 이상 무료
홈페이지 www.zoo.gov.taipei

마오콩과 묶어서
함께 둘러볼 계획이라면 동물원
내 곤돌라 둥우위안난역에서
마오콩행 곤돌라를 이용하세요.

⑥ 우더풀 랜드 위롱 시티 🔊 무위썬린위롱청디엔

木育森林 裕隆城店 *Wooderful Land Yulong City*

나무로 만든 행복의 나라

우더풀 라이프Wooderful Life는 지속 가능한 산림에서 생산한 목재로 디자인 제품을 만드는 회사다. 타이완 기념품으로 유명한 나무 오르골로 한국인 여행자들에게도 잘 알려져 있다. 타이베이 남부 신뎬구에 새로 문을 연 우더풀 랜드 위롱 시티는 우더풀 라이프에서 만든 목공 게임 도구와 놀이 시설, 학습 도구 등을 만지고 즐기며 체험할 수 있는 곳이다. 우더풀 라이프의 오르골을 비롯한 목공 디자인 제품도 판매하며, 세상에 하나밖에 없는 나만의 우드 액세서리와 우드 오르골을 만들 수 있는 DIY 공간도 마련되어 있다.

📍

구글맵 wooderful life xindian(청핀생활 신뎬점 5층)
가는 방법 MRT 치장역 2번 출구에서 도보 10분, 또는 타이베이 메인 스테이션 부근 버스 정류장(Taipei Main Station Qingdau)에서 849번 버스 승차, 바오차오 교차로(Baoqiao Rd. Intersection) 하차 후 도보 1분(30분 소요) 버스 정류장 구글맵: 2GV9+W3 타이베이
운영 11:00~21:30(금 · 토요일은 22:00까지, 마지막 입장 19:00)
요금 월~목요일 NT$360, 금요일 NT$405, 토 · 일요일 NT$450
※18:00 이후 10% 할인, 시간 제한 2시간
홈페이지 www.wooderfulland.com

> ─────── TIP ───────
> 우더풀 랜드 위롱 시티가 자리한 백화점 청핀생활은 타이완의 청핀생활 중 가장 최근에 오픈한 곳으로 타이완 내에서 가장 규모가 크다. 쾌적한 공간에서 쇼핑, 식사, 엔터테인먼트, 티타임 등을 원스톱으로 즐길 수 있다. 특히 백화점 건물에 무려 100여 개의 식당이 있다.

〔 요리 + 쇼핑 〕

모두의 취향 저격
반차오 주변 식도락 & 쇼핑

아시아 요리의 향연
아시아 49
亞洲 49 Asia 49

위치	MRT 반차오역 앞
유형	로컬 맛집
주메뉴	아시아 요리

😊→ 훌륭한 전망과 수준 높은 아시아 요리
😞→ 창가석 예약 어려움

한국, 타이완, 일본, 중국, 타이, 베트남, 싱가포르 등 아시아 여러 나라의 음식을 제공하는 레스토랑이다. MRT 반차오역 바로 앞 메가 시티 백화점이 들어선 메가 타워 49층에 자리해 전망이 매우 훌륭하다. 현지인들도 많이 찾는 곳이라 예약은 필수. 특히 창가 자리를 원한다면 반드시 예약해야 한다. 여행 중 분위기를 내고 싶을 때 추천하고 싶은 곳이다. 평일 점심에는 비즈니스 런치 타임(11:30~14:30)을 운영해 메인 요리를 비교적 저렴하게 즐길 수 있다.

📍
구글맵 asia49 banqiao
가는 방법 MRT 반차오역 2번 출구에서 도보 8분
운영 11:30~22:30(금·토요일은 01:00까지)
예산 비즈니스 런치 NT$299~450
홈페이지 www.mega50.com.tw/asia49

채소, 해산물, 고기가
푸짐하게 들어간 똠얌꿍

한식 기반 퓨전 레스토랑
옐로 서울 비스트로
首爾餐酒館 Yelo Seoul Bistro

위치	MRT 반차오역 근처
유형	로컬 맛집
주메뉴	한국식 치킨, 오징어 떡볶이 등

😊→ 한식이 그리울 때 가기 좋은 곳
😞→ 식사 시간 90분 제한

겉에서 보기엔 우리나라 어느 골목의 작은 슈퍼마켓 같다. 소주, 고추장, 음료수 등 한국 제품이 놓인 진열대 옆의 커다란 업소용 냉장고 문을 열면 다른 세상이 펼쳐진다. 비밀스러운 입구를 만들어 아는 사람만 찾아오게 만든 스피크이지 바speakeasy bar 콘셉트의 식당이다. 인기 있는 메뉴는 매운 양념 치킨, 청양 마요 치킨, 허니 버터 치킨 등 한국에서 유행하는 치킨과 떡볶이, 그리고 김치를 주재료로 한 요리다. 한국 맥주와 소주 등도 판매해 한국의 맛이 그리울 때 찾아가기 좋은 곳이다.

📍
구글맵 yelo seoul bistro
가는 방법 MRT 반차오역 1번 출구에서 도보 6분
운영 17:00~24:00(토·일요일은 12:00부터)
예산 NT$300~600

해산물과 김치를 넣어 매콤하게
볶은 시실리 김치 시푸드

담음새도 예쁜 연어 샐러드

사진 찍기 좋은 예쁜 카페
메르시 카페
Merci Café

위치	MRT 반차오역 근처
유형	로컬 카페
주메뉴	브런치, 샐러드, 토스트 등

😊 → 내 · 외부 모두 예쁘고 분위기 좋음
😩 → 주말에는 대기 필수

역 주변 주택가 골목에 자리한 꽤 인기 있는 브런치 카페다. 조용한 골목 분위기와 달리 이곳에는 사람이 많다. 레몬색 스쿠터가 세워진 입구, 붉은 벽돌과 우드 톤으로 꾸민 실내 모두 아늑하고 따뜻한 분위기다. 브런치 플레이트, 샐러드, 샌드위치, 토스트 등 간단히 먹기 좋은 메뉴가 많고 파스타, 커리 등 식사 메뉴도 있다. 근처의 메르시 크림Merci Crème이라는 디저트 카페도 이곳에서 운영한다.

📍
구글맵 merci cafe banqiao
가는 방법 MRT 반차오역 2번 출구에서 도보 8분
운영 09:00~17:00 **예산** NT$200~500
페이스북 @mercicafe

부드럽고 질 좋은 훠궈
쥐 훠궈 반차오 글로벌 몰점 🔊 쥐 베이하이다오 쿤부꾸어반차오환치우디엔
聚 北海道昆布鍋 板橋環球店 *Giguo Banqiao Global Mall Branch*

위치	반차오 기차역 근처
유형	로컬 맛집
주메뉴	훠궈

😊 → 훠궈, 디저트, 음료까지 세트로 제공
😩 → 주말에는 대기 시간이 꽤 긴 편

반차오 기차역과 연결된 글로벌 몰 2층 식당가에 자리한 훠궈 전문점이다. 탕과 고기 종류를 선택하면 채소, 면, 디저트, 음료가 세트로 제공된다. 뷔페식은 아니지만 양이 부족하지는 않다. 일본식 샤부샤부를 바탕으로 한 훠궈라 매운맛이 덜하고 고기와 채소의 질이 좋다. 현지인들이 워낙 많이 찾는 곳이니 구글맵을 이용해 예약 후 방문할 것을 추천한다.

📍
구글맵 giguo banqiao
가는 방법 반차오 기차역 1층 홀에서
에스컬레이터 이용
운영 11:00~22:00
예산 NT$400~600
홈페이지 www.giguo.com.tw

우유 훠궈 외에도 마라, 버섯, 해산물 등 탕 종류가 다양

반차오에 가야 하는 이유

소반 베이커리 🔊샤오판딴까오팡

小潘蛋糕坊 Pan's Cake

위치	반차오 기차역 근처
유형	제과점
특징	달걀노른자를 넣은 펑리수

소반 베이커리는 일부러 반차오 지역에 가야 하는 이유가 되는 곳이다. 연중 가게 밖까지 줄을 서고, 양손 가득 들고 나오는 것은 바로 이곳의 슈퍼스타 펑황쑤鳳黃酥. 펑리수와 생김새는 같지만, 파인애플 과육과 함께 달걀노른자가 들어 있다. 소금에 절인 달걀노른자가 마치 치즈처럼 짭조름하면서 고소하며 식감도 더 부드럽다. 새콤·달콤·짭짤·고소한 맛 모두 느낄 수 있어 남녀노소 누구나 좋아한다. 주말이나 명절 전에는 1시간 이상 기다리기도 하니 서두르는 게 좋다.

구글맵 소반베이커리
가는 방법 MRT 반차오역 1번 출구에서 도보 12분
운영 08:00~20:00
페이스북 ThePansCake

깨끗하고 고급스러운 백화점

메가 시티 🔊따위안바이

大遠百 Mega City

위치	반차오 기차역 근처
유형	백화점
특징	지하 1층 딘타이펑 입점, 연말에 1층 광장 대형 트리 장식

타이베이를 여행하면서 반차오에 있는 백화점까지 쇼핑하러 갈 일은 없겠지만, 반차오에 숙소를 예약했거나 크리스마스 장식을 보고 싶다면 가볼 만한 곳이다. 메가 시티는 반차오 기차역 바로 뒤에 있어 접근성이 뛰어난, 큰 규모의 백화점이다. 특히 지하 1층에 딘타이펑이 있는데 타이베이 시내에 있는 매장보다는 대기 시간이 짧아 일부러 찾아오는 사람도 많다. 연말에는 백화점 앞 시민광장에 대형 크리스마스트리를 설치해 볼거리를 제공한다.

구글맵 mega city banqiao **가는 방법** MRT 반차오역 2번 출구에서 도보 10분
운영 11:00~22:00 **홈페이지** www.feds.com.tw

은하수를 닮은 폭포

은하동 銀河洞 🔊 인허똥

일제강점기인 1914년 동굴에 작은 도교 사원을
지었는데, 동굴 옆 폭포가 은하수처럼 떨어진다고
하여 이런 예쁜 이름이 붙었다. 지형적 특성으로
항일 운동이 일어난 역사적 장소이기도 하다. 절벽
위 동굴에 사원을 지은 것이 독특하기도 하지만,
여행자들이 이곳을 찾는 이유는 동굴 사원과
폭포가 어우러진 풍경을 감상하고, 그 풍경을
배경으로 사진을 찍기 위해서다. 사원 밖으로
튀어나온 발코니에서 폭포를 배경으로 사진 찍기가
인스타그램을 통해 유행처럼 번졌다. 타이베이
시내에서 멀리 떨어져 있는 데다 15~20분 정도
가파른 계단을 올라가야 하는, 결코 쉬운 코스가
아님에도 사람들의 발길이 끊이지 않는 이유다.
비가 많이 온 뒤에는 이름처럼 폭포가 은하수처럼
떨어지는 아름다운 풍경을 만날 수 있다. 사진 찍기
좋아하는 사람이라면 추천하지만, 왕복하는 데 꽤
많은 시간이 소요되고, 날씨가 더운 날에는 체력
소모도 큰 편이니 신중히 결정하기 바란다.

구글맵 은하동 → 은하 동굴 /
은하동 계단 입구 → yinhe cave hiking trail

은하동을 여행하는 다섯 가지 방법 ▸

❶ 대중교통

타이베이 시내에서 은하동까지 1시간 30분 이상 소요되며, 버스 배차 간격이 길어 추천하지 않는 방법이다.

가는 방법 MRT 신뎬역에서 GR12번 버스 승차 후 은하동 정류장 하차, 은하동 계단 입구까지 도보 20분 → 트레킹 20분

신뎬역 버스 정류장 구글맵 XG5Q+92 신베이시

❷ 타이베이 시내에서 택시 또는 우버

가격은 비싸지만 일행이 3~4명이라면 추천하는 방법이다.

가는 방법 MRT 시먼역 또는 타이베이 메인 스테이션 출발(요금 약 NT$600~700), 은하동 계단 입구까지 30분 소요, 은하동까지 50분 소요

※다시 돌아올 때 택시가 많지 않으므로 기사와 협의해 왕복 이용하는 것이 편리하다.

❸ MRT 신뎬역에서 택시 또는 우버 이용 추천!

MRT 신뎬역에서 은하동 계단 입구까지 15~20분 소요, 요금은 약 NT$200~250

※다시 돌아올 때 택시가 많지 않으므로 기사와 협의해 왕복 이용하는 것이 편리하다.

❹ 택시 투어

하루 또는 반나절 택시 투어 상품을 이용해 은하동과 다른 근교 여행지를 묶어 여행하는 방법이 있다. 예류 · 스펀 · 진과스 · 지우펀(예스진지) 투어 상품 이용 시 택시 기사와 협의해 은하동을 추가할 수도 있다. 예약은 마이리얼트립, 케이케이데이, 클룩 등 여행 플랫폼 앱에서 할 수 있다.

❹ 마오콩 트레킹 코스

곤돌라 마오콩역에서 연결된 트레킹 코스로 걸어가는 방법이 있다. 40분 정도 걸으면 은하동 계단 입구가 보인다. 트레킹을 좋아하거나 여유를 즐기고 싶다면 추천하는 방법이다. 단, 날씨가 너무 덥거나 비가 많이 오는 날은 피하도록 한다.

트레킹 코스
구글맵 경로

좀 더 멀리, 좀 더 깊이

타이베이 근교
TAIPEI SUBURB

타이베이

타이베이 근교로 떠나는 노을 나들이

단수이 淡水 🔊 단쉐이

타이베이 북쪽 끝자락의 바닷가 마을, 단수이는 행정구역상 신베이시에
해당한다. 단수이강과 타이완해협이 만나는 지점에 자리하며, 이곳에서 시작되는
단수이강이 타이베이 시내를 흐른다. 오래전 스페인, 네덜란드, 영국 등 서양의 영향을 받은
흔적과 타이완 전통의 토속적 분위기가 어우러져 단수이만의 고유한 분위기를 간직하고
있다. 홍마오청, 진리대학교, 소백궁, 단장고등학교 등 이국적 건축물이 모여 있어 동선
짜기가 수월하다. 해 질 무렵 단수이강 위로 몰드는 노을이 특히 아름답다.

🚌 단수이 교통편

🚈 **타이베이 시내 ➡ 단수이** MRT 단수이역 하차

🚌 **단수이 내 교통수단** MRT 단수이역 오른편 버스 정류장에서
紅26번 버스를 타면 홍마오청, 진리대학교, 위런마터우 등 주요
볼거리를 편하게 둘러볼 수 있다.

🚲 자전거 도로가 잘 정비되어 있어 자전거를 타고 다녀도 좋다. MRT
단수이역 바로 앞에서 유바이크를 대여할 수 있으며, 페리를 타고
빠리八里로 넘어가면 더욱 한적한 곳에서 라이딩을 즐길 수 있다.

날씨가 흐리거나 비가
오는 날에는 단수이의
아름다운 노을을 볼
수 없으니 가능하면
맑은 날 방문하세요.

단수이

단수이 라오제 🔊 단쉐이라오지에
淡水老街 Tamsui Old Street

단수이 여행의 시작

MRT 단수이역 옆에 자리한 짧지만 알찬 상점가. 식
당과 카페, 기념품점, 잡화점, 거리 음식을 파는 노
점 등이 모여 있다. 단수이를 찾는 사람이라면 누구
나 한 번쯤 들르는, 늘 활기차고 생기 넘치는 거리
다. 주말이나 명절에는 나들이 나온 현지인과 여행
자가 몰려 인산인해를 이루는 단수이 최고의 번화가
라 할 수 있다.

📍
구글맵 tamsui old street
가는 방법 MRT 단수이역
1번 출구에서 도보 1분

달콤한
고구마 빠스와 탕후루

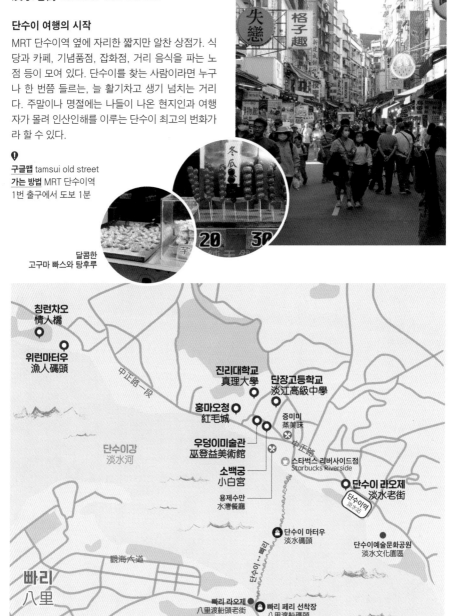

⑫
진리대학교 🔊 찐리따쉬에
真理大學 Aletheia University

📍
구글맵 진리대학
가는 방법 MRT 단수이역 2번 출구 오른편
버스 정류장에서 紅26번 버스 승차,
홍마오청 정류장 하차 후 도보 10분
운영 07:00~19:00

타이완 최초의 서양식 대학교
캐나다 선교사가 설립한 타이완 최초의 서양식 대학교. 처음 건축할 당시에는 후원해주던 옥스퍼드 카운티의 이름을 따서 옥스퍼드 칼리지Oxford College라 부르다가 1999년 진리대학교로 이름을 바꾸었다. 서양식 건축물에 타이완 색채가 한 스푼 더해진 독특한 감성의 캠퍼스는 인문, 수학, 경제, 언어, 관광 등 총 8개 단과대학으로 구성되어 있다. 바로 옆 단장고등학교와 함께 영화 〈말할 수 없는 비밀〉의 촬영지로 알려져 영화의 여운을 느끼고자 찾는 사람이 많다.

⑬ 홍마오청
紅毛城 Fort San Domingo

서양 통치의 흔적
1628년 타이완을 통치하던 스페인이 기지 겸 요새 목적으로 지은 건물이다. 건축 당시 이름은 산도밍고 요새였으며 이후 네덜란드가 이곳을 지배하면서 네덜란드인의 붉은 머리카락을 뜻하는 '홍마오청'으로 부르게 되었다. 1867~1972년에는 영국 영사관으로 사용했고 1980년에 타이완 정부 소유가 되어 일반에 공개했다. 건물 내부에는 영국 영사관으로 사용하던 당시의 가구와 집기가 전시되어 있으며 정원에는 네덜란드 전통 신발 클롬펜klompen의 대형 조형물이 설치되어 있다. 서양의 흔적 너머로 타이완의 고달픈 역사가 깃든 곳이다.

📍
구글맵 홍마오청
가는 방법 MRT 단수이역 2번 출구 오른편 버스 정류장에서
紅26번 버스 승차, 홍마오청 정류장 하차 후 도보 2분
운영 09:30~17:00(토·일요일은 18:00까지)
휴무 매월 첫째 월요일
요금 NT$80(소백궁+홍마오청 통합 입장권)

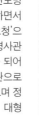

⑭ 소백궁 🔊샤오바이궁
小白宮 White Little House

언덕 위의 작은 백악관

1862년에 지은 서양식 건축물로 '작은 백악관'이라는 뜻의 이름을 붙였다. 1860년대 단수이는 동서양의 교역이 활발한 곳이었으며 소백궁은 무역업에 대한 관세를 관리하던 관세청 관저였다. 새하얀 건물에 일렬로 이어진 아치형 회랑이 우아하면서 로맨틱한 분위기를 낸다. 정원 전망대에서는 단수이강이 한눈에 보인다.

📍
구글맵 소백궁
가는 방법 MRT 단수이역 2번 출구 오른편 버스 정류장에서 紅26번 버스 승차, 훙마오청 정류장 하차 후 도보 5분
운영 09:30~17:00(토·일요일은 18:00까지) **요금** NT$80(소백궁+훙마오청 통합 입장권)

⑮ 우덩이미술관 🔊우덩이메이수관
巫登益美術館 Wu Dengyi Art Museum

서양식 건축물과 동양 수묵화의 만남

1875년에 지은 서양식 건축물을 개조한 미술관으로 타이완을 대표하는 수묵화가 우덩이의 이름을 붙였다. 소백궁을 닮은 하얀색 미술관 내부에는 우덩이 작가의 작품과 컬렉션이 전시되어 있으며 야외에도 전시 공간이 있다. 서양 건축양식의 미술관 외에도 청나라 시대에 지은 기와집, 일제강점기에 지은 정자 등 동서양의 건축물이 한곳에 모여 있어 독특한 분위기를 이룬다.

📍
구글맵 Wu Dengyi Art Museum
가는 방법 MRT 단수이역 2번 출구 오른편 버스 정류장에서 紅26번 버스 승차, 훙마오청 정류장 하차 후 도보 5분
운영 09:30~17:00
(토·일요일은 18:00까지)
휴무 매월 둘째 월요일
요금 NT$200

06 단장고등학교 딴장까오지쭝쉬에
淡江高級中學 Tamkang Senior High School

말할 수 없는 비밀

1872년 캐나다 선교회에서 설립한 오랜 역사의 사립 고등학교다. 2007년에 발표한 영화 〈말할 수 없는 비밀〉의 두 주인공 계륜미와 주걸륜이 다니던 학교로 등장하면서 폭발적 인기를 얻었다. 그림 같은 교정은 영화에서보다 실제가 더 아름답고 근사하다. 예전에는 자유롭게 교정을 구경하고 사진을 찍을 수 있었지만, 영화가 인기를 얻고 방문객이 몰려들면서 학생들 수업에 차질이 생기고 크고 작은 안전사고가 일어나는 등 문제가 발생해 현재는 교정에 자유롭게 출입할 수 없다. 주말이나 방학, 휴가철에 비정기적으로 개방하며, 입장할 때 여권을 맡겨야 한다.

📍
구글맵 담강고등학교
가는 방법 MRT 단수이역 2번 출구 오른편 버스 정류장에서 紅26번 버스 승차, 홍마오청 정류장 하차 후 도보 15분
운영 비정기적 개방
홈페이지 tksh.ntpc.edu.tw

07 위런마터우
漁人碼頭 Fisherman's Wharf

가장 아름다운 일몰

단수이의 일몰은 사실 강변 어디에서 보아도 아름답다. 그러나 그 아름다움과 낭만을 좀 더 제대로 만끽하고 싶다면 단수이 끝인 위런마터우를 추천한다. 바다를 향해 길게 뻗은 나무 데크와 아치형 다리 칭런차오情人橋가 풍경에 낭만을 더하는 곳이다. 연인이 함께 손잡고 칭런차오를 걸으면 절대로 헤어지지 않는다는 속설이 있어 데이트를 즐기는 연인들이 해 질 녘 단수이를 더욱 로맨틱하게 만든다.

구글맵 위런마터우 전망대
가는 방법 MRT 단수이역 2번 출구 오른편 버스 정류장에서 紅26번 버스 승차 후 종점 위런마터우 정류장 하차(약 20분 소요), 또는 MRT 홍수린紅樹林역에서 단하이 라이트 레일Danhai Light Rail 승차 후 종점 위런마터우 정류장 하차(약 35분 소요)

⑧ 빠리
八里 Bali

단수이 속 작은 여행

단수이에서 페리를 타고 약 10분이면 닿는 작은 마을이다. 강 건너 단수이와 크게 다를 것 없는 풍경이지만 페리를 타고 떠나는 짧은 여행을 즐길 수 있다. 특히 단수이강 변을 따라 깔끔하게 정비된 자전거 도로는 빠리의 자랑거리다. 유바이크를 빌려 강바람을 마주하며 라이딩을 즐겨보는 것도 좋다. 빠리의 명물 대왕오징어튀김도 꼭 맛볼 것.

⊙
구글맵 Bali Old Street
가는 방법 MRT 단수이역 근처 단수이 마터우淡水碼頭에서 페리를 타고 약 10분 소요
※이지카드 사용 가능

‹ 🍴 ›

노을과 함께 즐기는
단수이 맛집 & 카페

가성비 좋은 든든한 식사
증미미 🔊쩡메이웨이
蒸美味

단수이 라오제에서 소백궁, 진리대학교 등으로 향하는 길목에 있는 로컬 식당이다. 딤섬, 돼지고기덮밥, 어묵탕, 돼지고기 비빔국수 등 가볍게 먹을 수 있는 대중 음식을 판다. 타이베이 시내보다 저렴하면서 양이 푸짐하고 맛도 좋아 가성비 맛집으로 인기 있다. 한국어 메뉴판도 있다.

📍
구글맵 증미미 **가는 방법** MRT 단수이역
1번 출구에서 도보 15분
운영 11:00~20:30
휴무 월요일

단수이에서 가장 로맨틱한 시간
스타벅스 리버사이드점
Starbucks Riverside

단수이 일대에는 스타벅스가 무려 7개나 있는데, 언제나 만석이다. 단수이의 스타벅스 중 가장 유명한 곳은 2층 테라스에 앉아 노을을 감상할 수 있는 리버사이드점이다. 해 질 무렵 스타벅스 앞 데크에서 야외 공연이 열리는 날은 세상에서 가장 낭만적인 스타벅스가 된다.

구글맵 스타벅스 흐어안먼시점 **가는 방법** MRT 단수이역 1번 출구에서 도보 15분 **운영** 월~금요일 08:00~21:00, 토 · 일요일 07:30~22:00

휴양지 느낌의 전망 좋은 식당
용제수만 🔊슈이완찬팅
水灣餐廳

단수이강 변 바로 앞에 자리한 동남아시아 휴양지 콘셉트의 식당이다. 메뉴도 타이완, 인도네시아, 싱가포르 등 동남아시아 음식과 음료로 구성되어 있다. 커다란 통유리창 너머로 단수이강과 아름다운 노을을 바라보며 식사할 수 있다. 매장이 꽤 큰 편이며, 강 건너 빠리에 매장이 하나 더 있다.

구글맵 용제수만 **가는 방법** MRT 단수이역 1번 출구에서 도보 16분
운영 12:00~20:30(토 · 일요일은 21:00까지)
홈페이지 www.waterfront.com.tw

베이터우 北投

타이베이 중심에서 MRT로 약 40분이면 도착하는 온천 마을이다. 1894년 일본이 온천을
발견해 타이완 최초의 온천 목욕탕을 지으면서 온천 단지가 형성되었다. 베이터우 온천의
베이터우석北投石에 함유된 라듐 성분이 암 치료와 신경통 · 스트레스 완화 등에 효과가
있다고 알려지면서 국내뿐 아니라 전 세계에서 많은 사람이 찾아온다. 베이터우석은
세계적으로 타이완과 일본, 칠레 단 세 곳에만 있어 더욱 귀하다. 온천뿐 아니라
지열곡, 베이터우시립도서관, 베이터우온천박물관 등 다른 볼거리도 많으며,
모두 도보로 이동 가능한 거리에 있어 산책하듯 둘러보기 좋다.

🚇 베이터우 교통편

🚇 **타이베이 시내 ➡ 베이터우** MRT 베이터우역에서 환승 후 신베이터우역 하차

🚶 **베이터우 내 교통수단** 베이터우온천박물관, 베이터우시립도서관, 지열곡 등 주요 볼거리는
신베이터우역에서 도보로 이동 가능한 거리에 있다. 베이터우 안쪽의 온천 시설을 이용하려면
신베이터우역 앞 버스 정류장에서 버스나 택시를 이용하는 것이 편리하다.

베이터우

⑴ 지열곡 🔊 띠러구
地熱谷

베이터우 온천의 진원지

MRT 신베이터우역 앞 메인 거리를 따라 올라가다 보면 어디선가 유황 냄새가 솔솔 풍겨오는데, 한 걸음씩 다가갈수록 냄새가 점점 더 짙어지고 공기가 뜨거워진다. 그러다 앞이 보이지 않을 정도로 자욱한 수증기가 피어나는 이곳은 온천이 있는 지열곡이다. 가공하지 않은 온천의 온도는 무려 90~95℃. 한여름에는 근처에 있기만 해도 땀이 줄줄 흐르고 숨이 막힌다. 비 오는 날에는 수증기가 더욱 짙게 깔려 신비로운 분위기를 자아낸다.

구글맵 지열곡 **가는 방법** MRT 신베이터우역 1번 출구에서 도보 15분
운영 09:00~17:00 **휴무** 월요일, 공휴일

⑫ 베이터우온천박물관 ◀ 베이터우원취엔보우관
北投溫泉博物館 Beitou Hotspring Museum

일본이 지은 온천 목욕탕

베이터우시립도서관 바로 옆에 자리한 곳으로 일제강점기인 1913년에 일본이 온천 목욕탕으로 지은 건물이다. 일제의 흔적을 없애지 않고 당시 모습을 상상할 수 있도록 최대한 그대로 재현해 1998년 박물관으로 공개했다. 전시 공간인 1층 대중탕, 아기자기한 볼거리와 포토존 등으로 꾸민 지하층이 특히 인상적이며 구석구석 알차게 구성되어 있다. 2층에는 다리를 뻗고 앉아 쉴 수 있는 대형 다다미 공간이 있다. 단, 다리를 쭉 뻗고 앉을 수는 있지만 누워서는 안 된다. 만약 누우면 바로 어디선가 직원이 달려온다.

구글맵 베이터우 온천 박물관 **가는 방법** MRT 신베이터우역 1번 출구에서 도보 6분
운영 10:00~18:00 **휴무** 월요일 **홈페이지** hotspringmuseum.taipei

⑬ 베이터우시립도서관 ◀ 베이터우스리투슈관
北投市立圖書館 Beitou Public Library

자연을 닮은 도서관

베이터우 메인 거리에 자리한 공공 도서관으로 타이완 전국의 공공 도서관 중 가장 아름다운 친환경 도서관으로 꼽힌다. 주변의 푸른 나무와 어우러지는 목조 건물, 새소리가 들리는 테라스, 산책하기 좋은 정원 등 아름다운 건물과 주변 풍경으로 2012년 미국 문화 정보 사이트 '플레이버와이어닷컴'이 뽑은 '세계에서 가장 아름다운 도서관 25'에 이름을 올리기도 했다. 목재를 주로 사용해 편안하고 아늑한 느낌을 줄 뿐만 아니라, 태양열로 전기를 만들고 빗물을 받아 식물을 가꾸는 등 자연과 어우러지는 친환경 도서관이다.

구글맵 베이터우 도서관
가는 방법 MRT 신베이터우역 1번 출구에서 도보 5분
운영 화~토요일 08:30~21:00, 일 · 월요일 09:00~17:00
휴무 공휴일

④ 스프링 시티 리조트 ◀)춘티엔저우디엔
春天酒店 Spring City Resort

물놀이하기 좋은 온천 리조트

자연과 어우러진 온천 리조트로 노천 온천과 실내 대중탕, 프라이빗 룸 등 다양한 타입의 온천으로 이루어져 있다. 특히 노천 온천은 어린이들이 놀기 좋은 물놀이장과 버블탕, 수면탕, 부유탕, 냉수탕, 온천 수영장 등 총 아홉 가지 유형의 시설이 마련되어 있어 인기가 좋다. 리조트 숙박객이 아닌 경우 프라이빗 온천과 노천 온천만 이용할 수 있으며 티켓은 프런트에서 직접 구입하거나 미리 케이케이데이, 클룩 등의 앱에서 예매할 수도 있다. 노천 온천 이용 시 수영복과 수영모 착용은 필수다. MRT 신베이터우역 앞에서 무료 셔틀버스를 이용하면 편리하다.

♥
구글맵 스프링 시티 리조트
가는 방법 MRT 신베이터우역 1번 출구에서 도보 20분, 또는 MRT 신베이터우역 앞에서 무료 셔틀버스 이용
운영 프라이빗 온천 24시간, 노천 온천 09:00~22:00
요금 NT$800(프라이빗 온천 1시간, 노천 온천 시간 제한 없음) ※케이케이데이, 클룩에서 예매 시 훨씬 저렴
홈페이지 www.springresort.com.tw

⑤ 수미온천회관 ◀)수이메이원취엔후이관
水美溫泉會館 Sweetme Hotspring Resort

깔끔하고 고급스러운 온천 호텔

한국인 여행자들 사이에서 가장 유명한 온천 호텔이다. MRT 신베이터우역에서 도보 3분 거리로 가깝다는 것도 큰 장점이다. 숙박객은 객실 내 온천과 대중탕을 무료로 이용할 수 있다. 숙박객이 아닌 경우에는 1~2인용 프라이빗 온천이나 대중탕 티켓을 구입해야 하는데 케이케이데이, 클룩 등의 앱을 이용하면 좀 더 저렴하다. 대중탕은 남녀 구분된 형태이므로 수영복은 준비하지 않아도 된다.

©수미온천회관

♥
구글맵 sweetme hotspring
가는 방법 MRT 신베이터우역 1번 출구에서 도보 3분
운영 대중탕 09:00~22:00(목요일은 12:00부터),
프라이빗 온천 09:00~22:00(시간 제한 90분)
요금 대중탕 1인 기준 월~금요일 NT$650,
토 · 일요일 · 공휴일 NT$850 / 프라이빗 온천 2인 기준
월~금요일 NT$900, 토 · 일요일 · 공휴일 NT$1100
홈페이지 www.sweetme.com.tw

©수미온천회관

⑥ 베이터우공원 노천 온천탕 🔊 베이터우꽁위엔루티엔원취엔유치
北投公園露天溫泉浴池

물 좋은 노천 온천

정식 명칭은 '베이터우공원 노천 온천탕'이지만 현지인과 여행자들 사이에서는 '칭수이 노천 온천清水露天溫泉'이라 더 많이 불린다. 1999년에 개장해 다소 낙후된 느낌이나 NT$40라는 저렴한 가격에 바람을 맞으며 온천을 즐길 수 있는 자연 속 온천이라 찾는 사람이 많다. 엄격한 관리 덕분에 훌륭한 수질을 유지하고 있다. 1일 6회, 정해진 시간에만 입장할 수 있으며 남녀가 함께 이용하는 노천 온천이므로 수영복 착용은 필수다.

구글맵 친수이 공원 노천온천
가는 방법 MRT 신베이터우역 1번 출구에서 도보 10분
운영 05:30~07:30, 08:00~10:00, 10:30~13:00,
13:30~16:00, 16:30~19:00, 19:30~22:00
요금 NT$40

⑦ 롱나이탕
瀧乃湯

128년 전통의 온천

1896년 일제강점기에 지은 타이완 최초의 온천 호텔이다. 현재 숙박은 할 수 없고 대중탕과 2인실, 가족실 등 프라이빗 온천으로 운영한다. 100년이 훌쩍 넘는 시간 동안 변치 않는 수질을 유지해 항상 인기가 좋다. 특히 일본 히로히토 일왕이 다녀간 곳으로 알려지면서 일본인 여행자들의 필수 코스로 자리 잡았다. 가족실은 1인 단독으로는 사용할 수 없으며 수건 등 세면도구는 각자 준비해야 한다.

구글맵 롱나이탕 **가는 방법** MRT 신베이터우역 1번 출구에서 도보 8분
운영 06:30~11:00, 12:00~17:00, 18:00~21:00 **휴무** 수요일
요금 대중탕 NT$150, 2인실(1시간) NT$400,
가족실(1시간) NT$600(2인 기준, 인원 추가 시 1인당 NT$50)
홈페이지 www.longnice.com.tw

TRAVEL TALK

줄 서서 먹는 라멘 맛집

MRT 신베이터우역 근처에 있는 일본 라멘 전문점인 만라이 온천 라멘満来温泉拉麵. 주메뉴는 두툼한 돼지고기를 올린 매운 라멘으로, 진한 국물과 수제 면발의 쫄깃함이 어우러져 우리 입맛에도 잘 맞아요. 두부튀김과 온천으로 익힌 계란도 인기랍니다.
가는 방법 MRT 신베이터우역 1번 출구에서 도보 1분
운영 11:30~20:30(15:00~16:30 브레이크 타임) **휴무** 수요일, 공휴일

타이루거국가공원
太魯閣國家公園

🔊 타이루거 궈지아꽁위엔

타이완 8경 중 하나로 꼽히는 타이루거는 해발 3000m의 높은 산과 거대한 대리석 바위로 이루어져 있다. 깎아지른 듯 솟아오른 협곡은 금방이라도 쏟아져 내릴 것처럼 아찔하고, 그 사이를 굽이굽이 흐르는 계곡과 높고 푸른 산의 절경은 말로 다 설명할 수 없을 정도로 경이롭다. 그런 자연을 마주하고 나면 '나'라는 사람이 얼마나 작은 존재인지 새삼 깨닫게 된다. 타이완의 네 번째 국가공원이며 1986년 국가 명승지로 지정되었다.

구글맵 타이루거 국가공원 **홈페이지** www.taroko.gov.tw

타이루거 국가공원

🚶 타이루거를 여행하는 방법

대중교통

● 타이베이 메인 스테이션에서 화롄花蓮縣역까지 기차를 이용한다. 기차 등급에 따라
2시간~3시간 30분 정도 소요되는데 특급열차인 타이루거호太魯閣號가 가장 빠르다.
요금은 NT$440. 화롄역 앞에서 버스 투어에 참여하거나 택시 또는 개별 버스로
이동한다.
사전 예매 tip.railway.gov.tw

여행사 버스 투어

● **타이베이에서 출발**

타이베이 메인 스테이션에서 출발해 타이루거국가공원을 둘러본 뒤 다시 타이베이로 돌아오는
투어 상품이 있다. 마이리얼트립, 케이케이데이, 클룩 등을 통해 예약할 수 있다. 타이루거협곡,
장춘사, 연자구, 청수단애 등 주요 코스를 돌며 요금은 1인당 약 6만~9만 원 선(투어 코스, 이용
차량, 한국어 가이드 유무, 점심 제공 여부 등에 따라 요금 차이가 있음).

● **화롄에서 출발**

화롄역까지 기차로 이동해 화롄역에서 출발하는 버스 투어 상품을 이용한다. 화롄역 앞 여행 안내
센터에서 예약하거나 마이리얼트립, 케이케이데이, 클룩 등을 통해 예약할 수 있다. 요금은 1인당
4만~8만 원 선(투어 코스, 이용 차량, 한국어 가이드 유무, 점심 제공 여부 등에 따라 차이가 있음).

개별 버스 투어

여행업체의 투어 상품을 이용하지 않고 개별적으로 버스를 이용해 다녀오는 방법도 있다. 시간과
체력이 많이 들지만 자유롭게 코스를 구성할 수 있어 효율적이고 경제적이다. 투어 상품에 포함되지
않은 더 많은 트레일 코스를 돌아보고 싶거나 1박 2일 일정일 때 적합한 방법이다.
❶ 화롄역 앞 버스 터미널에서 310·1133A번 버스 승차, 타이루거국가공원 관광 안내소 하차
❷ 타이루거국가공원 관광 안내소 버스 정류장에서 302번 버스 승차, 각 코스별 이동
❸ 장춘사, 연자구, 천상 등은 꽤 떨어져 있어 걸어 다니는 것은 무리이므로 하차 지점에서 302번
버스를 타고 둘러본다. 화롄역으로 돌아올 때도 타이루거국가공원 관광 안내소에서 버스를 환승한다.

택시 투어

타이베이 시내나 화롄역에서 출발하는 택시를 이용하는 방법으로 일행이 3~4명일 때 추천한다.
승하차 지점과 투어 코스, 시간 등을 운전기사와 조절할 수 있다. 요금은 버스 투어보다 2~3배
비싸다. 여행 예약 플랫폼을 통해 미리 예약하는 것이 좋지만 여행 당일 택시 기사와 요금, 시간,
코스 등을 협의해 이용할 수도 있다.

타이루거국가공원 도보 코스

⑴ 장춘사 🔊 창춘츠
長春祠
Eternal Spring Shine

안타까운 희생을 기리는 사당

타이완 초대 총통 장제스는 타이완 동부와 서부를 연결하는 고속도로를 건설하기 위해 타이루거협곡 일부를 깎아내는 공사를 감행했다. 대리석으로 이루어진 바위는 깎아내기가 어려웠고 지반이 약해 폭파 작업을 할 수도 없었다. 결국 6000여 명의 인부가 동원되어 로프에 몸을 묶고 바위에 매달려 직접 바위를 깨기 시작했는데, 이 과정에서 200여 명이 목숨을 잃고 700여 명이 다치거나 불구가 되었다. 이 무모하고도 위험한 공사가 가능했던 것은 공사에 동원된 인부들 대부분이 장제스를 따라 중국에서 타이완으로 건너온 퇴역 군인이었기 때문이다. 목숨과 맞바꾼 위험한 공사는 4년 만에 마무리되었고, 공사 중 목숨을 잃은 인부들의 영혼을 위로하기 위해 '영원한 봄'을 뜻하는 이름의 사당을 지었다. 내부에는 고인들의 이름이 새겨진 위패가 놓여 있다.

❗
구글맵 타이루거 장춘사 **운영** 08:30~15:00

02 **연자구** 🔊 옌즈커우
燕子口 *Swallow Grotto*

제비가 사는 집

장춘사를 지나 조금 더 안쪽으로 들어가면 좁고 끝이 보이지 않을 만큼 높은 절벽이 마주 보고 있다. 좁은 협곡의 절벽에는 침식 작용으로 구멍들이 생겨났는데, 이 구멍으로 제비들이 드나들며 집을 지었다고 해서 제비집이라는 뜻의 이름이 붙었다. 해마다 봄이 되면 실제로 제비들이 찾아와 집을 짓고 사는 모습을 볼 수 있다. 절벽과 절벽 사이의 거리가 20m도 안 되어 보이는 좁은 협곡 아래로는 우유에 푸른 물감을 탄 것처럼 비현실적인 빛깔의 물이 흐른다. 대자연의 위대함과 아름다움에 다시 한번 겸손해지는 곳이다.

📍 **구글맵** yanzikou trail

03
구곡동 🔊 지우취동
九曲洞 *Tunnel of Nine Turns*

아찔하고 안타까운 터널

연자구를 지나 3km 정도 더 가면 낭떠러지 중간이 뚫려 있는 구불구불한 길이 나온다. 이곳의 이름은 '아홉 굽이 동굴'이라는 뜻이다. 길 위로 이어진 거친 터널은 기계로 깎아낸 바위와는 달리 모양새가 거칠고 울퉁불퉁하다. 바로 이곳이 사람의 손으로 쳐내고 깎아서 만든 고속도로 공사 구간 중 일부다. 비가 많이 오거나 태풍이 불 때는 낙석이 심해 폐쇄되며, 평소에도 안전모를 착용하고 개방된 부분에만 들어갈 수 있다. 높은 절벽 위로 구불구불 휘어지는 길은 보기만 해도 아찔하다. 이렇게 아찔한 곳에 매달려 쉴 새 없이 망치질하던 사람들의 절박한 심정이 느껴져 가슴 한쪽이 먹먹해지는 곳이다.

📍 **구글맵** 주취동

⑭ 바이양 트레일 코스 바이양부따오

白楊步道 *Baiyang Trail*

타이루거국가공원의 하이라이트

천상에서 자동차로 2분 거리에 있는 트레일 코스다. 개인적으로 타이루거국가공원의
하이라이트로 꼽는 곳이다. 왕복 4.2km의 바이양 트레일 코스를 걸으려면 여러 개의
동굴을 거쳐야 한다. 한 치 앞도 보이지 않을 만큼 컴컴한 동굴, 바닥에 물이 고인 동
굴, 천장과 벽면에서 물이 쏟아지는 동굴 등 다양한 동굴을 경험하게 되는 다이내믹
한 코스다. 동굴을 빠져나올 때마다 마주하게 되는 다양한 풍경은 어떤 감탄사도 부
족할 만큼 아름답고 웅장하다. 감탄을 반복하며 걷다 보면 코스 끝에서 바이양 폭포
를 만난다. 대부분의 버스 투어에는 포함되지 않은 코스라 택시 투어를 이용하거나
개인적으로 방문해야 하지만, 일부러 시간 내서 찾아갈 만한 가치가 있는 곳이다.

구글맵 baiyang trail

----TIP----

바이양 트레일 코스를
체험하려면 발이 물에
잠기거나 천장에서
물이 떨어져도 젖지
않도록 방수 신발과
우비, 그리고 손전등을
꼭 준비할 것.

05 천상 🔊 톈샹
天祥 *Tianxiang*

> 타이루거에서 하루 묵는다면 천상 근처에 숙소를 잡고 비경 속에서 아침을 맞아보세요.

천상의 아침 풍경

편의점, 식당, 관광 안내소, 기념품점 등이 모여 있으며 크고 작은 숙박 시설도 여럿 있는 작은 마을이다. 대부분의 여행자들이 타이루거 여행을 마치고 돌아가는 길에 들르는 곳이지만, 이른 아침 안개가 걷히기 전의 아름다운 풍경을 보려고 하룻밤 묵어 가는 사람도 많다. 안개와 구름 속에 높은 불상과 탑이 우뚝 솟은 모습은 마치 산수화를 보는 것처럼 신비롭고 아득한 느낌을 준다.

📍
구글맵 tianxiang recreation area

06 청수단애 🔊 칭수이돤야
清水斷崖 *Qingshui Cliff*

태평양 바다를 품은 절벽

타이완 동부 해안의 아름다운 절벽이다. 약 900만 년 전, 유라시아판과 필리핀판이 충돌하면서 충돌 지점이 우뚝 솟아오르며 생겨났다. 오랜 세월 동안 풍화와 침식을 거치면서 지금과 같은 깎아지른 듯한 형태가 되었다. 1000m 이상의 높이와 수직에 가까운 절벽, 끝없이 펼쳐진 태평양 등 가슴이 뻥 뚫리는 시원한 풍경을 감상할 수 있는 곳으로, 타이완 10대 명승지 중 하나다.

📍
구글맵 qingshui cliff

우라이 烏來

질푸른 산이 마을을 감싸안고 에메랄드빛 강물이 흐르는 신비로운 풍경의 온천 마을로
타이베이 시내에서 버스로 1시간 30분 정도 거리에 있다. '우라이'는 이곳 원주민어로
온천이라는 뜻으로, 마을을 흐르는 강물 자체가 온천수다. 훌륭한 수질의 온천뿐만 아니라
수려한 자연경관으로도 유명해 현지인과 여행자 모두에게 사랑받는 관광지다. 우라이의
온천은 탄산수소나트륨이 풍부해 피부 미용과 신경통에 특히 효과가 있다고 한다.
무색무취의 온천이라 유황 온천이 부담스러운 사람도 편안하게 즐길 수 있다.

🚌 우라이 교통편

🚌 **타이베이 시내 ➡ 우라이** 타이베이 메인 스테이션 근처 버스 정류장에서 849번 버스 승차,
우라이 라오제 하차 (버스 정류장 구글맵: National Health Service Taipei Main Office)

🚶 **우라이 내 교통수단** 그리 크지 않은 마을이라 주로 도보로 이동한다.

우라이

01 우라이 라오제 🔊 우라이 라오지에

烏來老街 Wulai Old Street

맛있는 냄새로 가득한 길

849번 버스에서 내려 앞으로 조금만 걸어가면 편의점이 보이고, 편의점 오른쪽으로 이어지는 우라이 라오제가 우라이마을의 시작이라 볼 수 있다. 고기, 소시지, 꼬치 등을 굽는 고소한 냄새가 거리를 가득 메운다. 150m 남짓의 짧은 거리지만 다양한 먹거리와 기념품점 등이 알차게 들어가 있다. 우라이 라오제 맨 끝자락에 자리한 소시지 전문점 야거위안주민산주러우 샹창雅各原住民山豬肉香腸의 소시지는 꼭 한번 맛볼 것.

📍

구글맵 우라이 옛길
가는 방법 우라이 라오제 정류장에서 도보 1분

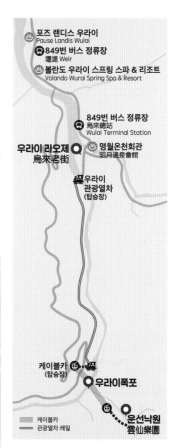

포즈 랜디스 우라이
Pause Landis Wulai

849번 버스 정류장
堰堤 Weir

볼란도 우라이 스프링 스파 & 리조트
Volando Wurai Spring Spa & Resort

849번 버스 정류장
烏來總站
Wulai Terminal Station

우라이 라오제　　명월온천회관
烏來老街　　明月溫泉會館

우라이
관광열차
(탑승장)

케이블카
(탑승장)
우라이폭포

　　　　　케이블카
　　　　　관광열차 레일

운선낙원
雲仙樂園

⑫ **우라이관광열차** 🔊 우라이 꽌광타이처
烏來觀光台車

꼬마 열차 타고 달리는 산길

작은 산골 마을 우라이에서 가장 빠른 것은 아마도 이 꼬마 열차일 것
이다. 작고 귀여운 놀이기구처럼 보이지만 우라이마을과 우라이폭포
를 연결하는 유용한 교통수단이다. 일제강점기에 목재를 운반하기
위해 만든 수레와 선로를 여행자를 위한 교통수단으로 개조한 것.
시원한 바람을 가르며 신나게 달리는 열차는 우라이
여행의 또 다른 즐거움이다. 산바람과 함께 실려
온 싱그러운 풀냄새는 우라이관광열차의
선물이다.

📍
구글맵 우라이 관광열차
운영 09:00~17:00
요금 편도 NT$50

⑬ **우라이폭포 & 케이블카** 🔊 우라이푸뿌 & 징꽌란처
烏來瀑布 & 空中纜車 *Wulai Waterfall & Cable Car*

하늘에서 감상하는 우라이 전경

우라이관광열차에서 내려 오른쪽으로 조금만 올라가면 타이완에서
가장 높은 폭포인 우라이폭포가 보이고, 폭포 맞은편 계단을 올라가
면 운선낙원으로 가는 케이블카 탑승장이 있다. 케이블카 앞쪽 창문
근처에 앉으면 우라이폭포와 마을을 제대로 감상할 수 있다. 케이블
카에서 내려 10분 남짓 계단을 오르면 산속 유원지 운선낙원에 닿는
다. 케이블카 요금에 운선낙원 입장료가 포함되어 있다. 케이블카 탑
승장 근처에는 폭포를 바라보며 차나 식사를 할 수 있는 전망 좋은 카
페가 여러 곳 있다.

📍
구글맵 Yun Hsien Resort Cable Car **운영** 09:00~17:00
요금 왕복 NT$220(운선낙원 입장료 포함)

04 운선낙원 원시엔러위엔
雲仙樂園 *Yun Hsien Resort*

산꼭대기의 유원지

케이블카를 타야만 닿을 수 있는 산꼭대기에 자리한
유원지다. 나비와 곤충, 양치류 등이 서식하는 생태 공
원, 등산로, 수영장, 호수를 비롯해 훌륭한 경치의 온
천 호텔까지 갖추고 있다. 호수 위를 떠다니는 작은 배
들을 보고 있으면 운선낙원이 뜻하는 '구름 위로 신선
이 노니는 낙원'이라는 말이 실감 난다. 무릉도원이 있
다면 이런 모습이 아닐까.

♥
구글맵 yun hsien lake
운영 09:00~17:00
요금 왕복 NT$220(케이블카 요금 포함)

05 볼란도 우라이 스프링 스파 & 리조트  폴란도우라이뚜지아지우디엔
馥蘭朵烏來渡假酒店 *Volando Wurai Spring Spa & Resort*

우라이 온천의 꽃

우라이의 많고 많은 온천 중에서 한국인과 일본인 여
행자에게 가장 인기 있는 온천이다. 1~2명이 이용할
수 있는 프라이빗 온천과 대중탕, 숙박 리조트로 구분
되어 있으며, 우라이의 에메랄드빛 강을 바라보며 온
천을 즐길 수 있는 곳으로 유명하다. 우라이 온천 중에
서 가장 고급스러운 곳이라 가격은 꽤 비싸지만 그만
큼 훌륭한 시설과 아름다운 전망, 친절한 서비스 등으
로 만족도가 매우 높다. 홈페이지나 케이케이데이, 클
룩 등을 통해 예약할 수 있다. 예약 시 MRT 신뎬역에
서 운행하는 셔틀버스도 함께 예약하면 훨씬 편하게
이동할 수 있다.

♥
구글맵 볼란도 우라이
가는 방법 ①타이베이 메인 스테이션 버스 정류장에서 849번 버스 승차, 엔디堰堤 정류장 하차 후 도보 1분, 또는 우라이
라오제에서 도보 15분 ②MRT 신뎬역에서 나와 스타벅스 앞 정류장에서 셔틀버스 승차(편도 NT$50, 30분 소요, 홈페이지
통해 예약 필수) **운영** 10:00~23:00 **휴무** 수요일 **홈페이지** www.volandospringpark.com/kr(한국어 지원)
요금

		프라이빗 온천(2인 1실, 1시간)	대중탕(1인, 4시간)
하절기 (4~9월)	월~금요일	NT$1120	NT$750
	토·일요일	NT$1280	NT$800
동절기 (10~3월)	월~금요일	NT$1440	NT$850
	토·일요일	NT$1660	NT$1000

※대중탕 남녀 구분, 수영복 불필요

⑥ 포즈 랜디스 우라이 🔊 푸스리즈원취엔후이관
璞石麗緻溫泉會館 *Pause Landis Wulai*

고급스러운 일본식 온천 리조트

볼란도 우라이 스프링 스파 & 리조트의 인기에 가려져 있지만 그 못지않은 시설과 전망을 갖춘 고급 온천 리조트다. 프라이빗 온천, 숙박 리조트로 구분되어 있으며 그중 프라이빗 온천은 냄비 형태 욕탕, 편백탕, 반노천탕 등 다양한 테마로 이루어져 있다. 대중탕 시설도 매우 고급스럽고 깨끗한 편이다. 볼란도 우라이 스프링 스파 & 리조트에 비해 숙박비가 저렴해(약 20만~25만 원 선) 하루 묵는 손님도 많다. 숙박 시 객실 내 온천 시설과 대중탕을 무료로 이용할 수 있다.

📍
구글맵 우라이 퍼즈 랜디스 **가는 방법** 타이베이 메인 스테이션 버스 정류장에서 849번 버스 승차, 엔디 정류장 하차 후 도보 1분, 또는 우라이 라오제에서 도보 15분 **운영** 08:00~21:30(월요일은 13:00부터)
요금 프라이빗 온천 NT$2000(2인 기준, 90분), 대중탕 NT$900(남녀 구분, 수영복 불필요)
홈페이지 www.pauselandis.com.tw

© 포즈 랜디스 우라이

© 포즈 랜디스 우라이

© 포즈 랜디스 우라이

⑦ 명월온천회관 🔊 밍위에원취엔후이관
明月溫泉會館 *Full Moon Spa*

가성비 최고의 온천

저렴한 가격과 탁월한 수질 덕분에 현지인들에게 인기 있는 온천이다. 프라이빗 온천, 대중탕 등 온천 시설만 이용할 수도 있지만 하룻밤 머물며 여유롭게 이곳을 즐기는 이용객이 더 많다. 숙박 시 저녁 식사와 아침 식사를 제공하며 대중탕을 무료로 이용할 수 있다. 우라이 라오제, 우라이관광열차 등이 근처에 있는 것도 장점이다.

📍
구글맵 풀 문 스파
가는 방법 우라이 라오제 정류장에서 도보 5분
운영 08:00~22:00
요금 프라이빗 온천 NT$780(2인 1실, 1시간),
대중탕 NT$390, 숙박료 13만 원부터
홈페이지 www.fullmoonspa.net

다채로운 매력의 항구도시

지롱 基隆

타이완 최북단의 도시. 타이베이에서는 기차나 버스로 약 1시간 거리에 있다. 스페인이 통치하던 17세기 초 무역항으로 이용하면서 항구도시가 형성되었으며, 남부의 가오슝에 이어 두 번째로 큰 항구도시다. 알록달록하게 채색된 건물이 모여 있는 정빈항구, 지질 공원과 바다 수영장이 있는 허핑다오공원, 24시간 문을 여는 지롱 야시장 등 다채로운 볼거리가 모여 있다.

🚉 지롱 교통편

🚇 타이베이 시내 ➡ 지롱
❶ 기차: 타이베이 메인 스테이션에서 일반 열차 TRA를 타고 지롱역 하차(50분 소요)
❷ 버스: 타이베이 메인 스테이션 근처 국광버스國光客運 터미널(M2 출구 근처)에서 1813번 버스 승차, 지롱 터미널 하차(1시간 소요)

🚉 지롱 내 교통수단 지롱역 앞에서 시내버스나 택시 이용

⑴ 지롱 야시장 🔊 지롱이예스
基隆夜市 *Keelung Night Market*

노란 등불이 반겨주는 활기찬 야시장

가게에 따라 문을 닫는 경우도 종종 있지만 대부분 1년 내내 24시간 문을 여는 시장이다. 시장을 따라 쭉 걸린 노란색 등불은 지롱 야시장의 트레이드마크로, 300m 남짓한 길을 따라 200여 개 노점이 마주 보고 있다. 등불이 켜진 메인 거리 옆 골목골목에도 다양한 상점이 들어서 있어 구경하는 재미가 있다. 항구도시답게 신선한 해산물을 파는 노점이 특히 많고 지파이, 샹창, 전주나이차, 어아젠 등 다른 야시장에서 파는 음식도 쉽게 볼 수 있다.

📍
구글맵 지롱야시장

⑫ 정빈항구 🔊 쩡빈위강차이써우
正濱漁港 彩色屋 *Zhengbin Port Color Houses*

지룽의 핫 스폿

지룽을 찾는 여행자라면 거의 모두 들르는 아담한 항구다. 일제강점기인 1934년에 생겨난 이후 원양어업 기지로 사용되며 번성하던 시절이 있었다. 세월이 흘러 활용도가 떨어지면서 방치되었다가 지룽 시 정부와 시민들의 노력으로 지금과 같은 포토 스폿으로 되살아났다. 다채로운 색상으로 채색한 건물들은 작은 어선들이 오가는 항구 풍경을 독특하게 만든다. 사진 찍기 좋아하는 사람이라면 꼭 들러야 하는 곳이다.

📍
구글맵 zhengbin port color houses
가는 방법 지룽역에서 102 · 103 · 791 · 791A번 버스 승차, 정빈항구 정류장 하차(30분 소요)

⑬ 미 & 아일랜드 🔊 위워
嶼我 *Me & Island*

정빈항구 앞 아름다운 공간

세련되고 감각적인 분위기에서 정빈항구를 바라보며 쉬어 갈 수 있는 식당 겸 카페다. 파스타, 치킨, 탄탄면, 스테이크 등 메뉴가 다양하다. 1층보다 전망이 시원한 2층은 작은 공간에 창가 쪽으로 4~5개의 좌석만 배치되어 있다. 조용하고 여유 있는 시간을 원한다면 2층 좌석을 추천한다. 단, 안전을 이유로 2층에서는 토스트, 치킨 등 간단한 식사와 음료만 주문할 수 있다.

📍
구글맵 me&island
가는 방법 지룽역에서 102 · 103 · 791 · 791A번 버스 승차, 정빈항구 정류장 하차 후 도보 1분 **운영** 12:00~21:00

④ 허핑다오공원 🔊 허핑다오꽁위엔
和平島公園 Heping Island Geopark

자연이 빚은 지질 공원

태평양과 동중국해가 만나는 타이완 최북단에 자리한 지질 공원이다. 약 2500만 년 전 끝이 보이지 않는 바다였던 곳이 장시간에 걸친 풍화와 침식 작용으로 버섯 모양의 기암괴석, 해식동굴 등으로 가득한 지질 공원이 되었다. 허핑다오의 가장 높은 곳까지 이어진 환산 트레일環山步道 Huanshan Trail을 따라 걸으면 기암괴석과 바다가 한눈에 보이는 시원한 전망이 펼쳐진다. 바닷물을 가둬 만든 블루 오션 풀장은 허핑다오공원의 자랑거리. 물고기와 함께 바다 수영과 스노클링을 즐길 수 있으며, 어린이를 위한 키즈 풀과 미끄럼틀, 탈의실, 샤워실 등 다양한 시설을 갖추고 있다. 겨울에도 수온이 크게 떨어지지 않아 1년 내내 바다 수영이 가능하다. 수영을 좋아하는 사람이라면 수영복을 꼭 챙길 것.

⊙
구글맵 heping island geopark 또는
heping island park ticket office
가는 방법 지롱역에서 101 · 102번 버스 승차,
허핑다오공원 정류장 하차 후 도보 7분(총 35분 소요),
또는 정빈항구에서 도보 15분
운영 공원 5~10월 08:00~19:00, 11~4월 08:00~18:00 /
블루 오션 풀장 5~10월 08:00~18:00,
11~4월 08:00~17:00
요금 일반 NT$120, 학생 · 어린이 · 경로 NT$60,
블루 오션 풀장 NT$200(2시간, 보증금 NT$1000 별도)
홈페이지 www.hpigeopark.org

예류

예류 野柳

예류지질공원이 있는 예류의 첫인상은 기이하다. 여왕 머리, 아이스크림, 공주 선녀 신발 등
다양한 이름의 바위들이 여기저기 흩어져 있다. 몸통은 나무처럼 곧고 가늘며, 머리는 버드나무의
풍성한 나뭇잎을 닮았다고 해서 야생 버드나무라는 뜻의 이름을 얻었다. 기이한 모양의
바위들이 푸른 바다와 어우러진 모습은 외계의 어느 곳에 와 있는 것처럼 비현실적으로 느껴지기도
한다. 그러고 보니 바위들이 영화에서 본 외계인을 닮은 것 같기도 하다. 예류는 상상의 바닷가다.

ⓞ① **예류지질공원** 🔊 예류띠즈꽁위엔
野柳地質公園 *Yehliu Geopark*

볼수록 신기한 바위 군락

타이완 북부 바닷가에 자리한 지질 공원으로 반나절 코스로 다녀오거
나 지우펀, 진과스, 스펀 등의 도시와 함께 묶어 일일 투어 하기 좋은 인
기 여행지다. 바닷바람과 파도가 만나 아주 오랜 기간 풍화 작용을 거치
며 바닷가의 바위를 지금과 같은 기이한 형태로 조각했다. 가장 인기 있
는 것은 고대 이집트 여왕의 머리를 닮은 '여왕 머리 바위'. 예류의 상징
이라고 할 수 있는 바위로 예류지질공원 입장권은 물론이고 각종 기념
품과 특산품에도 빠지지 않는다. 여왕 머리 바위 앞에는 사진을 찍으려
는 사람들로 언제나 줄이 서 있다.

한낮에는 바위들이 열을 발산하는 데다 그늘이 없기 때문에 더 덥게 느
껴진다. 또 비 오는 날에는 바위가 미끄러워 넘어질 수 있으니 더욱 조
심해야 한다.

> 바람이나 파도가 심한
> 날에는 공원 문을 닫기도
> 하니 방문 전 홈페이지를
> 확인하세요.

🔍 **구글맵** 예류지질공원
가는 방법 타이베이 메인 스테이션
근처 국광버스 터미널(M2 출구 근처)
에서 1815번 버스 승차(1시간 30분
소요), 또는 스정푸 버스터미널
市府轉運站에서 1815번 버스 승차,
예류 정류장 하차(1시간 15분 소요)
운영 07:30~17:30
요금 NT$120
홈페이지 www.ylgeopark.org.tw

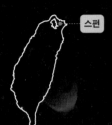

행복이 가득한 마을

스펀 十分

기찻길 옆 작은 마을 스펀이 지금처럼 유명해진 이유는 첫째도 천등, 둘째도 천등이다. 핑시,
징통 등 주변 마을에 소식을 전하기 위해 시작된 천등 날리기가 정월대보름 축제로 자리 잡았고,
수백 개의 천등이 밤하늘로 날아오르는 장면이 전 세계로 퍼지면서 세계적 명소가 되었다.
여럿이 몰려와 수다를 멈추지 않던 여행자들도 소원을 적을 때만큼은 세상 누구보다 진지해진다.
한 자 한 자 정성껏 적은 소원을 하늘로 날려 보내는 여행자들의 얼굴에서는 행복이 가득 묻어난다.

 스펀 교통편

🚇 **타이베이 시내 ➡ 스펀** 타이베이 메인 스테이션에서 일반 열차 TRA를 타고 루이팡瑞芳車站역
하차(1시간 소요), 루이팡역에서 핑시선 기차로 환승해 스펀역 하차(30분 소요)

① 스펀 라오제 🔊 스펀 라오지에
十分老街 *Shifen Old Street*

소원의 기찻길

스펀 기차역과 바로 이어지는 길로 천등을 파는 상점과 기념품점, 식당 등이 모여 있다. 기찻길을 사이에 두고 상점들이 마주 보고 있으며, 기차가 다니지 않을 때는 기찻길 위에서 천등을 날리는 사람들로 가득하다. 여행자뿐 아니라 현지인도 많이 찾는 곳이라 주말과 휴일에는 발 디딜 틈이 없다. 특히 연말, 정월대보름, 설날 등에는 구름 같은 인파를 경험하게 될 수도 있으니 각오를 단단히 해야 한다.

📍

구글맵 스펀라오지에 **가는 방법** 스펀 기차역에서 도보 1분

> 스펀역에는 1시간에 1대씩 기차가 들어옵니다. 이때는 반드시 몸을 피해 안전에 유의하세요.

TIP

천등을 날리고 싶다면 기차역에서 가까운 '가용엄마네'를 추천한다. 한국어로 소통이 가능해 한국인이 많이 찾으며 친절하다. 직원이 기찻길까지 동행해 천등 날리는 것을 도와주고 사진과 동영상을 촬영해준다.
요금 단일 색상 NT$200, 네 가지 색상 NT$250

천등 색상별 의미

🏮 빨간색: 건강, 평안   🏮 노란색: 금전, 재산   🏮 파란색: 사업, 일
🏮 보라색: 학업, 시험   🏮 녹색: 진급, 번창   🏮 복숭아색: 연애, 인연
🏮 흰색: 장래, 광명   🏮 주황색: 애정, 결혼   🏮 분홍색: 행복, 기쁨

진과스

황금이었던 마을

진과스 金瓜石 🔊 진꽈시

진과스는 일제강점기에 석탄을 운반하기 위한 철로를 짓던 중 금광이 발견되면서 생겨난 금광촌이었다.
거대한 금광은 마을에 부와 번성을 가져다주었지만 금광이 고갈되면서 마을이 쇠락하며 버려졌다.
방치된 마을에 다시 온기를 불어넣은 것은 타이완 정부였다. 바로 옆 마을인 지우펀을 찾는 사람이 많아지자
진과스를 관광지로 만들었다. 금을 나르던 선로를 보수해 고즈넉한 산책로를 만들고, 진과스의 황금기 역사를
전시한 박물관도 지었다. 조용하고 한적한 곳을 좋아한다면 지우펀 옆 진과스에 꼭 들러보자.

🚶 **진과스 교통편**

🚇 **타이베이 시내 ➡ 진과스**
❶ 기차+버스: 타이베이 메인 스테이션에서 일반 열차 TRA를 타고 루이팡역 하차(1시간 소요),
루이팡역 앞에서 788 · 965 · 1062번 등 지우펀 · 진과스행 버스 이용(30분 소요)
❷ 버스: MRT 중샤오푸싱역 2번 출구 앞 버스 정류장(소고 백화점 앞)에서 1062번 버스 승차,
진과스 정류장 하차(1시간 10분 소요)

🚌 **지우펀 ➡ 진과스** 788 · 965 · 1062번 버스 이용(10분 소요)

① 황금박물관 🔊 황찐보우관
黃金博物館 *Gold Museum*

말풍선: 금을 만진 손을 주머니에 넣으면 부자가 된다는 이야기가 있어 사람들이 줄을 서서 기다린답니다.

진과스의 황금기

진과스의 황금기를 살펴볼 수 있는 박물관이다. 쉴 새 없이 금을 캐던 시절부터 버려진 마을로 전락하기까지, 그리고 버려진 마을이 다시 관광지로 부활하기까지 변천사를 전시했다. 금을 어떻게 캐고 운반했는지, 어떤 옷을 입고 어떤 장비를 사용했는지 등을 모형으로 만들어 실감 나게 한다.

1층에서 진과스 역사를 둘러보고 2층으로 올라가면 황금박물관의 하이라이트인 순금 99.9%, 220kg의 거대한 금괴가 있다. 투명한 유리관에 작은 구멍을 뚫어 방문객이 금을 만져볼 수 있도록 해놓았다. 외부에는 어두컴컴한 터널에서 광부들이 금을 캐는 모습을 모형으로 만들어놓아 탄광 체험을 할 수 있도록 한 체험관이 있다. 어둡고 깊은 굴에서 하루 종일 금을 캐던 광부들의 삶은 어땠을까. 광부들 모형의 얼굴에서도 그들의 고단함이 느껴져 마냥 즐겁지만은 않은 곳이다.

📍
구글맵 황금박물관
가는 방법 진과스 버스 정류장에서 도보 10분
운영 09:30~17:00(토·일요일은 18:00까지)
요금 NT$80(갱도 체험 NT$50 별도)
홈페이지 www.gep.ntpc.gov.tw

02
광공식당 ◀ 꽝공스탕
礦工食堂

식사 후 도시락 통과 보자기는 가져갈 수도 있고,
도시락 통이 필요 없다면 음식만 주문해도 된다.

진과스의 명물인 광부 도시락

이곳의 도시락을 먹기 위해 진과스에 간다는 사람이 있을 정도로 광
부 도시락은 진과스의 명물이다. 다른 곳에서는 먹을 수 없는 특별한
음식은 아니지만, 광부들의 고단함을 위로하던 음식이라는 스토리
덕분에 오랫동안 사랑받고 있다. 쌀밥과 커다란 돼지갈비튀김, 밑반
찬 몇 가지가 동그란 도시락 통에 들어 있고, 진과스 지도가 그려진
보자기로 예쁘게 묶어준다. 돼지갈비튀김은 갈비 양념과 비슷한 맛
이라 우리 입맛에도 잘 맞고 한 끼 식사로 손색없이 든든하다.

📍
구글맵 광공식당
가는 방법 진과스 버스 정류장에서 도보 5분
운영 10:30~17:00(토 · 일요일은 18:00까지)

03 태자빈관 🔊 타이즈삔관
太子賓館 *Prince Hotel*

오직 나무로만 지은 건물

일제강점기인 1922년 히로히토 황태자 방문을 앞
두고 지은 호텔이다. 실제 일본 황태자가 이곳에 머
물지는 않았지만 해방 후 국민당 고위 인사들의 휴
양지로 사용했다. 일제강점기에 지은 목조건물은 타
이완에서 그리 특별한 건축물은 아니지만, 단 한 개
의 못도 사용하지 않고 오직 나무를 끼우는 방식으
로 지은 것으로 유명하다. 2007년 사적지로 지정되
어 지금은 외부 정원만 공개한다.

📍
구글맵 태자빈관 **가는 방법** 진과스 버스 정류장에서
도보 5분 **운영** 09:30~17:00(토·일요일은 18:00까지)
휴무 매월 첫째 월요일

04 광산 수레길 🔊 광처부따오
礦車步道

철길 위 산책로

황금박물관 앞에서 시작해 250m가량 이어진 폭이 좁은 철길이다. 석탄을 운반
하는 수레가 오가던 철로로, 석탄을 싣던 나무 수레 몇 개가 선로 위에 그대로
놓여 있다. 오래된 철길은 걷기 좋은 산책로가 되었고, 석탄을 실어 나르던 나
무 수레는 철길 위 포토 스폿이 되었다.

📍
구글맵 4V45+V6 루이팡

> 특히 광공식당 쪽으로
> 내려가는 길의 왼쪽
> 방향은 수풀이 우거지고
> 꽃도 많이 피어 풍경이
> 아름다워요.

아름다운 산간 마을

지우펀 九份

타이베이 북부 지우펀은 아주 먼 옛날 아홉 가구가 살던 조용하고 작은 마을이었다.
무엇이든 아홉 등분해서 나누어 가졌다는 이야기에서 비롯해 마을 이름도 지우펀이 되었다. 아홉 가구가
사이좋게 물건을 나누며 옹기종기 모여 살던 작은 마을은 근처에서 금광이 발견되며 급변하기 시작했다.
1920~1930년대에는 아시아 최고의 탄광촌으로 성장해 타이완 전국에서 알아주는 부자
마을로 화려한 시절을 보냈다. 그러나 금광 산업의 쇠락으로 마을도 쇠락하기 시작했고 금광이 발견되기
전처럼 다시 조용해졌다. 이후 지우펀을 배경으로 한 영화 〈비정성시〉가 1989년 베니스 국제영화제에서
최우수 작품상을 수상하면서 지우펀이 다시금 주목받게 되었다. 이후로도 많은 드라마와 영화, 광고 등의
배경으로 등장하면서 조용했던 마을이 어느덧 타이완에서 손꼽히는 관광지가 되었다.

🐾 지우펀 교통편

🚌 타이베이 시내 ➡ 지우펀
❶ 기차+버스: 타이베이 메인 스테이션에서 일반 열차 TRA를 타고 루이팡역 하차(1시간 소요),
루이팡역 앞에서 지우펀 · 진과스행 788 · 965 · 1062번 버스 이용(20분 소요)
❷ 버스: MRT 중샤오푸싱역 2번 출구 앞 버스 정류장(소고 백화점 앞)에서 1062번 버스 승차,
진과스 정류장 하차(1시간 10분 소요)

🚌 진과스 ➡ 지우펀 788 · 965 · 1062번 버스 이용(10분 소요)

⑴ 지우펀 라오제 🔊지우펀 라오지에
九份老街 Jiufen Old Street

복잡한 거리에서 보물찾기

본격적인 지우펀 여행은 버스 정류장 앞 세븐일레븐 편의점 앞에서 시작된다. 지우펀 라오제는 수많은 여행자로 발 디딜 틈이 없는 곳이다. 게다가 거리 양쪽으로 기념품점과 음식점이 즐비해 자꾸만 발걸음을 붙잡는다. 수많은 사람이 가다 서다를 반복하는 거리는 정신없고 복잡해 '지옥편'이라는 별명마저 붙었다. 이렇게 시끌벅적하고 번잡한 분위기에서 마치 보물찾기하듯 거리 곳곳에 숨어 있는 아기자기한 기념품점과 맛있는 음식점을 발견하는 것도 지우펀 여행의 묘미다.

TIP

세븐일레븐 구글맵 좌표는 예·스·진·지 투어 상품이나 택시 투어 등 투어업체의 집결 장소로 많이 이용하는 곳이니 지도에 미리 표시해두면 편리하다.

♀ 구글맵 지우펀, 세븐일레븐
4R5W+W3 루이팡 구

🏷 지우펀 라오제에서 놓치지 말아야 할 것

❶ 아주 땅콩 아이스크림
`상점명 아주쉐짜이사오阿珠雪在燒`

커다란 덩어리의 땅콩엿을 곱게 갈아 얇게 부친 밀전병 안에 아이스크림과 함께 넣고 돌돌 말아서 먹는 간식이다. 원래 고수와 함께 먹는 간식이지만, 워낙 외국인이 많이 찾는 곳이라 눈치껏 알아서 빼준다.

❷ 어묵탕과 건두부빵
`상점명 위완보짜이魚丸伯仔`

1963년부터 같은 자리를 지켜온 전통 있는 어묵집이다. 따뜻한 국물 속에 탱글탱글한 어묵이 담긴 어묵탕인 위완탕魚丸湯이 가장 인기 있다. 말린 두부피 속에 돼지고기와 채소를 넣어 노릇하게 튀겨낸 건두부빵인 더우간바오乾包도 맛있다.

③ 전통 디저트 위위안

상점명 라오유하오위위안老號芋圓

위위안은 토란, 호박, 고구마, 감자 등으로 만든 경단을 달콤한 시럽에 적셔 먹는 타이완의 전통 디저트다. 현지인들이 즐겨 먹는 디저트라 이곳은 언제나 손님이 많다. 겨울에는 땅콩, 팥 등의 고명을 얹어 따뜻하게, 여름에는 얼음을 넣어 차갑게 만들어준다.

⑤ 핸드메이드 오카리나

상점명 스청타오디是誠陶笛

지우펀 라오제를 걷다 보면 어디선가 청아한 음악 소리가 들린다. 나도 모르게 이끌리듯 찾아간 곳은 바로 핸드메이드 오카리나를 파는 곳이다. 100% 수작업으로 만든 오카리나는 크기와 종류가 다양해 선물용으로도 손색없다. 그림으로 설명한 오카리나 연주 악보도 함께 들어 있다.

④ 누가 크래커

상점명 유지위안웨이뉴가빙游記原味牛軋餅

누가 크래커, 펑리수, 누가 캔디 등을 만들어 파는 과자점으로 상점 이름보다 '지우펀 55번 누가 크래커'로 더 잘 알려져 있다. 하나씩 개별 포장해 위생적이다.

⑩ 수치루 🔊 슈치루
豎崎路 Shuqi Road

영화 속 바로 그곳

지우펀 라오제를 걷다 보면 어느 순간 거리가 한산해진다. 거리를 한 가득 메웠던 사람들은 다 어디로 간 걸까. 길 위의 사람들이 약속이나 한 듯이 일제히 향하는 곳은 지우펀의 하이라이트, 수치루다. SNS에서, 영화에서, 광고에서 보았던 지우펀의 모습이 모여 있는 길이다. 가파르고 좁은 계단으로 이루어진 수치루 양쪽에는 크고 작은 상점과 찻집, 식당 등이 들어서 있다. 해 질 무렵이 되면 거리의 상점들이 빨간 등불을 밝히면서 지우펀의 가장 아름다운 시간이 시작된다. 예스러운 건물과 해 질 무렵의 하늘빛, 빨간색 등불이 바람에 살랑거리는 모습은 사람들을 홀릴 만큼 매력적이다. 비좁은 돌계단 위에서 걸음을 멈춘 채 사진 찍는 사람들로 몇 배는 더 복잡한 곳이지만, 카메라를 든 사람들의 표정만큼은 그 어느 곳에서보다 행복하다.

구글맵 shuqi road

> 홍등이 켜진 지우펀의 풍경을 보고 싶다면 오후 5시에서 6시 즈음 수치루에 닿을 수 있도록 계획을 세우세요.

분위기를 마시는 시간 지우펀에서의 티타임

영화의 한 장면 같은 지우펀 풍경을 감상하며 마시는 차 한잔은 바깥의 소란스러움을 잠재우는 평온함을 선물한다.
향긋한 차향에 취하고 눈앞의 풍경에 취하는 소중한 티타임을 경험해보자.

① 아메이차러우 阿妹茶樓

영화 〈비정성시〉에 등장했던 찻집으로 수치루 한가
운데에 있다. 고풍스러운 옛 타이완의 멋을 그대로
간직하고 있어 인증 사진 장소로도 인기있다. 4층
짜리 건물 전체를 찻집으로 운영하며 차의 품질도
매우 좋은 편이다. 차는 잔으로 주문하는 것이 아니
라 품종으로 주문하는 방식이며, 1개를 주문하면
2~4명 정도 나누어 마실 수 있다.

구글맵 아메이차루 **운영** 10:00~21:30

② 하이위에러우징관차팡 海悅樓景觀茶坊

전망으로만 치면 지우펀에서 최고를 자랑하는 곳이
다. 홍등이 켜진 수치루가 한눈에 내려다보이는 곳
에 자리해 있기 때문이다. 지우펀의 랜드마크인 아
메이차러우가 가장 잘 보이는 곳이기도 하다. 전망
이 가장 좋은 테라스석은 케이케이데이, 클룩 등 여
행 예약 플랫폼을 통해 반드시 예약해야 한다.

구글맵 해열루경관차방
운영 09:00~21:00

낭만적인 하룻밤, 지우펀의 추천 숙소

지우펀에서 하룻밤을 보내는 여행자는 그리 많지 않다. 수치루 근처의 찻집은 밤늦
게까지 영업하는 곳도 있지만 대부분의 상점이 문을 닫는 8시 이전에 사람들이 이
곳을 떠나기 때문이다. 사람들의 왁자지껄한 소리가 사라진 거리에는 찻집에서 잔
잔한 음악이 흘러나오고, 밤이 되면 더욱 선명하게 등불이 반짝인다. 어둠이 깔리
고 고요해진 지우펀은 훨씬 더 차분하고 낭만적이다. 지우펀에 달빛과 별빛이 내려
앉는 모습, 저 멀리 바다 너머로 해가 떠오르는 모습 등 지우펀의 진짜 낭만을 만나
고 싶다면 이곳에서 하룻밤 머물기를 추천한다.

아시아요Asiayo,
아고다, 부킹닷컴 등
숙박 예약 사이트에서
예약하세요.

③ 시드 차 *Siid Cha*

고풍스러운 지우펀의 찻집 가운데 깔끔하고 세련된 분위기의 찻집이다. 전통차뿐 아니라 직접 블렌딩한 차와 커피, 그리고 와플, 쿠키 등 디저트도 판매한다. 아메이차러우, 하이웨러우징관차팡에 비해 비교적 한산하고 여유로운 티타임을 즐길 수 있으며 테라스 전망도 그 못지않게 훌륭하다. 1층에서는 직접 블렌딩한 차와 다기, 차 관련 소품 등을 판매한다.

구글맵 siid cha **운영** 11:00~17:00 **휴무** 토 · 일요일

④ CHLIV 지우펀 *CHLIV Jiufen*

2016년 도쿄 월드 라테 아트 챔피언 대회에서 우승한 바리스타가 운영하는 곳이다. 커피, 말차, 초콜릿, 과일 음료 등 다양한 메뉴 중에서 대나무 숯을 넣은 차콜라테와 카페라테, 말차라테 등 우유 거품이 쫀쫀하게 올라간 라테 종류를 꼭 맛볼 것.

구글맵 chliv jiufen
운영 10:00~18:00

지우펀의 기억 記憶九份民宿
Memory Jiufen

구글맵 4R5V+M8 루이팡구

서니 룸 陽光味宿
Sunny Room

구글맵 지우펀 써니룸

섬싱 이지 記憶九份民宿
Something Easy

구글맵 jiufen something easy

선샤인 B&B 九份不厭晴民宿
Sunshine B&B

구글맵 지우펀 선샤인 b&b

타오위안

깨끗하고 고급스러운 근교 마을

타오위안 桃園 🔊 타오위엔

타오위안은 국제공항이 자리한 지역으로 머무는 사람보다는 스쳐 지나가는 사람이 훨씬 많았던 곳이다. 그러나 2020년 타이완 최초의 도시형 아쿠아리움 엑스 파크를 오픈한 것을 기점으로 2022년 헝산서예예술관, 2024년 타오위안아동미술관 등이 개관하며 일어나는 이곳의 변화가 심상치 않다. 타이베이에서 20분이면 닿는 고급스럽고 깨끗한 근교 여행지다.

🚍 **타오위안 교통편**

🚄 **타이베이 시내 ➡ 타오위안** 타이베이 메인 스테이션에서 고속열차 HSR을 타고 타오위안역 하차(20분 소요)
※타오위안역과 타오위안국제공항역은 역명, 위치, 노선이 모두 다르니 혼동하지 말아야 한다.

고속열차 HSR 타오위안역과 일반 열차 TRA 타오위안역은 서로 다른 역으로 멀리 떨어져 있어요. 반드시 고속열차 HSR 타오위안역을 이용하세요.

⑴ 엑스 파크
X-Park

이토록 아름다운 아쿠아리움이라니

2020년 8월에 개관한 타이완 최초의 도시형 아쿠아리움이다. 고속열차 타오위안역과 구름다리로 연결되어 있어 접근성이 매우 뛰어나다. 총 13개 전시관에 420여 종 4만 8000여 마리의 생물이 살고 있으며 인테리어와 조명, 수족관, 음악 등을 각 전시관 테마에 맞춰 다르게 디자인했다. 특히 포모사福爾摩沙, Formosa관의 대형 수족관은 놓치지 말아야 할 포인트. 8m 깊이의 대형 수조에 타이완의 바닷속과 비슷하게 재현해놓았다. 일본 음악가 히사이시 조의 음악이 흐르는 가운데 상어와 가오리를 비롯한 6000여 마리의 물고기가 반짝이는 조명 아래서 헤엄치는 장면이 압도적이다. 조명에 따라 다르게 빛나는 해파리館癒見水母, Healing Jellyfish관, 180도 파노라마로 펼쳐지는 눈부신 산호해 다이빙珊瑚潛行, Diving in Coral Sea관 등 눈과 귀가 모두 황홀해지는 곳이다. 관람이 끝난 후 발걸음이 이어지는 카페테리아에서 펭귄 라테 아트, 펭귄 쿠키 등 귀여운 음료와 디저트도 맛볼 수 있다.

🛈
구글맵 xpark **가는 방법** 고속열차 타오위안역에서 도보 10분
운영 10:00~18:00(토요일은 20:00까지)
요금 일반 NT$550, 어린이 NT$250 **홈페이지** www.xpark.com.tw

▬▬ **TIP** ▬▬
카페테리아 천장에는 펭귄 하우스와 연결되는 투명한 통로가 설치되어 있다. 커피를 마시고 이야기를 나누는 사람들 머리 위로 펭귄들이 유유히 헤엄치며 지나가는 신기한 광경을 볼 수 있으니 방문해도 좋다.

02 헝산서예예술관 🔊 헝샨슈화이수관
橫山書法藝術館 *Hengshan Calligraphy Art Center*

타이완 최초의 서예 박물관

2022년 10월에 문을 열어 서예 작품을 전시하는 박물관이다. 타이완 최초로 서예를 테마로 한 박물관이면서, 공개하자마자 타이완 건축상을 수상한 박물관이라는 점이 특별하다. 먹과 벼루를 형상화한 인공 연못과 정원, 간결하고 절제된 장식의 건물이 합쳐져 하나의 예술 작품이 된다. 서예 작품과 수묵화, 동양화 등으로 채워진 전시도 기대 이상으로 흥미롭다.

📍
구글맵 Hengshan Calligraphy Art Center **가는 방법** 고속열차 타오위안역 앞 버스 정류장에서 302번 버스 승차, 다원국제학교Dayuan International Senior High School 정류장 하차 후 도보 4분(총 10분 소요), 또는 고속열차 타오위안역에서 도보 17분 **운영** 09:30~17:00 **휴무** 화요일 **요금** NT$100

03 글로리아 아웃렛 🔊 화타이밍핀청
華泰名品城 *Gloria Outlets*

타이완 최초의 명품 아웃렛

일부러 찾아갈 만한 곳은 아니지만 엑스 파크를 방문한다면 반드시 들르게 되는 곳이다. 타이완 로컬 브랜드, 명품 브랜드, 글로벌 브랜드 등 다양한 브랜드의 할인 매장이 입점해 있으며, 운이 좋으면 질 좋은 제품을 저렴하게 구입할 수 있으니 한 번쯤 둘러보는 것도 좋다. 식당가와 카페, 푸드 코트 등 식사할 수 있는 곳도 곳곳에 있다.

📍
구글맵 gloria outlets
가는 방법 고속열차 타오위안역에서 도보 1분
운영 11:00~21:00
홈페이지 www.gloriaoutlets.com

202

⑭ 타오위안아동미술관 🔊 타오위안스얼통메이수관
桃園市兒童美術館 *Taoyuan Children's Art Center*

어린이를 위한 오감 활용 미술관

2024년 4월에 문을 연 타이완 최대 규모의 어린이
미술관이다. 일본 건축가 야마모토 리켄과 타이완
건축가 스자오융이 공동 설계한 건축물로 주변 연못
과 연결된 형태다. 미술관 내부는 어린이의 오감 활
용을 유도하는 작품과 체험 프로그램, 상상력을 자
극하는 전시 등 풍성한 볼거리와 즐길 거리로 채워
졌다. 1층과 2층에는 전시실과 강의실, 3층에는 어
린이 도서관과 공방, 4층에는 미술관 앞 공원과 연
못이 바라다보이는 전망대가 있다.

📍
구글맵 taoyuan museum of fine arts
가는 방법 고속열차 타오위안역 앞 버스 정류장에서
L605A번 버스 승차, 고속열차 남문덕로
교차로高鐵南文德路口 하차 후 도보 1분,
또는 고속열차 타오위안역에서 도보 20분
운영 09:30~17:00
휴무 화요일
요금 일반 NT$100, 학생 · 어린이 NT$50
홈페이지 tmofa.tycg.gov.tw

©桃園市兒童美術館

잉거&싼샤

기차 타고 떠나는 도자기 마을
잉거 鶯歌 & 싼샤 三峽 🔊 잉꺼 & 싼샤

타이베이에서 기차로 30분 거리에 있는 잉거는 점토가 풍부한 환경적 특성으로 일제강점기부터
도자기 산업이 발달했다. 도자기를 만드는 곳이 많아지면서 자연스레 도자기 마을이 형성되었고,
2000년 타이완 최초의 도자기 박물관인 잉거도자기박물관이 개관했다.
타이완의 옛 모습을 그대로 간직하고 있는 옆 마을 싼샤와 묶어 반나절 코스로 다녀오기 좋은 작은 도시다.

📍 잉거 & 싼샤 교통편

🚉 **타이베이 시내 ➡ 잉거** 타이베이 메인 스테이션에서 일반 열차 TRA를 타고 잉거역 하차(30분 소요),
   잉거도자기박물관, 잉거 도자기 라오제 등은 도보 이동

🚌 **잉거 ➡ 싼샤** 잉거도자기박물관 앞 버스 정류장에서 702 · 981 · 981A번 버스 승차, 싼샤 주니어
   하이스쿨三峽國中 정류장 하차(10분 소요) 후 도보 8분

① 잉거 도자기 라오제 ◉ 잉꺼타오츠라오지에
鶯歌陶瓷老街 *Yingge Ceramics Old Street*

타이완 도자기 산업의 시작

1900년대 잉거의 모습을 간직한 거리. 거리 양옆으로 도자기 상점, 도예 공방, 식당, 카페, 기념품점 등이 빼곡히 들어서 있다. 평소 도자기 그릇이나 미술품 등에 관심이 많은 사람이라면 쉽게 지나치지 못할 예쁘고 독특한 제품이 많다. 일부 상점은 매장 안쪽에서 도자기 만들기 클래스를 진행하기도 한다. 잉거역에서 잉거도자기박물관으로 향하는 길목에 있어 박물관 가는 길에 들르기 좋다.

⍟
구글맵 yingge historic ceramics street **가는 방법** 잉거역에서 도보 10분

② 잉거도자기박물관 ◉ 잉꺼타오츠보우관
鶯歌陶瓷博物館 *Yingge Ceramics Museum*

도자기로 만든 모든 것

타이완의 도자기 문화를 소개하고 도자기 산업의 발달 과정과 역사 등을 살펴볼 수 있는 박물관이다. 도자기로 만든 창의적인 예술 작품들이 눈을 뗄 수 없을 정도로 아름다워 시간 가는 줄 모르고 구경하게 된다. 1층부터 4층까지 계단이나 엘리베이터를 이용하지 않아도 편하게 둘러볼 수 있도록 설계해 유모차나 휠체어 이용자도 어렵지 않게 작품을 관람할 수 있다. 어린이를 위한 체험 프로그램, 다양한 시청각 자료 등 볼거리와 즐길 거리가 풍성하다. 박물관 옆 세라믹 공원에는 여름에만 개장하는 물놀이장과 모래 놀이터가 있다.

⍟
구글맵 잉거 도자기 박물관
가는 방법 잉거역에서 도보 12분,
또는 잉거 도자기 라오제에서 도보 8분
운영 09:30~17:00(토·일요일은 18:00까지)
요금 NT$80
홈페이지 www.ceramics.ntpc.gov.tw

⑬ 싼샤 라오제 🔊 싼샤 라오지에
三峽老街 Sanxia Old Street

세월의 멋을 간직한 거리

1911년에 조성해 현재까지 보존해온 거리다. 고풍
스러운 붉은 벽돌 건물이 200m 남짓한 거리를 따
라 이어져 있다. 반드시 들러야 할 만큼 특별한 곳은
아니지만 잉거에 왔다면 다른 곳과 함께 묶어 둘러
보면 좋다. 타이베이의 디화제나 보피랴오 역사 거
리와 마찬가지로 전체가 거대한 박물관이라 해도 과
언이 아닐 정도로 유서 깊은 거리다. 싼샤 라오제의
명물은 소뿔 모양으로 구운 뉴자오몐바오牛角麵包이
다. 짭조름하고 고소해 계속 먹게 되는 중독적인 맛
으로 1958년 한 제빵사가 여름휴가 때 기내식으로
맛본 빵 맛을 잊지 못해 기억을 더듬어가며 만들기
시작했다. 여러 번 시행착오 끝에 지금의 빵 맛을 내
게 되었고 이제는 싼샤를 대표하는 명물이 되었다.

⑨

구글맵 싼샤 라오지에
가는 방법 잉거도자기박물관 앞 버스 정류장에서
702 · 981 · 981A번 버스 승차, 싼샤 주니어
하이스쿨 정류장 하차(10분 소요) 후 도보 8분,
또는 잉거도자기박물관 앞에서 택시로 10분

TIP

싼샤 라오제를 둘러보고 다시 타이베이로 돌아갈 때,
타이베이 시청까지 한번에 가는 버스가 있다. 교통 상황에
따라 1시간에서 1시간 40분 정도 소요되지만 환승하는
번거로움 없이 편하게 갈 수 있다. 싼샤 라오제 근처의
싼샤초등학교三峽國民小學 정류장에서 탑승하며 요금은
NT$45이고, 배차 간격은 30~50분으로 긴 편이다.

INDEX

☑ 가고 싶은 여행지와 관광 명소를 미리 체크해보세요.